T0073973

Das lebendige Universum

Dirk Schulze-Makuch · William Bains

Das lebendige Universum

Komplexes Leben auf vielen Planeten?

 Springer

Dirk Schulze-Makuch
Center for Astronomy and Astrophysics (ZAA)
Technical University Berlin
Berlin, Deutschland

William Bains
Rufus Scientific Ltd.
Melbourn, Royston, Großbritannien

Übersetzt von Bernhard Gerl

ISBN 978-3-662-58429-3   ISBN 978-3-662-58430-9   (eBook)
https://doi.org/10.1007/978-3-662-58430-9

Die Deutsche Nationalbibliothek verzeichnet diese Publikation in der Deutschen Nationalbibliografie; detail-
lierte bibliografische Daten sind im Internet über http://dnb.d-nb.de abrufbar.

© Springer-Verlag GmbH Deutschland, ein Teil von Springer Nature 2019
Das Werk einschließlich aller seiner Teile ist urheberrechtlich geschützt. Jede Verwertung, die nicht
ausdrücklich vom Urheberrechtsgesetz zugelassen ist, bedarf der vorherigen Zustimmung des Verlags.
Das gilt insbesondere für Vervielfältigungen, Bearbeitungen, Übersetzungen, Mikroverfilmungen und die
Einspeicherung und Verarbeitung in elektronischen Systemen.
Die Wiedergabe von allgemein beschreibenden Bezeichnungen, Marken, Unternehmensnamen etc. in
diesem Werk bedeutet nicht, dass diese frei durch jedermann benutzt werden dürfen. Die Berechtigung zur
Benutzung unterliegt, auch ohne gesonderten Hinweis hierzu, den Regeln des Markenrechts. Die Rechte des
jeweiligen Zeicheninhabers sind zu beachten.
Der Verlag, die Autoren und die Herausgeber gehen davon aus, dass die Angaben und Informationen in
diesem Werk zum Zeitpunkt der Veröffentlichung vollständig und korrekt sind. Weder der Verlag, noch
die Autoren oder die Herausgeber übernehmen, ausdrücklich oder implizit, Gewähr für den Inhalt des
Werkes, etwaige Fehler oder Äußerungen. Der Verlag bleibt im Hinblick auf geografische Zuordnungen und
Gebietsbezeichnungen in veröffentlichten Karten und Institutionsadressen neutral.

Einbandabbildung: deblik Berlin unter Verwendung eines Motivs von © sdecoret/stock.adobe.com
Planung: Lisa Edelhäuser

Springer ist ein Imprint der eingetragenen Gesellschaft Springer-Verlag GmbH, DE und ist ein Teil von
Springer Nature
Die Anschrift der Gesellschaft ist: Heidelberger Platz 3, 14197 Berlin, Germany

Vorwort

Eine der Fragen, die uns seit Langem beschäftigt, ist, ob wir allein im Universum sind. Wir wissen heute, dass der Himmel voller Planeten ist, aber sind das leere, sterile Welten, Welten auf denen es nur einfaches, primitives Leben gibt, oder ist es tatsächlich möglich, dass dort irgendwo Wesen sind, die denken, sprechen, Maschinen bauen und mit denen wir in Kontakt treten könnten? Die Wissenschaft stellt uns allmählich die Werkzeuge zur Verfügung, mit denen wir diese Fragen beantworten können. In diesem Buch werden wir darüber sprechen, was wir über die Schritte wissen, die vom Ursprung des Lebens auf der Erde zu uns selbst geführt haben, und wir werden dabei eine Methode verwenden, die es uns ermöglicht, die Frage zu beantworten, ob die Menschheit eine galaktische Kuriosität ist, oder ob es sogar sehr wahrscheinlich ist, dass sich in den 10 Mrd. Jahren zwischen der Kondensation der Ozeane auf einer erdähnlichen Planetenoberfläche und ihrer Verdampfung aufgrund der intensiver werdenden Strahlung ihrer Sonnen komplexe, intelligente Wesen entwickeln können, die vielleicht sogar Technologie nutzen.

Wahrscheinlich gibt es bei diesem Thema so viele Meinungen wie Wissenschaftler. In diesem Buch haben wir die Fakten zusammengetragen, die wir für entscheidend halten, und erklären, warum wir es für wahrscheinlich halten, dass komplexes Leben weitverbreitet ist. Wir stellen hier dar, wie wir die evolutionäre Entwicklung vom Ursprung des Lebens zu uns Menschen sehen und was das für das Leben bedeutet, das unserer Meinung nach im Universum existiert. Wir glauben, dass es auf anderen Planeten intelligente Wesen geben muss, die Werkzeuge herstellen, vielleicht sogar auf vielen. Es gibt auf der Leiter der Komplexität einige Stufen, bei denen wir zuversicht-licher sind als bei anderen. Auf die unsichereren Stufen werden wir explizit hinweisen, wenn wir auf sie zu sprechen kommen, doch insgesamt halten wir unsere Überlegungen für sehr überzeugend.

Wir danken Frances Westall, Charles Cockell und einen anonymen Rezensenten für ihre konstruktiven Hinweise und Louis Irwin für die ergie-bigen Diskussionen, die dieses Buch deutlich besser gemacht haben, und unserem Herausgeber Christian Caron, der uns durch dieses Projekt geführt hat. Wir sind auch unseren Familien sehr dankbar, vor allem unseren Frauen Joanna Schulze-Makuch und Jane Bains, für die wir während des Schreibens an diesem Buch noch weniger Zeit hatten als gewöhnlich.

Berlin   Dirk Schulze-Makuch
Melbourn, Royston, GB   William Bains

Inhaltsverzeichnis

Einleitung

Gibt es außer dem Menschen noch andere hoch entwickelte, intelligente Lebewesen im Universum? Das ist eine uralte Frage, die wir immer noch nicht beantworten können, doch dank neuer wissenschaftlicher Erkenntnisse können wir darüber nachdenken, wie die Antwort lauten könnte. Die Grundlage für dieses Buch ist unser Wissen über das Leben auf der Erde und darüber, was es uns darüber verraten kann, wie wahrscheinlich es ist, dass sich komplexes, aktives Leben, das Werkzeuge benutzt, irgendwo anders entwickelt hat. Im Unterschied zu vielen anderen Büchern über das Leben im Universum werden wir uns nicht so viel mit Bakterien oder Algen beschäftigen, außer wenn diese uns etwas über unseren eigenen Entstehungsweg verraten. Wir geben gerne zu, dass dies ein ziemlich anthropozentrischer Ansatz ist, aber wir haben ihn ganz bewusst gewählt, weil wir an der Entwicklung von komplexen, intelligenten Organismen interessiert sind.

Wir blicken in den Nachthimmel und sehen keine Außerirdischen, deshalb fragen wir mit Enrico Fermi: „Wenn das Leben so weitverbreitet ist, wo sind sie dann?" Es ist paradox. Die meisten glauben, dass sich auf jedem geeigneten Planeten Leben entwickeln wird (darüber werden wir in Teil I genauer sprechen). Aber wir finden keine Beispiele für intelligentes, Radiowellen aussendendes oder Raumschiffe bauendes Leben am Himmel. Es muss also etwas geben, was Robin Hanson den „großen Filter" nennt, der irgendwo zwischen der Existenz von Planeten und dem Auftreten einer technologischen Zivilisation liegt. Dieser Filter könnte prinzipiell jeder der vielen Schritte sein, der in den letzten 4 Mrd. Jahren zur modernen Menschheit geführt hat. Welche dieser wichtigen Schritte oder Übergänge sind also sehr wahrscheinlich und welche unwahrscheinlich? Welche Auswirkungen hat es darauf, wie oft Leben entstehen kann, vor allem komplexes Leben, das fortschrittliche Technologien entwickeln kann?

Um dies zu beantworten, können wir die Eigenschaften der Biologie identifizieren, die entscheidend für unsere Existenz und unsere Art sind, etwa, dass wir Knochen und Gehirne haben, und solche, die eher ebensächlich sind, so wie unsere Ohrläppchen. Dann können wir versuchen, den Punkt in unserer Entwicklung zu finden, an dem wir die wichtigsten Merkmale erhalten haben. Es geht uns nicht um Ähnlichkeiten in unserem Äußeren oder um das, was wir hier als Star-Track-Trugschluss parodieren – nämlich, dass alle komplexen, intelligenten Außerirdischen fünfgliedrige Hände, eine kreisförmige Iris und nur die Männer Gesichtsbehaarung haben. Genau wie Stephen J. Gould glauben wir, dass, wenn man das Band des Lebens auf der Erde zurück- und nochmals abspielen würde (oder es nochmals auf einem vergleichbaren Planeten ablaufen ließe), sich keine Menschen entwickeln würden. Wir interessieren uns hier für die Vorgänge, die zu bestimmten Funktionen, nicht zu einer bestimmten Anatomie geführt haben. So sind zum Beispiel die Augen von Wirbeltieren etwas sehr Spezifisches und Einzigartiges, aber die Fähigkeit zu sehen hat sich mehrfach entwickelt. So entstanden ganz unterschiedliche Augentypen wie die von Insekten, Spinnen, Weichtieren, Kopffüßern und natürlich Säugetieren. Uns interessiert also weniger, in welcher Hinsicht eine Kreatur intelligent ist, sondern vielmehr, ob sie es ist.

Die Entwicklung des Lebens von den einfachsten Formen bis zu uns wird oft als eine Reihe von großen Schritten, Wandlungen oder entscheidenden Innovationen dargestellt, die alle dem neu entstandenen Organismus eine wichtige Fähigkeit verliehen, die es in vorhergehenden einfacheren Formen nicht gegeben hat. Die Evolution geschieht nicht linear mit einer bestimmten Absicht (so eine „Absicht" gibt es nicht). Jeder Schritt in der Evolution fügt dem Werkzeugkasten ein neues Element hinzu, mit dem Herausforderungen, die die Umwelt an jede Lebensform stellt, bewältigt werden können. Die Grundlage dafür sind anatomische, biochemische und genetische Fähigkeiten, die schon da sind. Was sind also die entscheidenden Schritte oder Innovationen, und wo auf dem Weg von unserem letzten gemeinsamen universellen Vorfahren zum Menschen sind sie aufgetreten? Welche der großen Schlüsselinnovationen vom Ursprung des Lebens bis zu einer fortschrittlichen Technologiegesellschaft wie der unseren sind sehr wahrscheinlich und welche eher nicht? Wo ist der große Filter?

Dieses Buch versucht, einige Antworten zu geben. Und der Titel verrät unsere Antwort schon im Voraus – wir glauben, dass Leben, wenn es erst einmal auf einer Welt entstanden ist, sich sehr wahrscheinlich zu komplexem Leben weiterentwickelt. Wenn das Leben weit verbreitet ist, befinden wir uns inmitten eines *lebendigen Universums.*

Teil I

Die Hypothese vom lebendigen Universum

1

Die Hypothese vom lebendigen Universum und der Werkzeugkasten der Evolution

In diesem Buch werden wir begründen, warum die Entwicklung komplexen Lebens in jeder stabilen Umgebung mit ausreichend Lebensraum sehr wahrscheinlich ist, sobald auf einem planetaren Körper einmal Leben entstanden ist. Das komplexe Leben auf der Erde sind die echten (obligaten) Lebensformen aus vielen Zellen, vor allem die Mitglieder aus den Reichen der Plantae (Pflanzen), Fungi (Hefen, Pilze) und Animalia (Tiere) (Box 1.1). Ihr Aufbau aus vielen spezialisierten Zellen ist das entscheidende Kennzeichen für diese Art von weiterentwickeltem, komplexem Leben. Wenn es nur wenige habitable terrestrische Planeten gibt, dann ist auch komplexes Leben im Universum selten. Wenn auf diesen Planeten nur sehr selten Leben entsteht, dann ist das Leben etwas sehr Seltenes, und wir leben in einem ziemlich *leeren Universum*. Wenn aber Leben leicht entstehen kann und es eine Vielzahl von habitablen terrestrischen Planeten gibt, dann ist das Leben etwas weitverbreitetes, und wir befinden uns inmitten eines *lebendigen Universums*.

Jüngste Forschungserfolge bei der Suche nach Exoplaneten weisen stark darauf hin, dass Gesteinsplaneten weitverbreitet sind. Nicht alle sind für komplexes Leben geeignet. Auf manchen ist Leben überhaupt unmöglich. Auf manchen könnte es vielleicht nur einfache Lebensformen geben, denn komplexes Leben benötigt ein großes bewohnbares Volumen, und es muss viel Leben auf dem Planeten geben (fachsprachlich: eine große Gesamtbiomasse). Die Umgebung muss stabil sein (auch wenn Umgebungsparameter wie die Temperatur nicht so eng beschränkt sein müssen wie auf der Erde).

© Springer-Verlag GmbH Deutschland, ein Teil von Springer Nature 2019
D. Schulze-Makuch und W. Bains, *Das lebendige Universum*,
https://doi.org/10.1007/978-3-662-58430-9_1

Doch im Rahmen dieser kosmischen Bedingungen besagt unsere Hypothese, dass alle entscheidenden Übergänge oder Schlüsselinnovationen des Lebens hin zu einer größeren Komplexität in einer ausreichend großen Biosphäre erreicht werden können, sofern nur genügend Zeit zur Verfügung steht. Es gibt lediglich zwei Übergänge, von denen wir nur wenig verstehen und über die wir viel spekulieren können – die Entstehung des Lebens selbst und den Ursprung (oder das Überleben) einer technischen Intelligenz. Beide könnten das Fermi-Paradoxon erklären – warum wir bisher noch keinerlei Zeichen für technologisch fortgeschrittenes Leben im Universum gefunden haben. Der letztendliche Test unserer Hypothese wird erst möglich werden, wenn sich die Raumfahrt und unsere Fähigkeiten der Fernerkundung so weit entwickelt haben, dass wir andere Planeten und Monde jenseits unseres Sonnensystems erkunden und so Biosphären darauf ausfindig machen können – was eine der größten Leistungen unserer Spezies sein würde.

Box 1.1: Die wichtigsten Lebensformen

Alles Leben auf der Erde hat eine gemeinsame chemische Basis, deshalb glaubt man, dass es von einem gemeinsamen Vorfahren stammt, dem *letzten gemeinsamen Vorfahren* (Last Common Ancestor, LCA), manchmal auch *letzter universeller gemeinsamer Vorfahre* (Last Universal Common Ancestor, LUCA) genannt.

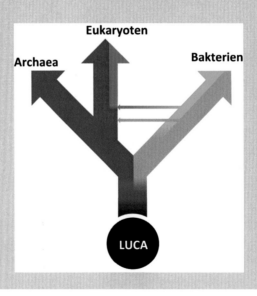

Der LCA geht wohl bis an den Ursprung des Lebens zurück, doch das wissen wir nicht mit Sicherheit. Vielleicht gab es nicht nur einen LCA auf der Erde, aber wir haben keine weiteren Lebensformen aus dieser Ära gefunden. Es handelte sich um einen relativ einfachen einzelligen Organismus. Seine Nachkommen entwickelten sich in zwei verschiedenen Gruppen: die *Archaeen* und die *Eubakterien* (meist nur *Bakterien* genannt). Eine Gruppe der Archaeen waren wahrscheinlich die Ahnen einer weiteren Gruppe von Organismen, den Eukaryoten – Lebewesen, deren Zellen Zellkerne und Mitochondrien oder deren Abkömmlinge hatten. Bald nachdem die Eukaryoten entstanden sind, gliederte diese Urzelle ein Alphaproteobakterium (brauner Pfeil nach links) ein, aus dem sich die Mitochondrien entwickelten. Eine Gruppe von Bakterien entwickelte die Fähigkeit, das Sonnenlicht zu nutzen, um Kohlendioxid einzufangen und Sauerstoff als Abfallprodukt zu produzieren – das waren die Vorfahren der Cyanobakterien (grün). Eine davon wurde von einem Eukaryoten eingefangen (grüner Pfeil nach links), und so entstand der Urahn der Chloroplaste in den grünen Pflanzen von heute. Bemerkenswert ist, dass viele dieser Übergänge keine genau definierten Schritte waren – wir kennen weder die genaue Reihenfolge noch den zeitlichen Ablauf vieler dieser Ereignisse.

Nach ungefähr 4 Mrd. Jahren der Evolution hatte sich eine Spezies entwickelt, die intelligent ist und Technologie nutzt – wir. Die Entwicklung von komplexem Tierleben auf der Erde ist das Ergebnis einiger großer Schritte, bei denen das Leben neue Fähigkeiten dazugewonnen hat, und einige dieser Schritte oder großen Übergänge wurden inzwischen identifiziert.

Diese großen evolutionären Sprünge waren zeitlich über geologische Zeiträume verteilt und eng mit bestimmten Umweltbedingungen verknüpft, denen diese Lebensformen ausgesetzt waren. Unser Ziel ist es zu erkunden, wie wahrscheinlich jede Schlüsselinnovation ist und wie wahrscheinlich es ist, dass derselbe Sprung auch auf anderen Welten passieren könnte.

Dazu verwenden wir einen einfachen Ansatz. Wir schlagen vor, dass es drei Klassen von Erklärungen für einen derartigen großen evolutionären Entwicklungssprung oder eine derartige Schlüsselentwicklung in der Geschichte des Lebens gibt. Diese basieren auf:

1. *Kritischer-Weg-Modell:* Jeder Übergang erfordert Ausgangsbedingungen, die eine gewisse Zeit benötigen, um sich zu entwickeln. Die Zeit wird (zumindest meistens) durch den Übergang und die zugrunde liegende Natur des Planeten bestimmt. Deshalb wird der Übergang in einem genau festgelegten Zeitrahmen tatsächlich auftreten, sobald die notwendigen Bedingungen auf dem Planeten herrschen. Es ist wie beim

Füllen einer Badewanne, sobald man den Hahn geöffnet hat, wird die Wanne volllaufen; es benötigt einfach eine gewisse Zeit.

2. *Das Random-Walk-Modell*: Jeder Übergang ist in einem bestimmten Zeitrahmen sehr unwahrscheinlich, und diese Wahrscheinlichkeit ändert sich auch im Laufe der Zeit nicht wesentlich, weil für das Ereignis etwas sehr Unwahrscheinliches passieren müsste oder weil mehrere sehr unwahrscheinliche Schritte aufeinanderfolgen müssten. Deshalb muss eine beträchtliche Zeit vergehen, bis der Übergang zufällig stattfindet. Wenn es erst einmal Leben auf einem Planeten gibt, wird die entscheidende Neuerung schließlich passieren, doch wann dies ist, hängt vom Zufall ab, und ob sie geschieht, bevor dem Planeten die Zeit ausgeht und er unbewohnbar wird, kann man nicht wissen. Es ist, wie wenn man mit einem Würfel eine bestimmte Zahl von Sechsern nacheinander würfeln soll; es kann in der erlaubten Zeit passieren, vielleicht aber auch nicht.

3. *Das Viele-Wege-Modell:* Jeder Übergang oder jede Schlüsselinnovation erfordert viele zufällige Ereignisse, damit eine komplexe neue Funktion entstehen kann, aber viele Kombinationen davon können zum gleichen *funktionalen* Ergebnis führen, selbst wenn die genetischen oder anatomischen Details der verschiedenen Ergebnisse *nicht* dieselben sind. Deshalb ist, sobald es erst einmal Leben gibt, die Wahrscheinlichkeit für die Innovation in einem gewissen Zeitrahmen hoch. Den genauen Zeitpunkt können wir aber nicht wissen. Es ist, wie wenn man beim Pokern ein gutes Blatt bekommt: Die Wahrscheinlichkeit für eine bestimmte Kartenkombination ist winzig, doch es gibt viele verschiedene „gute Blätter", und man kann zuversichtlich sein, dass man ab und zu eines haben wird.

Jede Erklärung kann auch in eine vierte Kategorie gehören, die wir das *Die-Leiter-hochziehen-Ereignis* nennen wollen. In dieser Kategorie der Erklärungen ist eine Innovation wahrscheinlich (weil es sich entweder um einen Kritischer-Weg- oder einen Viele-Wege-Vorgang handelt), aber die Ergebnisse der Neuerung zerstören die Bedingungen, auf deren Grundlage der Vorgang ablaufen konnte. Die neuen Organismen „ziehen die Leiter hinter sich hoch". Wir vertreten die Ansicht, dass die wichtigsten evolutionären Entwicklungssprünge größtenteils mit diesem „Werkzeugkasten" erklärt werden können.

Ein Beispiel für das Kritischer-Weg-Modell könnte eine der Erklärungen für das Auftauchen verschiedener hartschaliger Tiere auf der Erde vor etwa 541 Mio. Jahren sein, was man meist als kambrische Explosion bezeichnet. Dabei wird festgestellt (worauf wir in Kap. 9 noch einmal zurückkommen werden), dass Tiere Sauerstoff für ihren energiehungrigen Stoffwechsel benötigen. Die bakteriellen Vorläufer der Pflanzen hatten über 1 Mrd. Jahre lang Sauerstoff erzeugt, bevor die ersten Tiere auftauchten. Doch all dieser Sauerstoff war vom Gestein auf der Erdoberfläche gebunden worden, und Vulkane brachten weitere Gase aus dem Erdinneren. Erst als alles Gestein vollständig oxidiert war und es keinen weiteren Sauerstoff mehr binden konnte, bildete sich gasförmiger Sauerstoff in der Atmosphäre. Deshalb musste zwischen der Entstehung von sauerstoffproduzierenden Bakterien und der von tierischem Leben viel Zeit vergehen. Nachdem die Sauerstofferzeugung durch Photosynthese erst einmal entstanden war, war das Auftauchen von tierischem Leben sehr wahrscheinlich, wenn auch mit großer Verzögerung (Abb. 1.1).

Ein Beispiel für das Random-Walk-Modell könnte die Überlegung sein, dass Säugetiere aufgrund zweier Vorbedingungen die beherrschende Gattung auf der Erde wurden: der Evolution früher, kleiner Säugetiere und des

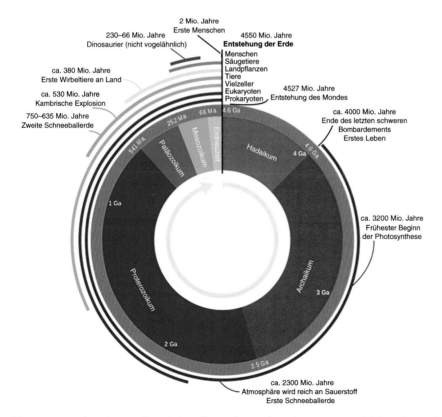

Abb. 1.1 Ringdiagramm, das einige der Höhepunkte der Naturgeschichte der Erde zeigt. Der Zeitraum, in dem es Menschen gab, ist zu klein, um in den Maßstab zu passen. Absolute Altersbestimmungen sind unsicher und viele davon deshalb umstritten

Vorhandenseins ökologischer Nischen, in denen sie sich entwickeln konnten, um zu den großen verschiedenartigen Tieren zu werden, die wir heute kennen. Die ersten Säugetiere gab es auf der Erde schon im Trias (Abb. 1.2),

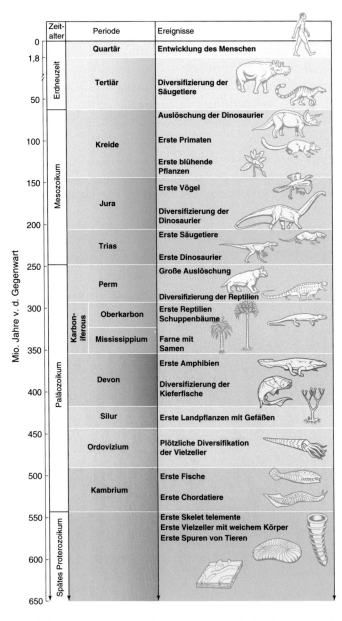

Abb. 1.2 Die letzten 650 Mio. Jahre der Naturgeschichte bis heute mit den wichtigsten geologischen Zeiträumen und Ereignissen in der Geschichte des Lebens, beginnend etwa mit dem Auftauchen der ersten Tiere. (Encyclopaedia Britannica/UIG/Getty Images)

doch die ökologischen Nischen für große Pflanzenfresser und die großen Fleischfresser, die diese fraßen, waren von den Dinosauriern gefüllt. Säugetiere blieben klein und nachtaktiv. Dann passierte zufällig etwas, was die Nische für die Säugetiere öffnete: Ein Komet oder Asteroid schlug am Ende der Kreidezeit in der Nähe der heutigen mexikanischen Stadt Chicxulub auf der Erde ein. Die daraus folgenden großen Klimaänderungen löschten die Dinosaurier aus und öffneten die ökologischen Nischen für die Säugetiere, die sich darin entwickeln konnten. Dieser Einschlag hätte am Ende des Jura oder des Eozän oder überhaupt noch nicht passieren können. Im letzteren Fall könnten die Säugetiere immer noch die seltenen, kleinen, nachtaktiven Tiere sein, die sie vor 70 Mio. Jahren waren.

Ein Beispiel für das Viele-Wege-Modell ist die Entwicklung des Sehvermögens. Augen, die uns ein Abbild der Welt liefern (und nicht nur hell und dunkel unterscheiden), haben sich mehrmals entwickelt, z. B. in Insekten, bei Kopffüßern, Wirbeltieren und ausgestorbenen Gruppen wie den Trilobiten. Sie entstanden unabhängig voneinander und hatten einen unterschiedlichen Aufbau, wie man beim Vergleich von Insekten- und Menschenaugen sofort erkennen kann. Doch diese verschiedenen, unabhängig voneinander entstandenen Augen weisen die gleiche *Funktion* auf.

Wir klassifizieren diese entscheidenden Entwicklungsschritte auf diese Art und Weise, weil uns dies etwas über den *zeitlichen Ablauf* und die *Wahrscheinlichkeit* verrät, und das ist das, was wir wissen wollen, ohne uns über *Mechanismen* (z. B. welche Gene genau daran beteiligt sind, damit das Auge eines Insekts oder eines Wirbeltieres entsteht und wie sie sich entwickelt haben) Gedanken machen zu müssen. Denken Sie daran, dass es hier um die Evolution einer *Funktion* (z. B. das Sehvermögen) und nicht die einer *Struktur* geht (z. B. ein Auge mit einer Linse und einer Retina, wie unseres).

1. *Das Kritischer-Weg-Modell*: Dazu benötigt man nur eine Reihe von Ausgangsbedingungen, die herrschen müssen. Sobald diese vorhanden sind, wird sich der Entwicklungsschritt in einem bestimmten Zeitraum ereignen. Die Ausgangsbedingungen benötigen nur Zeit, der Zufall spielt keine große Rolle. Vielleicht ist der Zeitraum sehr lang (wie in der vorher genannten Verbindung von Sauerstoff und tierischem Leben), doch das ist vorhersehbar, wenn man genug über den Planeten und seine Biosphäre weiß. Wenn ein Entwicklungsschritt aufgrund eines Kritischer-Weg-Vorgangs mehr als einmal geschieht, werden die verschiedenen Beispiele wahrscheinlich einen ähnlichen evolutionären Weg gehen. Auf diese Weise kann eine unabhängige evolutionäre Entwicklung der Funktion aus ähnlichen Mechanismen oder Strukturen hergeleitet werden.

2. *Das Random-Walk-Modell:* Hier sind keine besonderen spezifischen Anfangsbedingungen erforderlich, abgesehen vom Leben, das den Entwicklungsschritt erreichen kann (es wird sich z. B. das Sehvermögen kaum in einer Umgebung entwickeln, in der es kein Licht gibt, das zum Sehen notwendig ist). Der Entwicklungsschritt wird also zufällig geschehen. Weil es nach unserer Definition sehr unwahrscheinlich ist, dass er geschieht – wäre er sehr wahrscheinlich, würde er einfach auftreten und es würde sich nicht um eine Schlüsselinnovation oder einen bedeutenden Entwicklungsschritt handeln –, ist es auch unwahrscheinlich, dass er zweimal stattfindet.

3. *Das Viele-Wege-Modell:* Für einen Viele-Wege-Prozess gibt es keine besonderen Anfangsbedingungen, außer dass es bereits Leben geben muss, das Fortschritte machen kann. Wenn jedoch irgendeine der passenden Anfangsbedingungen eintritt, dann wird der Entwicklungsschritt ziemlich sicher kurz darauf stattfinden (gemessen in Generationen). Es ist also beinahe unvermeidlich, dass der Entwicklungsschritt stattfinden wird. Weil es aber viele Möglichkeiten gibt, wie er geschehen kann, wird jedes Mal die *Funktion* durch einen anderen *Mechanismus* ausgeführt werden.

Ein Viele-Wege-Prozess ist nicht dasselbe wie ein Random-Walk-Prozess. Beim Random-Walk-Prozess müssen viele Ereignisse eintreten, doch wann dies geschieht, hängt vom Zufall ab – deshalb ist der zeitliche Ablauf des Ereignisses insgesamt zufällig. Im Gegensatz dazu können beim Viele-Wege-Prozess viele Kombinationen zufälliger Ereignisse zu einem Ereignis oder Entwicklungsschritt führen. Die Mathematik liefert das erstaunliche Ergebnis, dass das zeitliche Eintreten des Gesamtereignisses besser vorhersagbar ist als das der zufälligen Einzelereignisse, aus denen es besteht. Wir kennen das aus unserem alltäglichen Leben. Der Besitzer einer Imbissbude kann nicht vorhersehen, wann ein bestimmter Kunde kommen wird, um eine Currywurst zu bestellen, aber er kann am Ende des Tages berechnen, wie viele Currywürste er verkauft hat, und so eine geeignete Menge im Voraus bestellen. Das Viele-Wege-Modell bringt zum Ausdruck, dass ein Ereignis bestimmt eintreten wird, wenn es durch viele Kombinationen zufälliger Einzelereignisse ausgelöst werden kann, und es wird in einem bestimmten Zeitraum mit einer hohen Wahrscheinlichkeit eintreten.

Wir können also zwischen den drei in Abb. 1.3 gezeigten Modellen unterscheiden. Wenn ein entscheidender Entwicklungsschritt nur einmal passiert ist, sollten wir das Random-Walk-Modell verwenden. Ist er im Laufe der Zeit in der Evolution mehrmals passiert, ist das Viele-Wege-Modell geeignet, und

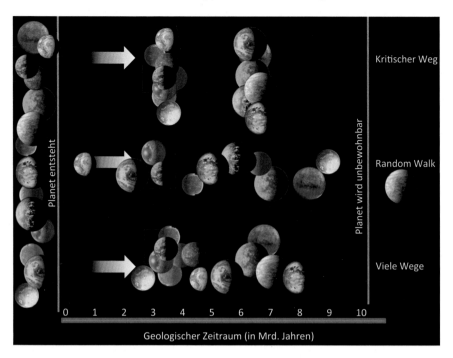

Abb. 1.3 Zeitliche Abfolge der drei Evolutionsmodelle (schematisch). Hier illustrieren wir die drei Modelle mit nur zwei Arten von Welten – einem erdähnlichen Planeten (blau) und einer trockeneren Supererde (grün). Das Kritischer-Weg-Modell sagt voraus, dass ein bestimmter Entwicklungsschritt mehr oder weniger zur selben Zeit stattfinden wird, sofern die Welten die gleichen Eigenschaften aufweisen. Hier passieren die Entwicklungsschritte auf den blauen, erdähnlichen Planeten etwa 3,2 Mrd. Jahre nach ihrer Entstehung. Das Random-Walk-Modell sagt voraus, dass er jederzeit passieren kann, und auf manchen Welten geschieht er nicht, bevor der Planet unbewohnbar wird (hier bei 10 Mrd. Jahren). Das Viele-Wege-Modell sagt voraus, dass der Entwicklungsschritt innerhalb eines eng begrenzten Zeitraumes geschehen wird. Wieder hängt dies davon ab, wann der Planet die notwendigen Anfangsbedingungen für den Schritt erreicht. Hier ist dies bei 3,5 Mrd. Jahren bei den blauen und 6,5 Mrd. Jahre bei den grünen Welten. (Bilder der Planeten: Mit freundlicher Genehmigung der NASA)

wir können sogar noch sicherer sein, wenn er oft und gleichzeitig bei verschiedenartigen Ausgangsbedingungen eingetreten ist. An einen Kritischer-Weg-Vorgang müssen wir denken, wenn er zwar oft, aber im Laufe der geologischen Zeiträume in einem sehr kurzen Zeitraum passiert ist. Selbst wenn wir nicht wissen, wann sich etwas entwickelt hat, aber sehen, dass eine Funktion mehrmals unabhängig voneinander entstanden ist und dabei denselben Mechanismus nutzt (etwa die gleiche Art von Genen oder dieselbe anatomische Grundstruktur), bevorzugen wir das Kritischer-Weg-Modell.

Wir haben uns diese drei Arten der Erklärung ausgedacht, um zu versuchen, unsere Ausgangsfrage zu beantworten. Natürlich sind Menschen etwas Einmaliges. Wir haben uns nur einmal entwickelt; die Chance, dass sich etwas genau wie der Mensch nochmals entwickelt haben könnte, ist astronomisch gering, und der evolutionäre Weg zum Menschen ist außerordentlich kompliziert und zum großen Teil unbekannt. Aber es geht uns nicht darum, ob irgendwo anders noch einmal Menschen entstanden sind, sondern ob sich intelligente, tatkräftige Organismen, die Werkzeuge verwenden, irgendwo anders entwickelt haben, d. h., es geht um die Evolution einer *Funktion* und nicht um die einer *Anatomie*. Unser Modell macht es uns möglich, die Wahrscheinlichkeit, dass sich eine Funktion entwickelt hat, sowohl vom spezifischen evolutionären Weg, den sie genommen hat, als auch von der Anatomie oder der Biochemie des endgültigen Organismus zu trennen. Wir können also fragen, wie oft sich das Sehvermögen entwickelt, ohne uns im Netz der spezifischen Gene und Zellen zu verlieren, aus denen das menschliche Auge oder das der Insekten besteht.

Die Unterscheidung zwischen Struktur und Funktion ist zentral, deshalb werden wir ein weiteres Beispiel anführen. Die Plazenta (die „Nachgeburt") hielt man lange Zeit für einzigartig bei Säugetieren. Sie macht es möglich, dass die Mutter ihr Baby in der Gebärmutter ernährt und der Fetus bis zu einem relativ fortgeschrittenen Stadium wächst, während er von der Mutter vor allem – von Viren bis hin zu Tigern – beschützt wird. Die Plazenta der Säugetiere ist in der Tat einzigartig. Sie hat eine bestimmte Anatomie, die es in keiner anderen Tiergruppe gibt. Doch ihre Funktion ist nicht einzigartig. Die Funktion der Plazenta liegt darin, das Gewebe der Mutter und den Blutkreislauf des Fetus nahe genug zueinander zu bringen, sodass Nährstoffe von der Mutter leicht zum Fetus im Körperinneren der Mutter gelangen können. Wenn wir die Frage stellen, ob andere Tiere ein spezielles Gewebe oder Organ für diese Aufgabe entwickelt haben, dann ist die Antwort ganz bestimmt ja: Skorpione, manche Arten von Kakerlaken, einige Eidechsen, Haie und Schlangen haben ihr spezielles mütterliches und embryonales Gewebe so angeordnet, dass der wachsende Fetus seinen Sauerstoff und Nährstoffe von seiner Mutter erhält.

Manche dieser lebendgebärenden Tiere (etwa plazentare Reptilien) erlauben es, dass das Gewebe des Fetus direkt mit dem Blut der Mutter in Kontakt kommt; bis vor Kurzem hatte man angenommen, dass dies nur bei Säugetieren vorkommt. Lebendgebären hat sich unabhängig voneinander sehr oft entwickelt, mit unterschiedlicher Anatomie, aber jedes Mal mit der gleichen Funktion. Es ist daher weit davon entfernt, eine einzigartige unwahrscheinliche Random-Walk-Eigenschaft von Säugetieren zu sein; vielmehr ist die Lebendgeburt ein Viele-Wege-Prozess, den es bei vielen Tiergruppen gibt. Wenn wir also einige Beispiele haben, die wir untersuchen, können wir die Frage, wie wahrscheinlich es ist, dass eine Funktion entsteht, von der Frage trennen, wie diese Entstehung genau abläuft.

In diesem Buch beschäftigen wir uns mit den entscheidenden Entwicklungsschritten der Evolution und daher der Frage nach dem Auftauchen von Funktionen, die die Biosphäre radikal verändert haben. In Teil II dieses Buches werden wir die großen Entwicklungsschritte oder Schlüsselinnovationen des Lebens analysieren, um die Frage zu beantworten, ob sie einem Kritischer-Weg-, einem Random-Walk- oder einem Viele-Wege-Modell folgen. Auf Grundlage dieser Analyse können wir dann abschätzen, wie leicht jeder wichtige Übergang vom Leben geschafft werden kann (Abb. 1.3). Ist die Erde ein außergewöhnlicher und seltener Ort des Lebens in unserer kosmischen Umgebung, wie von Peter Ward und Donald Brownlee in ihrem Buch *Unsere einsame Erde* behauptet wird? Oder lässt sich aus unseren Ergebnissen folgern, dass wir in einem *lebendigen Universum* leben? Bevor wir aber zu dieser Frage kommen, müssen wir uns anschauen, welche Bedingungen auf einem Planeten notwendig sind, damit sich komplexes, makroskopisches Leben entwickeln kann.

Weiterführende Literatur

Archibald, J. D. (2011). *Extinction and radiation: How the fall of the dinosaurs led to the rise of the mammals.* Baltimore: The Johns Hopkins University Press.

Bains, W., & Schulze-Makuch, D. (2015). Mechanisms of evolutionary innovation point to genetic control logic as the key difference between prokaryotes and eukaryotes. *Journal of Molecular Evolution, 81,* 34–53.

Conway Morris, S. (2008). *Jenseits des Zufalls: Wir Menschen im einsamen Universum.* Berlin: Berlin University Press.

Gould, S. J. (1989). *Wonderful life: The burgess shales and the nature of history.* New York: W. W. Norton.

Smith, J. M., & Szathmary, E. (1996). *Evolution: Prozesse, Mechanismen, Modelle.* Heidelberg: Spektrum Akademischer.

Ward, P. D., & Brownlee, D. (2001). *Unsere einsame Erde: Warum komplexes Leben im Universum unwahrscheinlich ist.* Heidelberg: Springer.

2

Voraussetzungen für komplexes Leben

Bevor wir darüber sprechen, wie Leben auf einem Planeten entstehen kann, müssen wir uns der Frage widmen, ob ein Planet grundsätzlich Leben aufrechterhalten kann. Die Minimalvoraussetzungen für komplexes Leben sind deutlich höher als für mikrobielles. Wir werden zuerst überlegen, was unsere Erde zu einem bewohnbaren Planeten macht und inwiefern ihre Geschichte im Sonnensystem eng mit dem Auftauchen und dem Fortbestand von Leben zusammenhängt – dies ist nicht der Fall für unsere Nachbarplaneten, die ziemlich unwirtlich erscheinen. Danach werden wir über die astronomischen und die unmittelbar auf die Planeten bezogenen Randbedingungen für Bewohnbarkeit und Leben, vor allem die für komplexes Leben, eingehen und Vermutungen darüber anstellen, wie oft diese Voraussetzungen im Universum auftreten.

2.1 Eine sehr kurze Geschichte der Erde und des Lebens

Man nimmt an, dass sich die Erde und die anderen Körper des Sonnensystems vor etwa 4,54 Mrd. Jahren durch einen Prozess gebildet haben, der Akkretion genannt wird. Das ganze Sonnensystem hat sich aus einer Wolke aus Staub und Gas gebildet, die unter ihrer eigenen Gravitation zu einer sich drehenden Scheibe, der protoplanetaren Scheibe, zusammengefallen ist. In ihr zog sich der Staub zu einer Reihe größerer Körper zusammen. Der größte davon befand sich im Mittelpunkt und wurde zur Sonne, viele

© Springer-Verlag GmbH Deutschland, ein Teil von Springer Nature 2019
D. Schulze-Makuch und W. Bains, *Das lebendige Universum,*
https://doi.org/10.1007/978-3-662-58430-9_2

andere bildeten sich in einer Umlaufbahn um diese Protosonne. Die kleinen Köper, die Planetesimale, ähnelten den heutigen Asteroiden und Kometen. Es gab Millionen davon, und auch sie stießen miteinander zusammen und bildeten so größere Körper, aus denen die Protoplaneten entstanden, die groß genug waren, um durch ihre eigene Gravitationskraft noch mehr Kometen, Felsen und Staub anzuziehen. Streiftreffer verliehen den wachsenden Planeten ihre Drehbewegung. In der Nähe der Sonne wurden chemische Stoffe wie Wasser und Methan erwärmt und dadurch gasförmig; die Protoplaneten dort bestanden hauptsächlich aus Gestein, das zurückblieb, als dieses Gas verdampfte. So entstanden die inneren erdähnlichen Planeten unseres Sonnensystems. Weiter von der Sonne entfernt lagen Ammoniak und Methan als gefrorene Feststoffe vor, und auch diese blieben an den Planetesimalen hängen. Sie sammelten deshalb Eis, Gase und Staub an sich und wuchsen sehr schnell. Heute sind das die großen Gasriesen mit ihren Eismonden.

Die neu entstandenen Protoplaneten blieben nicht da, wo sie sich gebildet hatten. Komplizierte Gravitationskräfte zwischen den Protoplaneten, der Gasscheibe, in der sie wuchsen, und der größer werdenden Sonne brachten die Planeten dazu, näher an die Sonne zu wandern. Wir finden heute einige Systeme um andere Sterne, bei denen die großen Eisplaneten so nahe um ihrem Stern kreisen, dass sie rotglühend sind, oder andere, bei denen die Planeten so nahe beieinander kreisen, dass sie unmöglich dort entstanden sein können. Es kann auch passieren, dass Planeten aus ihrem Sonnensystem herausgeschleudert werden, sodass sie zu vagabundierenden Planeten werden. Dies spricht für eine stürmische und chaotische Anfangszeit vieler Sternsysteme. Unseres war keine Ausnahme. Es wird allgemein angenommen, dass in der Frühzeit des Sonnensystems die primordiale Erde mit einem anderen jungen Planeten, der etwa die Größe des Mars besaß, kollidiert sein muss. Dabei verdampfte ein großer Teil beider Körper und schleuderte eine große Wolke aus weißglühendem, kochendem Gestein in die Umlaufbahn um die Erde. Das meiste dieser Masse fiel wieder zurück, kühlte ab und bildete die Erde, wie wir sie heute kennen. Der Rest blieb im Orbit, kondensierte, kühlte ab und bildete den Mond.

Ein natürlicher Satellit von der Größe unseres Mondes ist ungewöhnlich, könnte aber vielleicht wichtig gewesen sein für die spätere Entwicklung einer Biosphäre auf unserem Planeten, denn er stabilisierte die Drehachse der Erde, wodurch die Oberflächentemperatur in einem engeren Bereich blieb. Außerdem übte er Gezeitenkräfte auf den jungen Planeten aus, die viel stärker waren als heute, wodurch das Erdinnere stärker aufgeheizt wurde, was auch Auswirkungen auf die Küstenbewohner hatte, sobald erst einmal das Wasser aus der Atmosphäre kondensiert war und Meere gebildet hatte. Der Einschlag, durch den der Mond gebildet wurde, war der größte, den die Erde überstehen musste. Er verdampfte sogar die Kruste. Wir können mit ziemlicher Sicherheit sagen, dass es auf der Erde kurz nach diesem Einschlag kein Leben gegeben hat. Nach dem Einschlag bildeten sich im Erdinneren Mantel und Kern aus, und es formte sich wieder eine Art von Kruste. (Wir wissen nicht genau, wann dies geschah und wie dick sie war.). Die Zusammensetzung der Atmosphäre stabilisierte sich, wobei Stickstoff und Kohlendioxid die Hauptkomponenten waren. Wasser tauchte an der Oberfläche auf, aber wieder zeigt sich, wie wenig wir von diesen Tagen verstehen, denn es ist nicht einmal klar, ob es hauptsächlich von der primordialen Protoerde oder von Kometen kam, die die Erde getroffen haben, nachdem der Mond entstanden ist.

Aber selbst nach diesem Ereignis wurde die Erde immer noch von Asteroiden und Kometen getroffen, wobei die Zahl allmählich abnahm, vielleicht mit gelegentlichen Häufungen wie in der Periode, die man als Großes Bombardement (Late Heavy Bombardment, LHB) bezeichnet und die zwischen 4,1 und 3,8 Mrd. Jahren stattfand. Es ist auch der Zeitraum, aus dem wir die ersten Hinweise auf Leben auf der Erde finden, wie geochemische (Untersuchungen von Isotopen) und fossile Hinweise zeigen. Das Leben ist vermutlich ziemlich schnell entstanden, vielleicht sogar schon vor dem Großen Bombardement, fast sofort nachdem die Bedingungen an der Oberfläche Leben erlaubten. Die Biochemie und die Struktur dieses ersten Lebens sind unbekannt. Es handelte sich bestimmt um einzellige, mikroskopische und anaerobe (d. h. keinen Sauerstoff benötigende) Lebewesen. Diese Lebensformen gibt es auch heute noch. Ein allgemeines Prinzip ist, dass der überragende Großteil des Lebens auf der Erde klein und einfach blieb. Wir glauben nicht, dass die ersten Organismen das Licht als Energiequelle nutzen konnten, aber die Photosynthese tauchte ziemlich bald auf, vermutlich vor etwa 3,5 Mrd. Jahren, wenn nicht sogar früher. Wie wir in Kap. 4 und 5 besprechen werden, sind die Fähigkeiten, Licht einzufangen und diese Energie zu nutzen, um Sauerstoff zu produzieren, zwei verschiedene Dinge, doch das Leben hat vermutlich beides bis etwa vor 2,7 Mrd. Jahren geschafft. Dieser frühe Sauerstoff wurde aber durch Reaktionen mit Oberflächenmineralien, vulkanischen Gasen und organischer Materie (etwa der von toten Organismen) verbraucht; deshalb reicherte sich bis vor etwa 2,4 Mrd. Jahren fast nichts davon in der Atmosphäre an. Erst dann begann der Sauerstoffgehalt anzusteigen, bis es zur Großen Sauerstoffkatastrophe (Great Oxygenation Event, GOE) kam. Während dieser Sauerstoffkatastrophe oder kurz danach, vor etwa

2,3 Mrd. Jahren, vereiste ein Großteil der Erde und wurde zur sogenannten Schneeballerde, vermutlich aufgrund des steigenden Sauerstoffgehalts in der Atmosphäre und dem fallenden Anteil an Treibhausgasen wie Methan und Kohlendioxid. Während dieses Schneeballerde-Ereignisses war die gesamte Erde oder ein Großteil davon von Gletschern bedeckt.

Der Anstieg atmosphärischen Sauerstoffs, der durch die Cyanobakterien erzeugt worden war, führte offensichtlich zur ersten Krise des Lebens. In dieser Zeit waren fast alle Bakterien anaerob, und Sauerstoff war für sie eine giftige Verbindung, wie es auch heute noch bei anaeroben Bakterien der Fall ist. Erst allmählich lernte das Leben mit dieser reaktionsfreudigen Chemikalie zu leben, sie einzufangen und die großen Energiemengen zu nutzen, die aus Reaktionen von Sauerstoff mit organischer Materie gewonnen werden können. Schließlich zog sich das Eis wieder zurück, und das Klima wurde wieder wärmer; gleichzeitig tauchten die ersten eukaryotischen Organismen in den fossilen Aufzeichnungen der Erde auf. Wissenschaftler sind sich immer noch nicht einig darüber, ob diese Ereignisse zusammenhingen oder ob der Zeitpunkt zufällig mit dem Ende der Schneeballerde zusammenfiel. Angesichts der wenigen fossilen Hinweise könnte das Ereignis auch Hunderte von Millionen Jahren früher oder später stattgefunden haben. Der (langsame) Marsch hin zu mehr Komplexität ging weiter. Genetische Anhaltspunkte und erste Fossilienfunde weisen darauf hin, dass vor etwa 1 Mrd. Jahre die ersten Vielzeller entstanden, obwohl Fossilien, die unzweifelhaft von Vielzellern stammen, erst in Gestein gefunden wurden, das 650 Mio. Jahre alt oder sogar jünger ist. Mit dem steigenden Sauerstoffgehalt konnten immer mehr vielzellige Organismen überleben, obwohl sie im Vergleich zu den Tieren von heute klein und schwerfällig blieben. Vor etwa 650 Mio. Jahren verwandelte sich die Erde noch einmal in einen Schneeball. Doch nachdem sich die Erde wieder erwärmt hatte, diversifizierte das Leben explosionsartig in seinen Strukturen und Lebensformen und eroberte nach dem Rückzug des Eises eine ganze Reihe neuer Lebensbereiche.

Man nennt diesen Zeitraum vor etwa 541 Mio. Jahren am Beginn des Kambriums die kambrische Explosion (vgl. Abb. 1.1). Sie zeichnet sich durch Tiere mit einer harten Schale aus, eine Innovation, die diese vor aktiven Räubern schützte, woraus man schließen kann, dass sich auch derartige Räuber entwickelt haben. Schalen und Außenskelette sind mehrmals und unabhängig voneinander entstanden, was den Wert dieser Anpassung zeigt. Seit dem Auftauchen makroskopischer Lebensformen steht Wissenschaftlern eine ununterbrochene Abfolge von gut erhaltenen Fossilien zur Verfügung, aus der wir auf die weiteren evolutionären Fortschritte in Richtung komplexes Leben schließen können.

Der Weg zum komplexen Leben war nicht einfach. Eine Reihe von Ereignissen führte zu mehreren Massenaussterben, bei denen die meisten Spezies auf der Erde ausgelöscht wurden. Das größte derartige Ereignis war das Massenaussterben an der Perm-Trias-Grenze vor etwa 252 Mio. Jahren, bei dem etwa 95 % aller Meereslebewesen und etwa 70 % aller Landspezies ausgelöscht wurden. Es war die einzige Auslöschung, von der auch Insekten stark betroffen waren. Es hat wohl 10 Mio. Jahre gedauert, bis sich das Leben wieder vollständig erholen und alle ökologischen Nischen wiederbesiedeln konnte. Dieses Massenaussterben zeigte, dass der Grund der Ozeane und die unterirdischen Lebensräume an Land viel stabiler waren als die in der Nähe der Oberfläche, welche die Hauptlast des Aussterbens trugen. Aber das Leben kehrte zurück, was das biologische Prinzip unterstreicht, dass einzelne Organismen und sogar Spezies anfällig sind, das Leben an sich aber widerstandsfähig. Die jetzt neu zur Verfügung stehenden verschiedenartigen Umgebungen und neuen Lebensräume ermöglichten eine große Biodiversität großer Tiere und Pflanzen.

Das bekannteste Massenaussterben geschah viel später, nachdem sich die viel größeren sowie anatomisch und von ihrem Verhalten her komplizierteren Tiere entwickelt hatten. Dabei wurden die Dinosaurier am Ende der Kreidezeit ausgelöscht, was den Weg dafür ebnete, dass heute Säugetiere die vorherrschende Gattung bei den großen Tieren sind. Dennoch war dies nicht so schwerwiegend wie das Massenaussterben an der Perm-Trias-Grenze. Bemerkenswert ist jedoch, dass keines dieser Massenaussterben auch nur annähernd zu einer vollständigen Auslöschung des Lebens geführt hat. Für manche Spezies waren die Katastrophen vollständig, manchmal für ganze Tier- oder Pflanzenklassen, aber nach 5 bis 10 Mio. Jahren nach dem Massenaussterben an der Perm-Trias-Grenze ersetzten Tiere, Pflanzen und Pilze mit denselben funktionalen Fähigkeiten die alten. Nachdem der Chicxulub-Asteroid die Dinosaurier ausgelöscht hatte, dauerte es nicht lange, bis wieder große Tiere die Erde bevölkerten. Die Säugetiere überlebten und hatten bereitgestanden, die Bühne zu übernehmen. Vor etwa 7 Mio. Jahren schließlich trennten sich unsere Vorfahren von den Schimpansen und Gorillas, und vor etwa 2,8 Mio. Jahren tauchte eine Spezies auf, die als Mensch erkennbar war.

Unser sehr kurzer Lauf durch die Geschichte des Lebens auf der Erde zeigt, dass es vom Planeten abhängt, wie sich das Leben entwickelt. Hätte es weniger reaktionsfreudiges Gestein gegeben, das mit dem Sauerstoff reagieren konnte, hätte es früher eine sauerstoffreiche Atmosphäre gegeben. Hätte der Chicxulub-Asteroid die Erde vor 65,5 Mio. Jahren nicht getroffen, gäbe es wohl immer noch überall Dinosaurier. Aber auch das Leben hat den Planeten verändert, seine Oberflächenchemie und seine Atmosphäre. Wenn wir also danach fragen, ob eine andere Welt bewohnbar sein könnte, stellen wir nicht die Frage, ob sie genauso ist wie die Erde heute, sondern welche Grundparameter auf einem anderen Planeten das Leben davon abhalten könnten, zu entstehen oder zu überleben. Mit diesem Wissen im Hinterkopf müssen wir uns überlegen, wie die Bewohnbarkeit eines Planeten mit den astronomischen Bedingungen zusammenhängt, denen er ausgesetzt ist.

2.2   Astronomische Randbedingungen für die Bewohnbarkeit

Ob ein Planet oder Mond bewohnbar ist, hängt von seiner Position in Raum und Zeit ab. Einige ungünstige Orte sind ganz offensichtlich, etwa die Nachbarschaft zu einem Schwarzen Loch oder in unmittelbarer Umgebung zu einem Stern, der gleich zur Supernova wird. Andere Parameter sind nicht so offensichtlich. Sonnensysteme, die sich sehr früh in der Geschichte des Universums gebildet haben, bestehen vor allem aus Wasserstoff und Helium, sodass es keine schwereren Elemente gibt (was Astronomen als „Metalle" bezeichnen, obwohl dazu auch Elemente gehören, die in der Sprache gemeinhin nicht so genannt werden, wie Sauerstoff oder Kohlenstoff). In diesen Sonnensystemen gibt es keinen Staub, und so konnten sich auch keine felsigen Planeten formen. Die wichtigen schwereren Elemente, die das Leben benötigt, wie Eisen, werden erst bei der Supernova eines Sterns erzeugt und fehlen deshalb in diesen frühen Systemen.

Nicht alle terrestrischen Planeten, die sich nach dieser ersten Welle von Sonnensystementstehungen gebildet haben, sind bewohnbar. Der Geowissenschaftler James Kasting hat ein Gebiet um einen Stern definiert, in dem ein Planet im Prinzip Leben unterstützen kann und es habitable (bewohnbare) Zone genannt. Hier könnte ein etwa erdgroßer Planet eine Atmosphäre an sich binden und flüssiges Wasser auf seiner Oberfläche haben. Man hält die Anwesenheit von flüssigem Wasser für eine sehr wichtige Grundvoraussetzung für die meisten, eventuell sogar für alle Lebensformen. Die bewohnbare Zone ist bei den meisten Sternen ziemlich eng. Ihre Position und Ausdehnung hängen vor allem davon ab, wie viel Energie der Stern abstrahlt. Doch selbst bei gleichen Sternen hängen die Grenzen dieser bewohnbaren Zone auch von den geophysikalischen und geochemischen Eigenschaften des Planeten, vor allem von seiner Masse, seiner Albedo (der Menge an Licht, die er in den Weltraum zurückreflektiert) sowie der Dicke und der chemischen Zusammensetzung seiner Atmosphäre ab. All diese Parameter beeinflussen, mit welcher Rate Wasser von der Atmosphäre des Planeten entflieht, wenn der Planet am inneren Rand der Zone liegt, und ob er vollkommen gefriert, wenn er weiter außen liegt. Die meisten Modelle zeigen, dass der innere Rand der habitablen Zone unseres Sonnensystems zwischen 0,95 und 0,84 Astronomischen Einheiten (AE – die mittlere Entfernung der Erde von der Sonne) liegt. Bei 0,95 AE würde die Stratosphäre der Erde feucht, sodass Wasser in den Weltraum entweichen und die Erde austrocknen würde. Spätestens bei 0,84 AE steigt die Oberflächentemperatur der Erde aufgrund eines Treibhauseffekts dramatisch an. Man beobachtet das heute an der Venus, die durch diesen Effekt vollkommen unbewohnbar wurde.

Der äußere Rand der habitablen Zone beginnt dort, wo sich Kohlendioxidwolken bilden könnten, da sich dadurch die Oberfläche eines Planeten abkühlen würde, weil das Kohlendioxid, ein entscheidendes Treibhausgas in unserer Atmosphäre, als fester Schnee auf die Erde fallen würde, wie an den Polen des Mars. Der äußere Rand liegt in unserem Sonnensystem zwischen 1,40 und 1,46 AE, doch die bewohnbare Zone könnte sich auch noch weiter nach außen bis zu 2,0 AE erstrecken, wenn der Mars eine größere Masse oder eine dickere Atmosphäre und damit einen stärkeren Treibhauseffekt hätte. Der Mars befindet sich in einer mittleren Entfernung von 1,52 AE, die Venus bei 0,72 AE von der Sonne und damit auch nicht in der heutigen bewohnbaren Zone. Doch in der Frühzeit des Sonnensystems war das anders. Wie alle Sterne ihrer Größe wuchs der Energieausstoß der Sonne um etwa 30 bis 40 %, seit sie sich vor 4,54 Mrd. Jahren gebildet hat, und deshalb haben sich auch die Grenzen der bewohnbaren Zone nach außen verschoben. Vor 4 Mrd. Jahren befand sich die Venus im Gegensatz zu heute in der habitablen Zone. In ferner Zukunft wird die bewohnbare Zone weiter nach außen wandern, und die Erde wird dann auch das Schicksal der Venus teilen.

Analog zur habitablen Zone um einen Stern hat sich auch der Begriff der galaktischen bewohnbaren Zone eingebürgert. Die Zentren vieler Galaxien, auch das unserer eigenen, sind sehr ungemütliche Orte, an denen es dicht gedrängte Sterne und ein supermassereiches Schwarzes Loch gibt, dessen Nähe Sonnensysteme auseinanderreißt und deren Strahlung jede Bewohnbarkeit unwahrscheinlich machen würde. Die galaktische bewohnbare Zone wird als Region einer Galaxie definiert, in der es die schweren Elemente gibt, die das Leben benötigt, und wo jedes Leben weit genug vom Zentrum der Galaxis entfernt ist, damit es nicht zu viel Strahlung oder zu oft Sternen ausgesetzt ist, die zur Supernova werden.

Die galaktische habitable Zone wurde von Charles Lineweaver berechnet; ihm zufolge liegt diese in einer Entfernung zwischen 7 und 9 kpc (Kiloparsec), also 23.000 bis 29.000 Lichtjahre vom galaktischen Zentrum entfernt. Sie wird im Laufe der Zeit größer und enthält Sterne, die zwischen 4 und 8 Mrd. Jahre alt sind. Er legte dabei folgende Annahmen zugrunde:

1. Es gibt einen geeigneten Mutterstern.
2. Es gibt genügend schwere Elemente, damit sich Planeten bilden können.
3. Es gibt genug Zeit für eine biologische Evolution.
4. In der Gegend des Weltraums gibt es keine Supernovae, die das Leben wieder auslöschen könnten.

Die Konzepte der habitablen und der galaktischen habitablen Zone sind nützliche Suchwerkzeuge. Doch ein Planet in der bewohnbaren Zone ist nicht notwendigerweise bewohnbar. Ein Gesteinsplanet, der in der habitablen Zone kreist, ist zwar erdähnlich, muss aber nicht bewohnbar sein. Ein Beispiel ist unser Mond – ein felsiger planetarer Körper in der habitablen Zone unseres Sonnensystems, doch vollkommen unbewohnbar. Es ist besser wir suchen nach einem erdähnlichen Planeten, der die richtige Kombination von physikalischen und chemischen Oberflächeneigenschaften hat, um zu einem geeigneten Ort für eine ansehnliche Biosphäre mit komplexem und makroskopischem Leben zu werden. Das kann bedeuten, dass er sich auch in der Habitablen Zone (HZ) befindet, doch ironischerweise auch nicht. Eine Welt wie der Jupitermond Europa besitzt vermutlich unter einer kilometerdicken Eisschicht einen tiefen stabilen Wasserozean. Europa kreist weit außerhalb der habitablen Zone, und trotzdem könnte sein Ozean bewohnbar sein. Jedenfalls ist er eines der meist diskutierten Themen für zukünftige Weltraummissionen, die herausfinden sollen, ob es dort tatsächlich Leben gibt. Selbst an der Oberfläche eines Planeten, der sich meist außerhalb der habitablen Zone befindet, könnte ein Lebensstil möglich sein, der zwischen ruhend und wach pendelt, denn seine Lebensformen könnten nur periodisch flüssiges Wasser benötigen – eine möglicherweise für den Mars relevante Erkenntnis. Außerdem könnte das Leben eine vollkommen andere Biochemie nutzen, sogar andere Lösungsmittel wie die flüssigen Kohlenwasserstoffe, die es stabil auf dem Mond Titan gibt. Derartig anderes Leben würde auch eine andere habitable Zone um einen Stern erforderlich machen.

Die meisten Sterne leuchten viel schwächer als die Sonne. Sehr verbreitet sind vor allem die matten kleinen roten Sterne, die *M-Zwergsterne*. Mehr als 75 % der Sterne in unserer Ecke des Universums sind M-Zwergsterne; Sterne wie unsere Sonne, ein G-Zwergstern, sind eigentlich ziemlich selten. Der Stern, der unserer Sonne am nächsten ist (Proxima Centauri), ist ein Roter Zwerg. Er leuchtet so schwach, dass man ihn mit bloßem Auge nicht sehen kann. Es wurde gezeigt, dass viele dieser Sterne, auch Proxima Centauri, von Planeten umkreist werden, doch die Meinung der Wissenschaftler, ob M-Zwergsterne für Leben geeignet sind, ist schon immer zweigeteilt. Planeten um M-Zwergsterne haben als Wohnstätte für Leben bestimmte Vorteile, aber auch Nachteile. Einen Überblick darüber zeigt Tab. 2.1. Ursprünglich dachte man, dass sie unbewohnbar sein müssten, denn die habitable Zone für einen Planeten befindet sich viel näher am Stern, was bedeutet, dass die meisten davon gebunden rotieren, d. h., dass sie ihrem Stern immer dieselbe Seite zuwenden, so wie der Mond uns immer die gleiche Seite zeigt. Wenn Sie auf der Oberfläche einer derartigen Welt stünden, würde die Sonne immer am selben Ort am Himmel stehenbleiben, also niemals auf- oder untergehen. Deshalb würde sich eine Seite des Planeten entsetzlich aufheizen, während die andere extrem kalt bliebe. Modellrechnungen zeigen aber, dass eine Atmosphäre diese Temperaturextreme prinzipiell zu einem akzeptablen Grad ausbalancieren könnte. Deshalb könnte dies ein kleineres Hindernis sein, als man ursprünglich dachte. Das größte Problem dürfte aber sein, dass es bei M-Zwergsternen gewaltige Sonneneruptionen gibt, vor allem, solange sie jung sind. Diese könnten so zerstörerisch sein, dass sie die ganze Atmosphäre des Planeten wegblasen und ihn vollkommen unbewohnbar zurückließen. Wenn sie aber erst einmal ein stabiles ruhiges mittleres Alter erreicht haben, sind M-Zwergsterne sehr stabil und verändern ihre Energieabgabe nicht mehr. Deshalb bewegt sich ihre bewohnbare Zone nicht, wie die unserer Sonne, nach außen. Daraus kann man schließen, dass ein Planet um einen M-Stern lange Zeit bewohnbar bleibt, sobald der Stern seine stürmische Jugend hinter sich gelassen hat. Man kann daraus schließen, dass die besten Kandidaten für die Bewohnbarkeit eines Sterns die K-Hauptreihensterne sind, die zwischen M- und G-Zwergsternen liegen.

Es gibt weitere astronomische Parameter, die die Bewohnbarkeit positiv oder negativ beeinflussen. Zum Beispiel scheinen die meisten Sterne im Universum Doppelsterne zu sein. Es ist schwierig abzuschätzen, ob diese Systeme stabile Planetenbahnen besitzen und wie sich dies auf die Veränderungen der Oberflächentemperatur auswirkt.

Tab. 2.1 Die Eigenschaften von M-Zwergsternen und ihre Beziehung zur Bewohnbarkeit ihrer Planeten

Eigenschaften des M-Zwergsterns	Astrobiologische Bewertung
Fast konstante Leuchtkraft über Dutzende von Milliarden Jahren	Planeten um M-Sterne besitzen eine stabile Umwelt, in der sich das Leben bilden und entwickeln kann, und später eine beständige habitable Zone
M-Zwergsterne sind weit verbreitet; sie machen 75 % aller Sterne aus	Die Chance, dass wenigstens einige davon bewohnbar sind, ist hoch
Lange Lebensdauer (mehr als 50 Mrd. Jahre)	Das ist vor allem für die Entstehung von komplexem intelligentem Leben vorteilhaft, denn der Zeitraum, der der Evolution zu Verfügung steht, ist viel größer (verglichen mit den 7 Mrd. Jahren, in denen die Erde bewohnbar bleibt, und den 4 Mrd. Jahren, die die Evolution komplexen Lebens auf der Erde gedauert hat)
Es gibt viele alte M-Zwergsterne in unserer Galaxis, die älter als 5 Mrd. Jahre sind	Sehr alte, metallarme M-Zwergsterne besitzen wahrscheinlich aufgrund des Metallmangels keine Gesteinsplaneten. Eine Umwelt mit wenig Metallen wäre vermutlich für die Entwicklung von Leben problematisch.
Theoretische Studien weisen darauf hin, dass sich in der protoplanetaren Scheibe von M-Zwergsternen leicht Supererden bilden können	Planeten um M-Zwergsterne sollten zumindest genauso häufig anzutreffen sein wie bei sonnenähnlichen Sternen. Bei mehreren M-Zwergsternen konnten deshalb schon viele Planeten gefunden werden
Die habitable Zone liegt sehr nahe am Stern, näher als 0,1 bis 0,4 AE	Die Rotation des Planeten wäre an den Stern gebunden, was die Wahrscheinlichkeit für die Bewohnbarkeit verringert
Die habitable Zone um einen jungen M-Zwergstern ist viel weiter vom Stern entfernt als von einem älteren Stern	Planeten in der Nähe eines M-Zwergsterns könnten „trockengebacken" werden, solange der Stern jung ist, sodass verhindert wird, dass der Planet bewohnbar ist, wenn der Stern in ein mittleres Alter kommt
Anders als sonnenähnliche Sterne strahlen M-Zwergsterne nicht im UV-Bereich, weil ihre Temperatur zu gering ist	Im Allgemeinen ist die UV-Strahlung zwar schädlich für Organismen, doch könnte sie im Evolutionsprozess und bei der Entstehung des Lebens eine wichtige Rolle gespielt haben
M-Zwergsterne haben einen effizienten magnetischen Dynamo und geben dadurch starke koronale Röntgenstrahlung und verschiedene Arten der UV-Strahlung ab	Diese Strahlungsarten sind zwar schädlich, könnten aber von der Atmosphäre der Planeten ausgefiltert werden und vorteilhaft für die Evolution sein. Starke Sonneneruptionen könnten aber die Atmosphäre abtragen und so Leben unmöglich machen

2.3   Wann ist ein Planet bewohnbar?

In der wissenschaftlichen Literatur ist ausführlich besprochen, welche Anforderungen ein anderer Planet erfüllen muss, um bewohnbar zu sein und Leben zu beherbergen. Den Ansatz, den eine Forschergruppe verfolgt hat, die einer der Autoren dieses Buches leitet, bestand darin, einen sogenannten Planeten-Bewohnbarkeits-Index (Planetary Habitability Index, PHI) zu entwickeln, der die entscheidenden Erfordernisse für das Leben umfasst. Dazu gehören auch Parameter, die sich nur auf den Planeten beziehen, wie ein geeigneter Nährboden, die Verfügbarkeit von Energie, das Vorhandensein einer komplexen Kohlenstoffchemie und eines flüssigen Lösungsmittels.

2.3.1   Das Leben benötigt einen geeigneten Nährboden

Oben haben wir von Gesteinsplaneten gesprochen, aber nicht erwähnt, warum wir nur diese als geeignet für das Leben halten. Das Leben gedeiht vor allem auf bestimmten Grenzflächen, vor allem zwischen festen und flüssigen Untergründen. Selbst auf einem größeren Maßstab beobachten wir an diesen Grenzumgebungen, wie an Fluss- und Seeufern und in Küstengebieten, große Biomassen und biologische Vielfalt. Gesteinsplaneten wie die Erde haben derartige Grenzflächen zwischen dem Festland und allen Flüssigkeiten oder der Atmosphäre, wenn es diese gibt. Die Oberflächen fester Materialien hemmen Bewegungen, deshalb können sich dort Inseln der Bewohnbarkeit bilden, wo sich organische Verbindungen, die mit Flüssigkeiten oder einer Atmosphäre in Kontakt sind, ansammeln können – statt wie in einer reinen Flüssigkeit oder einem Gas weggespült zu werden –, sodass es zu einer Besiedelung durch Mikroben kommen kann. Die Anwesenheit eines festen Substrats, wie Gestein oder Eis, begünstigt die Bewohnbarkeit auch, weil dort dauerhaft eine größere Vielfalt chemischer Verbindungen zur Verfügung steht, die an dieser Oberfläche reagieren können. Ein festes Substrat kann auch das Leben unter der Oberfläche vor den verschiedenen Strahlungsarten schützen, wie UV oder vor der Strahlung in Jupiters Strahlungsgürtel, sollte es Leben im unterirdischen Ozean auf dem Jupitermond Europa geben (worauf wir später noch eingehen werden).

2.3.2 Planetenmasse

Verbunden mit der Notwendigkeit einer Oberfläche ist die einer Minimalmasse. Asteroiden und kleine Monde können nicht genug innere Wärme erzeugen, um Vulkanismus hervorzubringen, durch den ihre Oberflächen erneuert werden. Planetenkerne mit einer hohen Dichte erzeugen Hitze aus radioaktivem Zerfall. Diese Wärme drückt die flüchtigen Stoffe aus der Kruste und dem Mantel eines erdähnlichen Planeten, sodass sie zur Bildung einer Atmosphäre beitragen können. Auf der Erde treibt die innere Wärme die Plattentektonik an, die einen der besten Recyclingmechanismen für Mineralien und Nährstoffe darstellt; diese wiederum sind notwendig, um eine ausreichend große Biosphäre zu unterhalten.

Wenn es auf einem Planeten Plattentektonik gibt, wird das unvermeidlich zu der topografischen Vielfalt und zu geochemischen Kreisläufen wie auf der Erde und vermutlich dem frühen Mars sowie der frühen Venus führen. Geochemisches Recycling von Kohlenstoff durch tektonische Vorgänge auf erdähnlichen Planeten wird im Allgemeinen als entscheidend für ein stabiles Klima auf einem Planeten angesehen, weil es ihn gegenüber Schwankungen in der Strahlung seines Zentralsterns schützt. Das Innere von größeren Gesteinsplaneten wird zudem heiß genug, dass Eisen schmilzt und sich in einem flüssigen Metallkern sammelt, so wie es auf der Erde passiert ist. Dieser Kern ist in der Lage, ein Magnetfeld zu erzeugen, was ebenso für eine bewohnbare Oberfläche wichtig sein könnte. Unser Magnetfeld schützt die Atmosphäre und die Oberfläche vor dem heftigen Beschuss durch geladene Teilchen bei Sonneneruptionen. Vielleicht kann nur ein Magnetfeld, das mindestens so stark ist wie das der Erde, genügend Schutz gegen die Sonneneruptionen bieten, die sonst die Oberfläche sterilisieren und die Atmosphäre im Laufe der Zeit wegreißen würden. Diese Gefahr besteht bei allen Planeten um Sterne, von denen wir glauben, dass sie lebensfreundlich sein könnten (d. h. alle Hauptreihensterne der Gruppen G, K und M). Eine weitere Gefahr sind die Superflares, d. h. Sonneneruptionen, die 100-mal stärker sind als die stärksten Sonneneruptionen, die wir heute bei der Sonne beobachten können. Sie treten vor allem bei Sternen auf, die noch sehr jung sind.

2.3.3 Vielfalt ist vorteilhaft

Weil das Leben auf Grenzflächen gedeiht, begünstigt eine Vielfalt von Umgebungen das Leben. Doch dies scheint unsere Suche nicht sonderlich einzuschränken. Jeder erdähnliche Planet oder Mond, den wir im Sonnensystem untersucht haben, weist eine erstaunliche Vielfalt von Umgebungen auf, selbst wenn sie für das Leben unvorstellbar unwirtlich sind. Auf dem Mars gibt es Berge, auf denen die Temperatur niemals über −40 °C steigt, und Täler, in denen Raumsonden vielleicht flüssiges Wasser entdeckt haben. Auf dem Jupitermond Io gibt es eine Landschaft aus Lavaströmen, Lavaseen und gigantischen Kratern, die von gefrorenem Schwefeldioxid umgeben sind. Vulkanische Geysire spucken schwefelhaltige Dampfwolken in eine Höhe von mindestens 500 km. Die Bedingungen auf dem Saturnmond Titan ähneln in vieler Hinsicht denen auf der jungen Erde, mit ihren Wolken, Stürmen, Sanddünen und Seen, auch wenn die Sande aus Eis bestehen und die Seen aus einer flüssigen Mixtur aus Methan und Ethan. Selbst unser Bild von Pluto, den man lange Zeit für eine inaktive Kugel aus Eis und Gestein hielt, wurde durch die Raumsonde New Horizons im Jahr 2015 grundlegend verändert. Sie fand eine große Vielfalt von Landschaften, manche davon geologisch ziemlich jung. Vielfalt scheint also auf den kleineren, Gesteinskörpern in unserem Sonnensystem weit verbreitet, und wir haben keinen Grund dafür anzunehmen, dass dies anderswo anders sein sollte.

2.3.4 Das Vorhandensein einer Atmosphäre begünstigt die Bewohnbarkeit

Die Atmosphäre schützt die Oberfläche vor UV- und anderer schädlicher kurzwelliger Strahlung, die Lebewesen zerstören kann. Sie verteilt auch die Hitze von einer Seite des Planeten zur anderen und vermindert so nachteilige Temperaturspitzen. Daneben stabilisiert sie Flüssigkeiten auf oder nahe der Planetenoberfläche, die als biologische Lösungsmittel wichtig für das Leben sind. Hier sind zwei zusammenhängende Prozesse beteiligt. Erstens verhindert der Druck einer umfangreichen Atmosphäre, dass Flüssigkeiten verdampfen. Dies ist der Grund, warum die Erde flüssige Meere besitzt, der Mond aber nicht. Die Atmosphäre des Mars ist heute zu dünn, als dass Wasser auf der Oberfläche des Planeten in flüssiger Form vorliegen könnte (außer vielleicht in einigen sehr tiefen Becken oder Schluchten). Überall dort, wo es die Sonne erwärmt, wird es sofort zu Dampf ohne vorher zu schmelzen. Man nennt dies Sublimation. Zweitens schützt die Atmosphäre Flüssigkeiten auch vor Photolyse, d. h. der Zerlegung einer Chemikalie durch Licht. Daneben gibt es weitere Effekte. Zum Beispiel stellt die Atmosphäre der Erde aufgrund ihrer Struktur in der Tropopause (die Schicht zwischen Troposphäre und Stratosphäre) auch eine Kältefalle für Wasser dar, wodurch Wasser in den tieferen Schichten der Atmosphäre bleibt und nicht in die höhere Atmosphäre gelangen kann, wo es durch Photolyse zerlegt werden und der dabei entstandene Wasserstoff in den Weltraum entkommen könnte, sodass die Wasservorräte der Erde ständig geringer werden würden. Dies könnte auf der Venus passiert sein. Die Eismonde Europa, Ganymed, Enceladus und Triton haben keine wesentliche Atmosphäre, aber die Funktion, die die Atmosphäre normalerweise hat, könnte von ihrer Eiskruste übernommen werden, die ebenfalls verhindert, dass die darunterliegenden Flüssigkeiten, eventuelle Meere, von der Photolyse und dem Wegdampfen betroffen sind. Vielleicht sichern sie dadurch einen geeigneten Lebensraum. In diesem Spezialfall könnte eine Atmosphäre unnötig sein, zumindest damit mikrobielles Leben gedeihen kann.

2.3.5 Das Leben benötigt Energie

Das Leben benötigt zwei Formen von Energie. Zum einen erwärmt die Sonne die Erde ausreichend, damit sie überhaupt ein bewohnbarer Planet wird. Ohne ein Zentralgestirn wie unsere Sonne wäre die Oberfläche jedes Gesteinsplaneten in unserem Sonnensystem so kalt, dass Leben unmöglich wäre. Die Energie von einem Stern ist jedoch nicht die einzige Wärmequelle auf einem Planeten, selbst wenn sie auf der Erde die dominante ist. Eine weitere ist die innere Erwärmung durch radioaktive Zerfälle oder Kontraktion aufgrund der Gravitation. Der Jupiter strahlt viermal so viel Energie ab, wie er von der Sonne erhält, weil er durch innere Prozesse aufgeheizt wird. Kleinere Planeten werden dadurch jedoch kaum wärmer. Eine dritte Wärmequelle sind Bewegungen durch Gezeitenkräfte. Die Anziehungskraft von anderen Körpern streckt und komprimiert die Erde selbst, vertraut ist uns Flut und Ebbe in unseren Meeren. Durch diese Verformungen wird Wärme frei und damit viel Energie erzeugt. Die Verformungen durch Gezeitenkräfte, die Jupiter auf seinen Mond Europa ausübt, führen dazu, dass dessen Oberflächenozean flüssig bleibt, und treiben Schwefelvulkanismus beim Mond Io an. Io ist der vulkanisch aktivste Körper im Sonnensystem.

Um alle chemischen Prozesse, die am Leben auf der Erde beteiligt sind, am Laufen zu halten, benötigt das Leben aber auch noch direktere Energieformen. Die wichtigsten Quellen dafür sind das sichtbare Licht und Redoxreaktionen. In Kap. 4 werden wir näher darauf eingehen, wie das Leben die Fähigkeit entwickelt hat, das Licht zu nutzen. In Sonnensystemen ist Licht überall verfügbar. Wie viel davon auf einem Planeten ankommt, hängt von der Sternart (vor allem von seiner Masse und damit sowohl von seiner Temperatur als auch seiner Größe) und der Entfernung des Planeten von seinem Zentralgestirn ab. Die ankommende Energie fällt mit dem Quadrat der Entfernung des Planeten von seinem Stern; bei einem Planeten, der z. B. doppelt so weit von der Erde entfernt ist, kommt nur noch ein Viertel des Sonnenlichtes an. Trotzdem gibt es genügend Licht, sogar im äußeren Sonnensystem. So kommt etwa am Saturnmond Titan noch genügend Licht an, dass Photosynthese wie auf der Erde prinzipiell möglich wäre, auch wenn dieser 9,5-mal so weit von der Sonne entfernt ist wie die Erde.

Redoxreaktionen, die sowohl bei anorganischen als auch bei organischen Verbindungen vorkommen, erfordern einen dynamischen Planeten, bei dem die Elemente ständig zwischen den verschiedenen Oxidations- und Reduktionszuständen recycelt werden. Auf der Erde passiert dies zum einen, weil das Leben selbst die Chemikalien zurückverwandelt, und zum anderen aufgrund geologischer Vorgänge, die durch die Radioaktivität im Inneren der Erde angetrieben werden.

Im Prinzip könnten auch andere Energieformen wie Wärmegradienten oder Magnetfelder den Stoffwechsel antreiben, doch die Energieausbeute ist in diesem Fall im Allgemeinen im Vergleich zu Licht und Redoxreaktionen sehr gering. Trotzdem sollte unter bestimmten Bedingungen auf einem Planeten diese Möglichkeit für das Leben in Betracht gezogen werden.

2.3.6 Die organische Kohlenstoffchemie liefert die Grundbausteine des Lebens

Die Fähigkeit des Kohlenstoffs, komplexe, stabile Moleküle mit sich selbst und anderen Elementen, vor allem Wasserstoff, Sauerstoff, Stickstoff, Phosphor und Schwefel, zu bilden, ist einzigartig. Kohlenstoff und seine Reaktionen (die sogenannte organische Chemie) führt zu Millionen von Verbindungen, z. B. auch zu Polymeren. Kohlenstoff ist der allgemeine Grundbaustein des Lebens, wie wir es kennen. Auch andere Elemente können komplexe Moleküle und Verbindungen bilden, vor allem Silizium, von dem es ebenso Polymere gibt. Doch diese sind meist zu stabil (wie Gestein, das nicht an der dynamischen Chemie des Lebens teilnehmen kann) oder zu instabil. Wir erwarten, dass der Kohlenstoff in fast jedem vorstellbaren planetaren Szenario das Silizium als Grundbaustein aus dem Feld schlagen würde.

Das Vorhandensein von Kohlenstoffverbindungen, vor allem komplexen organischen und polymeren Kohlenstoffverbindungen, wäre ein starkes Anzeichen für habitable Bedingungen, vielleicht sogar für Leben selbst. Es ist nicht vollkommen gesichert, dass Leben auf organischer Chemie aufbauen muss, obwohl dies eine vernünftige Annahme zu sein scheint. Natürlich muss es bei dieser organischen Chemie nicht die DNA und die Proteine geben, die wir im irdischen Leben finden. Wir kennen eine außerordentlich leistungsfähige und flexible Lebensform, die Proteine und DNA nutzt, die in Wasser gelöst sind, und deshalb nehmen viele Wissenschaftler an, dass dies eine Grundvoraussetzung für das Leben ist, doch die Beweise dafür sind ziemlich mager.

2.3.7 Das Leben benötigt unbedingt Flüssigkeiten als geeignete Lösungsmittel

Ob es Flüssigkeiten in der Atmosphäre bzw. auf oder unter der Oberfläche gibt, hängt von der Chemie, dem Druck und der Temperatur auf dem Planeten oder Mond ab. Ein Lösungsmittel ist notwendig, damit Moleküle sich bewegen und reagieren können. Leben bedeutet eine dynamische Chemie, deshalb müssen sich Moleküle bewegen, was durch das Lösungsmittel ermöglicht wird. Ein biologisches Lösungsmittel muss in der Lage sein, viele Chemikalien zu lösen, aber es auch erlauben, dass einige Makromoleküle dieser Auflösung widerstehen können, damit sie Grenzen, Oberflächen und Grenzflächen wie die Zellwände oder die Knochen von Tieren erzeugen können. Diese Forderung nach einem Lösungsmittel führt zu oberen und unteren Grenzen für Temperatur und Druck, bei denen biochemische Reaktionen stattfinden können. Ein Lösungsmittel stellt auch einen Puffer gegen Veränderungen in der Umwelt dar. Damit ein Lösungsmittel für das Leben geeignet ist, müssen seine physikalischen Eigenschaften im flüssigen Zustand mit denen der Umgebung, in denen es vorliegt, übereinstimmen. Wir denken nicht, dass Wasser das einzige geeignete Lösungsmittel ist. Obwohl man meist erwartet, dass das Leben Wasser als Grundlage hat, könnten auch andere Flüssigkeiten die Funktion als Lösungsmittel übernehmen, etwa Methanol oder Ammoniak. Hier kommt es wieder auf die Funktion an, nicht auf eine besondere Struktur oder Chemie. Wie wir später sehen werden, gilt dieses Prinzip auch, wenn wir über die biologische Vielfalt sprechen.

Unsere Zusammenfassung der Eigenschaften, die eine Welt bewohnbar machen, war ziemlich weit gefasst. Wir haben versucht von der Beschreibung eines bewohnbaren Planeten wegzukommen, die sich nur auf „erdähnlich" bezieht, was wir als die erdzentrische Falle bezeichnen wollen. Wir kennen nur eine Art von Leben im Universum, und das ist das Leben auf der Erde. Deshalb besteht die Herausforderung darin zu trennen, welche besonderen Eigenschaften des Lebens auf der Erde universell für das Leben an sich gelten und welche nur speziell für das Leben, wie wir es kennen.

Wir sind weder davon überzeugt, dass die Diskussion oben eine vollständige Liste aller Erfordernisse für das Leben darstellt, noch, dass diese für primitive Lebensformen unbedingt erforderlich sind. Ein Beispiel dafür ist die angesprochene notwendige Atmosphäre, eine Funktion, die im Fall einer unterirdischen Oberfläche durch Eis ersetzt werden kann. Anforderungen werden etwas klarer (und zwingender), wenn wir die Erfordernisse an die Bewohnbarkeit im Falle von komplexem, makroskopischem Leben besprechen.

2.4 Anforderungen für komplexes makroskopisches Leben

Die oben genannten Anforderungen für die Bewohnbarkeit eines Planeten sind zwar notwendig, aber nicht ausreichend, wenn man die Frage stellt, ob es wahrscheinlich ist, dass sich auf einem Planeten ein höherer Grad von biologischer Komplexität entwickeln kann. Was verstehen wir unter komplexem Leben? Die einfachste Mikrobe ist hinsichtlich ihrer Struktur, ihrer Chemie und Informationsverarbeitung ein sehr komplexes System und so aufwendig aufgebaut wie die kompliziertesten Maschinen, die Menschen je gebaut haben. Doch sie haben nur ein begrenztes Verhaltensrepertoire (physikalisch und chemisch). Wenn wir von komplexen Organismen sprechen, meinen wir eine größere Vielfalt innerer Strukturen, die in einer steigenden Zahl von Ebenen organisiert sind. Eine Nervenzelle in einer Fruchtfliege ist hinsichtlich der Zahl ihrer Gene sowie der Zahl und der Struktur ihrer inneren Bestandteile komplexer als eine Bakterienzelle. Auch ihre möglichen Verhaltensweisen sind vielfältiger (obwohl ihre Toleranz gegenüber Extremen in ihrer Umgebung geringer ist). Doch darüber hinaus trägt sie auch noch zum Nervengewebe bei, das wiederum selbst komplex aufgebaut ist, und dieses Nervengewebe trägt zum ganzen Organismus bei, der deshalb *viel* komplexer ist als ein einzelnes Bakterium.

Ganz allgemein kann man behaupten, dass Ökosysteme diese Komplexität widerspiegeln. Lebensformen sind ein Teil eines größeren Ökosystems, das aus einer Vielzahl von Organismen auf vielen Trophieebenen[1] besteht, die unterschiedliche ökologische Nischen besetzen und verschiedene Lebensgeschichten haben. Je verschiedenartiger und komplexer die Lebensgeschichten der Komponenten dieses Ökosystems sind, desto komplexer

---

[1]Trophie: Stellung eines Organismus oder einer Organismengruppe im Nahrungsnetz.

ist das Ökosystem als Ganzes, d. h., die Eigenschaften des Planeten müssen so sein, dass sie die komplexen Ökosysteme fördern, die komplexes Leben hervorbringen und dafür erforderlich sind. Dazu gehören die im Folgenden genannten Eigenschaften.

2.4.1 Platz zum Wachsen

Komplexes Leben ist in der Regel größer als einfaches. Das gilt nicht nur für große vielzellige Organismen wie Bäume und Elefanten. Selbst das kleinste vielzellige Lebewesen ist größer als eine einzelne Zelle (per Definition), und die komplexen einfachen Zellen, aus denen ein Tier oder eine Pflanze besteht, sind größer als ein Bakterium. Während es bakterielles Leben in den Hohlräumen von Gestein geben kann, braucht komplexes Leben mehr Platz.

Doch noch aus einem anderen Grund braucht komplexes Leben eine ausgedehnte Biosphäre. Komplexes Leben ist eine Antwort auf eine komplexe Umgebung, die aus zwei Gründen entstehen kann. Die erste ist ein riesiger komplexer Planet, von dem ein Großteil bewohnbar ist. Wenn es dort nur wenige, isolierte und beschränkte Wohnräume gibt, dann sagt uns die ökologische Theorie, dass es dort nur einfaches Leben geben kann. Doch meistens kommt die Komplexität in einer Umgebung von anderem Leben aufgrund eines evolutionären Wettbewerbs, den der Evolutionsbiologe Leigh van Valen das „Rennen der Roten Königin" nannte, nach der Roten Königin in Lewis Carrolls Roman *Alice hinter den Spiegeln*. Um in der dort geschilderten, auf den Kopf gestellten Welt stehen zu bleiben, muss man so schnell laufen, wie man kann, und sogar noch schneller, um irgendwo hinzukommen. Wenn die Biosphäre klein ist, dann ist die Konkurrenz durch andere Organismen gering, und die Evolution kommt sehr schnell zu einfachen Lösungen („schnell" kann hier Hunderttausende von Jahren bedeuten, doch in Bezug auf Entwicklungen auf einem Planeten ist das schnell). Wenn die Biosphäre groß und vielfältig ist, dann müssen Organismen ständig gegen viele andere konkurrieren, die wiederum selbst immer komplizientere Überlebensstrategien entwickeln. Immer komplexer zu werden, ist eine Art, in diesem Kampf ums Überleben vorn zu bleiben – in einer großen komplexen Biosphäre nicht die einzige Möglichkeit und noch nicht einmal die verbreitetste, aber eine erfolgreiche Option. Soll also komplexes Leben entstehen, brauchen wir nicht nur eine Welt, die einige wenige bewohnbare Flecken aufweist, wie es z. B. beim heutigen Mars der Fall sein könnte, sondern eine, die auf einem wesentlichen Teil ihrer Oberfläche bewohnbar ist.

2.4.2 Faktor Zeit

Die Welt muss außerdem über einen langen Zeitraum bewohnbar sein. Man weiß nicht, wie lange es dauert, bis sich irgendeine Art von biologischer Komplexität aus vorhergehenden einfachen Lebensformen entwickeln kann, aber vermutlich viel länger, als einfache Lebensformen für ihre Entstehung benötigen. Wenn wir nicht nur die Geschichte des Lebens auf der Erde als Grundlage nehmen wollen, sondern auch die Annahme, dass die natürliche Selektion sehr viel Zeit benötigt, um einige der Lösungen zu finden, die evolutionäre Probleme erfordern, vor denen das Leben steht, dann können wir davon ausgehen, dass ein planetarer Körper, der komplexes makroskopisches Leben beherbergt, sowohl über einen geologisch langen Zeitraum als auch ununterbrochen bewohnbar sein muss. Wenn der Asteroideneinschlag, der die Dinosaurier ausgelöscht hat, 1000-mal stärker gewesen wäre und fast alle Spezies außer einigen Bakterien vernichtet hätte, dann hätte es mehr als 500 Mio. Jahre gedauert, bis wieder ein komplexes Ökosystem entstanden wäre, in dem es große Landlebewesen gibt, und nicht nur einige Millionen, wie es tatsächlich der Fall war. Es ist zwar nicht klar, wie lange der Zeitraum für einen bestimmten Evolutionsschritt sein muss, doch die empirischen Beobachtungen des Lebens auf der Erde zeigen, dass die großen Entwicklungsschritte oder Schlüsselinnovationen, wie das Auftauchen von Vielzellern oder der Sauerstoffatmung, in Zeiträumen von 1 Mrd. Jahren geschahen. Wenn wir also von einer ähnlichen Entwicklungsgeschwindigkeit wie auf der Erde ausgehen, können wir nicht erwarten, dass wir auf Planeten um O-, B-, A- und F-Hauptreihensterne komplexes Leben finden werden. Diese Sterne brennen viel heißer als die Sonne, und Planeten, die sie umkreisen, hätten nicht genügend Zeit, dass sich auf ihnen komplexes Leben entwickeln kann, bevor der Stern zu einem Roten Riesen anwächst und jeden bewohnbaren Planeten verschlingt. Selbst unsere Sonne, deren Helligkeit seit dem frühen Sonnensystem um 30 bis 40 % angewachsen ist, wird die Erde irgendwann einmal unbewohnbar zurücklassen, zuerst für Menschen in etwa 1 Mrd. Jahren und nach etwa 2,5 Mrd. Jahren für alles Leben, denn die immer heißer werdende Sonne, wird dann die letzten bewohnbaren Flecken auf der Erde in eine unbewohnbare, heiße, sengende Wüste verwandelt haben.

2.4.3 Der Temperaturbereich ist für komplexes makroskopisches Leben geringer als für mikrobielles

Wissenschaftler haben herausgefunden, dass Mikroorganismen bei Temperaturen zwischen −20 °C und +120 °C wachsen können, Vielzeller aber nur zwischen −10 °C und +70 °C. Tiere und Pflanzen sind sogar auf einen Bereich zwischen −5 °C und etwa +60 °C eingeschränkt. Manche Tiere halten auch noch viel tiefere Temperaturen aus, weil ihre große Körpermasse und gute Isolation sie vor der Kälte schützen. Es gibt keine Tiere, die sich bei höheren Temperaturen vermehren. Einige können Temperaturen von bis zu +150 °C überleben, indem sie wie das Bärtierchen (Tardigraden) austrocknen und zu schlafenden Ruhezellen werden, doch auch diese müssen zu tieferen Temperaturen zurückkehren, um sich zu bewegen, zu fressen und sich zu vermehren.

Es gibt keinen Grund anzunehmen, dass komplexes Leben, das sich auf heißeren Welten entwickelt hat, nicht auch bei höheren Temperaturen gedeihen kann, doch der Temperaturbereich, in dem es wachsen und sich vermehren kann, ist vermutlich eingeschränkter als der, der von Mikroorganismen auf diesen planetaren Körpern toleriert wird. Komplexes makroskopisches Leben wird sich deshalb wohl eher auf Planeten und Monden entwickeln, deren Temperaturen in einem bestimmten optimalen Bereich bleiben. Doch wissen wir nicht, was das Optimum ist, außer im Fall des Lebens auf der Erde.

2.5 Wie oft treten die Voraussetzungen für komplexes makroskopisches Leben im Universum auf?

Die Komponenten für das Leben sind weitverbreitet. Wissenschaftler haben in Sternentstehungsgebieten, um protoplanetarische Scheiben, in Meteoriten, in Kometen und in den Tiefen des Weltalls organische Moleküle gefunden. Wasser gehört zu den verbreitetsten Molekülen im Universum, und es gibt bei für Planeten typischen Temperaturen eine Unmenge anderer Flüssigkeiten, die als Lösungsmittel dienen könnten. Licht und Wärme und viele andere Energieformen gibt es auf vielen planetaren Körpern in Fülle. Vermutlich sind auch Gesteinsplaneten weitverbreitet. Weil unsere Forschungsmethoden immer besser werden, finden wir nicht nur große Gasriesen, sondern auch immer mehr erdgroße Planeten, manche davon in der habitablen Zone ihrer Muttersterne, also dem Gebiet, in dem es dauerhaft flüssiges Wasser auf der Planetenoberfläche geben kann (Abb. 2.1). Bald werden wir in der Lage sein, auch marsgroße Planeten und Exomonde zu finden, die vermutlich noch weiter verbreitet sind.

Die Grundvoraussetzungen für das Leben sind im Universum also häufig anzutreffen. Doch wir wissen nicht, wie viele dieser Planeten tatsächlich erdähnlich sind, d. h. eine Atmosphäre, ein Magnetfeld, eine aktive Geologie, Oberflächenwasser und andere o.g. Eigenschaften besitzen. Peter Ward und Ron Brownlee behaupten in ihrem Buch *Unsere einsame Erde,* dass die Erde in ihrer Geschichte eine Reihe von zufälligen Faktoren unterworfen war, die zusammengenommen ziemlich unwahrscheinlich sind. Nach den beiden Autoren ist die Erde ein statistischer Ausreißer, erdähnliche Planeten gebe es nur sehr selten, und deshalb sei auch das Leben ein sehr seltenes Phänomen. Dies muss umso mehr für komplexes makroskopisches Leben gelten, für das noch mehr dieser Faktoren eintreten und zusammenpassen mussten, damit lang genug bewohnbare Bedingungen herrschten.

Ward und Brownlee stellen die Frage, wie viele andere Erden es wohl noch gibt. Sie haben vielleicht recht, wenn sie sagen, es seien nur sehr wenige, genau wie es nur einen Mozart und einen Beethoven gegeben hat. Doch das bedeutet nicht, dass es nur eine Handvoll Komponisten in der Geschichte gegeben hat – andere Musikrichtungen, von Bach zu „Boy-Bands", sind auch Musik. In diesem Buch befassen wir uns mit der Musik des Lebens, nicht nur mit der einen Komposition, die auf der Erde gespielt wird, mit den grundlegenden Lebensfunktionen, die sich auf eine bestimmte Weise auf der Erde entwickelt haben, aber anderswo unter ganz anderen Umständen entstanden sein könnten. Deshalb könnte sich eine ganz andere Art von Leben in den unterirdischen Ozeanen von Europa oder in den Kohlenwasserstoffseen von Titan entwickelt haben. Keine dieser Umgebungen sind im Geringsten erdähnlich, doch trotzdem könnten sie etwas hervorgebracht haben, das all die funktionalen Eigenschaften von Leben zeigt, vielleicht sogar komplexes Leben.

René Heller und John Armstrong machten kürzlich sogar den spekulativen Vorschlag, dass manche Planeten in anderen Sonnensystemen, die nicht wie die Erde sind, für das Leben vielleicht sogar besser geeignet sein könnten als die Erde. Ihrer Meinung nach könnten derartige „superhabitablen" Welten vermutlich größer, wärmer und älter sein und K-Zwergsterne umkreisen.

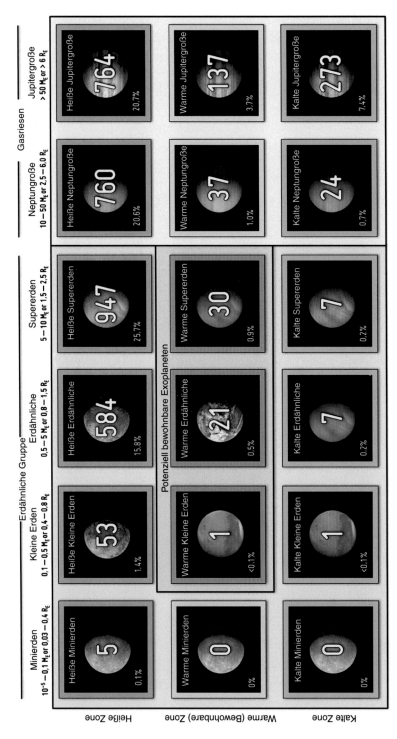

Abb. 2.1 Gegenüberstellung von erdgroßen Planeten und Gasriesen sowie zugehörige Temperaturbereiche. Grundlage für die Abbildung sind mehr als 3600 bis Mai 2017 bestätigt gefundene Exoplaneten. Wir zweifeln daran, dass Supererden zu den potenziell bewohnbaren Exoplaneten gezählt werden sollten, weil wir glauben, dass die meisten davon vermutlich kleine, neptunähnliche Gasriesen sind. Doch das wird erst überprüft werden können, wenn unsere Beobachtungstechniken entsprechend verbessert wurden. Damit werden auch mehr der kleineren Planeten entdeckt werden, was wahrscheinlich die Zahl der potenziell bewohnbaren Welten erheblich erhöhen wird. (Planetary Habitability Laboratory of the University Puerto Rico, Arecibo)

Faszinierenderweise könnte die Erde schon einmal bewohnbarer gewesen sein als heute, weil sie in den jungen Jahren des Sonnensystems einer intensiveren Gezeitenverformung ausgesetzt war (unser Mond war viel näher). Wie wichtig es ist, die Geschichte des Planeten zu betrachten, wenn man wissen will, ob ein Planet oder Mond Leben bergen kann, zeigt auch das Beispiel des Mars. Der Mars war bis wenige Hundert Millionen Jahre nach seiner Entstehung ein bewohnbarer Planet. Damals gab es auf seiner Oberfläche flüssiges Wasser. Heute scheint er zu kalt und trocken für das Leben zu sein. Auf seiner Oberfläche gibt es kein stabiles flüssiges Wasser. Bestenfalls würde man den Mars heute als Grenzfall der Bewohnbarkeit ansehen.

Natürlich sind es zwei grundverschiedene Dinge, ob man sagt, ein Planet sei bewohnbar oder er sei bewohnt. In diesem Kapitel ging es nur darum, ob Planeten theoretisch Leben unterstützen könnten. Das sagt aber noch gar nichts darüber aus, ob es dort tatsächlich Leben gibt oder wie es aussieht. Dies ist ein weitverbreitetes Missverständnis bei all den Meldungen über die Entdeckung erdgroßer Exoplaneten, die andeuten, man habe eine zweite Erde gefunden. Wie aus den obigen Ausführungen klar geworden sein sollte, gehört zu einem erdähnlichen Planeten oder einer Erde 2.0 viel mehr als eine ähnliche Masse und eine Position in der bewohnbaren Zone. Erdähnliche Planeten könnten wirklich sehr selten sein. Und bisher hat man bei der Entdeckung von Planeten noch keinerlei Hinweise darauf gefunden, ob es dort Leben gibt. Sogar im Fall des Mars, auf dem inzwischen zwölf Sonden gelandet sind, den unzählige umkreisen und der von der Erde aus seit mehr als 200 Jahren intensiv erforscht wurde, gibt es noch keine endgültige Klarheit darüber, ob es dort Leben gibt.

Wir schließen daraus, dass die Voraussetzungen für das Leben weitverbreitet sind, aber nicht überall. Nicht alle Sterne sind geeignet, nur wenige Planeten um diese Sterne sind zumindest prinzipiell geeignet, und sie müssen zudem eine Reihe weiterer ziemlich enger Kriterien erfüllen, jedoch nicht, dass sie „erdähnlich" sind. Aber es gibt 400 Mrd. Sterne in unserer Galaxis, und wenn nur ein Viertel Prozent dieser Sterne einen bewohnbaren Planeten um sich haben, dann gibt es immer noch eine Milliarde bewohnbarer Planeten. Könnte es zumindest auf einer Handvoll davon komplexes Leben geben? In Teil II dieses Buches werden wir durch die Evolution komplexen Lebens auf der Erde wandern und zeigen, dass die meisten Schritte in Richtung komplexes Leben mit hoher Wahrscheinlichkeit passieren, zumindest aus all dem, was wir über das Leben auf der Erde wissen. Im nächsten Kapitel beginnen wir mit dem ersten Schritt auf diesem Weg und fragen, wie wahrscheinlich es ist, dass Leben auf einem bewohnbaren Planeten entsteht. Wie viele bewohnbare Planeten sind tatsächlich bewohnt?

Weiterführende Literatur

Bains, W. (2004). Many chemistries could be used to build living systems. *Astrobiology, 4,* 137–167.

Cockell, C. S., & Westall, F. (2004). A postulate to assess habitability. *International Journal of Astrobiology, 3,* 157–163.

Heller, R., & Armstrong, J. (2014). Superhabitable worlds. *Astrobiology, 14,* 50–66.

Irwin, L. N., & Schulze-Makuch, D. (2011). *Cosmic biology: How life could evolve on other worlds.* Chichester: Springer Praxis Books.

Irwin, L. N., Mendez, A., Fairén, A. G., & Schulze-Makuch, D. (2014). Assessing the possibility of biological complexity on other worlds, with an estimate of the occurrence of complex life in the milky way galaxy. *Challenges, 5,* 159–174.

Lammer, H., Bredehöft, J. H., Coustenis, A., Khodachenko, M. L., Kaltenegger, L., Grasset, O., et al. (2009). What makes a planet habitable? *The Astronomy and Astrophysics Review, 17,* 181–249.

Ribas, I., Guinan, E. F., Güdel, M., & Audard, M. (2005). Evolution of the solar activity over time and effects on planetary atmospheres. I. High-energy irradiances (1–1700 Å). *The Astrophysical Journal, 622,* 680–694.

Schulze-Makuch, D., & Irwin, L. N. (2008). *Life in the universe: Expectations and constraints* (2. Aufl.). Berlin: Springer.

Schulze-Makuch, D., Méndez, A., Fairén, A. G., von Paris, P., Turse, C., Boyer, G., et al. (2011). A two-tiered approach to assessing the habitability of exoplanets. *Astrobiology, 11,* 1041–1052.

Tarter, J. C., Backus, P. R., Mancinelli, R. L., Aurnou, J. M., Backman, D. E., Basri, G. S., et al. (2007). A reappraisal of the habitability of planets around M dwarf stars. *Astrobiology, 7,* 30–65.

Ward, P. D., & Brownlee, D. (2001). *Unsere einsame Erde: Warum komplexes Leben im Universum unwahrscheinlich ist.* Heidelberg: Springer.

Teil II

Die wichtigsten Entwicklungssprünge in der Geschichte des Lebens auf der Erde ?

3

Die erste Zelle und das Problem vom Ursprung des Lebens

3.1 Erste Versuche, den Beginn des Lebens auf der Erde zu verstehen

Der bedeutendste Moment in der Geschichte des Lebens auf unserem Planeten ist sein Ursprung. Viele der ersten Wissenschaftler, die sich mit dem Phänomen Leben auseinandergesetzt haben, waren der Ansicht, dass „tote Materie" und Energie allein das Leben nicht erklären können und dass es einen wesentlichen Bestandteil geben müsse, der lebende Organismen von der toten Materie unterscheidet. Mit unserem heutigen Verständnis sehen wir das anders. Leben ist ein chemisches System und folgt den gleichen Regeln wie andere chemische Vorgänge auch. Die Chemie des Lebens ist außerordentlich kompliziert, doch es ist nichts weiter als Chemie. Diese Chemie des Lebens muss aus der Chemie der toten Materie seiner Umgebung entstanden sein. Aber trotz 150 Jahre Forschung, seit Darwin in seinem Brief an J. D. Hooker am 1. Februar 1871 darüber spekulierte, dass Leben in einem „kleinen warmen Teich" entstanden sein müsse, kennen wir den Ursprung des Lebens auf der Erde immer noch nicht.

© Springer-Verlag GmbH Deutschland, ein Teil von Springer Nature 2019
D. Schulze-Makuch und W. Bains, *Das lebendige Universum,*
https://doi.org/10.1007/978-3-662-58430-9_3

3.2   Wann ist das Leben auf der Erde entstanden?

Beginnen wir mit Grundlegendem: Wann tauchte das Leben auf der Erde auf? Vor 3,8 Mrd. Jahren gab es bestimmt die ersten Formen davon, vor 3,5 Mrd. Jahren war das Leben bereits weitverbreitet. Jüngste Forschungen lassen darauf schließen, dass es bereits vor 4,1 Mrd. Jahren Leben gab (dies ist jedoch noch umstritten). Wenn wir uns dem Zeitfenster von der anderen Seite her nähern, glauben wir, dass vor etwa 4,5 Mrd. Jahren der Planet, aus dem später die Erde werden sollte, von einem anderen etwa marsgroßen Himmelskörper getroffen wurde. Bei diesem Einschlag entstand der Mond. Aufgrund dieser gewaltigen Kollision muss die Kruste beider Planeten vollständig geschmolzen sein, sodass kein Lebewesen diese Katastrophe überlebt haben kann. Es ist nicht klar, wie lange es dauerte, bis die Magmaozeane wieder fest wurden und das verdampfte Wasser kondensierte, um die ersten Meere zu bilden, damit die Erde zu einem bewohnbaren Planeten werden konnte. Doch sicherlich waren es mehrere Millionen Jahre. Wir wissen also, dass das Leben auf der Erde nicht älter als 4,5 Mrd. Jahre sein kann.

Wenn das Leben erstmals vor 3,8 bis 4,5 Mrd. Jahren auftauchte, bleibt ein Zeitfenster von maximal 700 Mio. Jahren für seine Entstehung. In diesem Zeitraum müssen die kritischen Schritte in Richtung Etablierung von Leben auf unserem Planeten abgelaufen sein. In geologischen Zeiträumen gedacht ist das ziemlich schnell. Viele Wissenschaftler vertreten deshalb die Meinung, dass der Ursprung des Lebens kein sehr unwahrscheinliches Ereignis sei. Doch dieses Argument ist nicht unbedingt schlüssig. Man muss zwar zugestehen, dass dieser Zeitraum ziemlich kurz im Vergleich zum Alter des Planeten Erde ist, kleiner als 15 % und vielleicht sogar kleiner als 5 %, doch selbst wenn die Wahrscheinlichkeit, dass das Leben in dieser Zeit entstehen kann, astronomisch gering ist, bedeutet die bloße Tatsache unserer Existenz, dass das Leben innerhalb dieses Zeitraums entstanden sein muss. Vielleicht war das nur auf diesem Planeten der Fall, einem von Abermilliarden Planeten im Universum. Und wir haben deshalb unglaubliches Glück, überhaupt hier zu sein. Doch wenn es nicht passiert wäre, dann wären wir nicht in der Lage, uns über diese Frage Gedanken zu machen; deshalb musste es irgendwo passieren, damit wir dieses Buch überhaupt schreiben können. Man nennt dieses ziemlich verstörende Argument das schwache anthropische Prinzip – es muss uns geben, damit wir uns darüber Gedanken machen können, warum es uns gibt.

Uns bleibt also nur die wenig zufriedenstellende Schlussfolgerung, dass der zeitliche Ablauf des Ursprungs des Lebens auf der Erde uns nur verrät, dass Leben auf einem erdähnlichen Planeten entstehen kann, nicht aber, wie wahrscheinlich es ist, dass es auch auf einem anderen Planeten geschieht. Der Ursprung des Lebens könnte so wahrscheinlich sein, dass er praktisch auf jedem bewohnbaren Planeten stattfindet, oder ein wirklich derart seltenes Ereignis, dass er nur einmal in unserer Galaxie oder vielleicht sogar nur einmal im ganzen Universum auftrat – und natürlich gibt es auch alle Möglichkeiten dazwischen.

3.3 Wie entstand das Leben?

Der zeitliche Ablauf der Entstehung des Lebens kann uns nichts darüber verraten, wie wahrscheinlich das Leben auf einem erdähnlichen Planeten ist. Entsprechend würden wir gerne auf viele Ursprünge des Lebens hinweisen und auf diese Weise nach einem der in der Einleitung erwähnten Modelle argumentieren, doch auch das können wir nicht. Deshalb müssen wir bei der Frage, wie das Leben auf unserem Planeten entstanden ist, tiefer schürfen. Unglücklicherweise hilft uns auch das nicht sonderlich weiter.

Die wissenschaftliche Gemeinschaft dachte, wir seien nach dem Miller-Urey-Experiment von 1952 nahe daran, es herauszufinden. In dem berühmten Experiment versuchten Stanley Miller und Harold Urey die chemische Zusammensetzung der frühen Erde, in der das Leben vermutlich entstanden ist, zu simulieren. Dabei setzten sie Gase wie Wasserstoff, Methan und Ammoniak Entladungen aus, die Blitze nachahmen sollten (Abb. 3.1). Sie erhielten dadurch eine reiche Ausbeute an organischen Komponenten, wie Aminosäuren, die Grundbausteine von Proteinen. Doch setzte bald Ernüchterung ein, als man erkannte, dass Aminosäuren noch weit weg von den komplexen organischen Makromolekülen sind, die in jedem Organismus vorkommen. Dazu zeigten spätere Untersuchungen, dass die Atmosphäre der jungen Erde in einer feinen, aber entscheidenden Hinsicht eine ganz andere Zusammensetzung aufwies als die im Miller-Urey-Experiment verwendete.

Chemische Stoffe können als oxidierend oder reduzierend beschrieben werden, je nachdem, wie sie miteinander reagieren (Box 3.1). Die heutige Atmosphäre enthält 21 % Sauerstoff, der, wie der englische Begriff *oxygen* schon ausdrückt, stark oxidierend wirkt. Man vermutete früher, dass die junge Erde eine Atmosphäre aus den reduzierenden Gasen Wasserstoff, Methan und Ammoniak besaß. Doch heute wissen wir, dass Kohlenstoffdioxid damals viel häufiger vorkam und weniger reduzierende Gase. Wenn

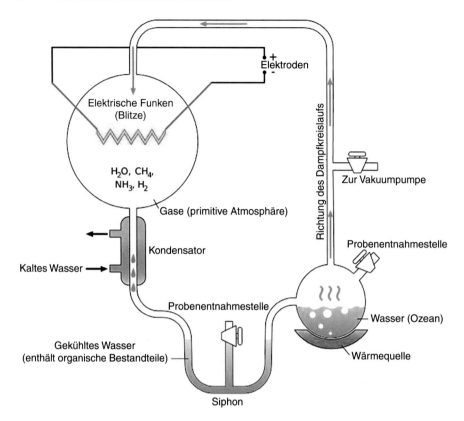

Abb. 3.1 Aufbau des Miller-Urey-Experiments, das die Umweltbedingungen auf der jungen Erde simulieren sollte. (Creative Commons Attribution 2.5 Generic License)

man das Miller-Urey-Experiment mit diesen Gasen wiederholt, entstehen viel weniger Aminosäuren. Die Situation ist also offensichtlich viel komplexer, als dass das Leben durch nichts weiter als Blitze in der Atmosphäre entstanden sein könnte.

Box 3.1: Oxidation und Reduktion

Die Begriffe „Oxidation" und „Reduktion" haben ihren Ursprung in der Geschichte der Chemie. Oxidation ist der Vorgang, bei dem ein Metall in seine pulverartigen Oxide verwandelt wird, wie Eisen in Rost. Was auf atomarer Ebene geschieht, ist, dass Elektronen vom Eisen getrennt und dem Sauerstoffatom zugefügt werden. Bei der „Reduktion" wird der Rost wieder in Metall umgewandelt, er wird reduziert, indem einem anderen Atom ein Elektron genommen und dieses dem Eisenatom zugefügt wird. Wasserstoff, das Gas, das benutzt worden war, um den Zeppelin Hindenburg aufzublasen, ist ein stark reduzierendes Gas und kann dazu verwendet werden, auf diese Weise Elektronen an Eisen zu liefern. Wasserstoff reagiert mit Sauerstoff, wobei eine enorme Menge an Energie frei wird, wie die Hindenburg-Katastrophe gezeigt hat. Andere Chemikalien liegen im Allgemeinen zwischen dem Wasserstoff und dem Sauerstoff. Methan ist ein ziemlich stark reduziertes Gas aus Kohlenstoff- und Wasserstoffatomen, Kohlendioxid ist ziemlich stark oxidierend und besteht aus Kohlenstoff- und Sauerstoffatomen. Wo all der Sauerstoff in unserer Atmosphäre herkommt, wird in Kap. 5 besprochen.

3.4 Der rätselhafte Weg zum Ursprung des Lebens

Die ersten Organismen waren bestimmt nicht so komplex wie die einfachsten Lebensformen, die wir heute auf der Erde finden. Aber dieses erste Leben muss immerhin die Möglichkeit gehabt haben, sich selbst zu reproduzieren, chemische Reaktionen auszulösen und Energie zu gewinnen. Und all dies muss in einer Art Hülle geschehen sein, damit die Chemikalien nicht weggespült wurden. Die moderne Chemie des Lebens verwendet Nukleinsäuren (DNA und RNA) als Informationsspeicher und vor allem Proteine als Katalysatoren. Im Vergleich zu heutigen Mikroben wurde ein einfacheres System vorgeschlagen, dass in einer „Ribonukleinsäuren-Welt" diese RNA sowohl als Informationsspeicher als auch als Katalysator für chemische Reaktionen verwenden konnte. Peter Nielsen hat ein sogar noch einfacheres System vorgeschlagen, die „Peptidnukleinsäuren-Welt", in der eine Mischung aus Proteinen und RNA, also die Peptidnukleinsäuren (PNA), verwendet werden. Nielsen behauptet, dass unter bestimmten Umweltbedingungen die PNA sich leicht bilden und länger stabil sein könnte als die sich selbst reproduzierende RNA. Doch all diese Ideen erfordern eine Chemie, die viele Größenordnungen komplexer ist als alles, was wir heute in der nichtbiologischen Umgebung beobachten können. Die Evolution kann aus einem einfachen Anfang eine erstaunliche Komplexität hervorbringen. Diese Verbindung von Selbstreproduktion, Stoffwechsel und Hülle ist die Grundvoraussetzung für die Weiterentwicklung des Lebens. Wir stehen also vor einem grundlegenden und bisher ungelösten Problem.

Das Leben ist eine molekulare Maschine, und wie alle Maschinen benötigt es Teile und eine Energieversorgung. In Begriffen der Chemie ausgedrückt sind die Teile die Moleküle des Lebens – Proteine, DNA, Lipide und andere –, und die Energieversorgung ist die chemische Energie, die aus der Umgebung gewonnen werden kann. Ohne diese beiden Bestandteile gibt es kein Leben. Was kam also zuerst? Dazu gibt es zumindest vier Denkrichtungen:

1. Die Chemikalien kamen zuerst.
2. Die Energie war als Erstes da.
3. Beides hat sich langsam entwickelt.
4. Keines von beiden war zuerst da – das Leben begann mit etwas ganz anderem.

Diejenigen, die der Meinung sind, dass die Chemie zuerst da war, weisen auf die vielen Möglichkeiten hin, wie organische Moleküle, die den Komponenten des Lebens ähneln oder identisch sind, aus anorganischen Ausgangsmaterialien wie Wasserstoff, Methan und Formamid hergestellt werden können. Diese könnten auf der jungen Erde reichlich vorhanden gewesen und durch vulkanische oder photochemische Vorgänge erzeugt worden sein (Photochemie ist einfach Chemie, die durch Licht angetrieben wird). Die einfachen Grundbausteine für diese Komponenten könnten durch Kometen auf die Erde gekommen oder von Vulkanen ausgestoßen („ausgegast") worden sein. Aus diesen einfachen Materialien können die Grundbausteine von Proteinen und RNA hergestellt werden und daraus wiederum diese Moleküle selbst. Die Chemie-zuerst-Schule behauptet, dass die Kombination der Synthese komplexer Chemikalien der Schlüssel zum ersten Objekt sei, das in der Lage war, sich selbst zu reproduzieren. Kritiker sagen, es sei ein gewaltiger Abgrund zwischen einer derartigen Suppe aus einfachen Molekülen und der komplexen, dynamischen Architektur der Biochemie. Es ist, wie wenn man ein Kleinkind dabei beobachtet, wie es zufällig auf einer Tastatur herumspielt und dabei das Wort „Es" tippt, und dann sagt: „Schau mal, es hat das erste Wort aus *Eine Geschichte von zwei Städten* von Charles Dickens getippt. Offensichtlich ist es nur eine Frage der Zeit, bis es den Rest schreibt."

Ein besonderes Problem am Chemie-zuerst-Ansatz ist, dass viele der entscheidenden chemischen Bestandteile des Lebens gar nicht stabil sind, wenn sie in Wasser gelöst sind. Es reicht nicht, nur Chemikalien anzusammeln. Wir benötigen etwas Dynamischeres.

Die Denkrichtung, die meint, Energie sei zuerst da gewesen, sagt, dass es zwischen stabilen Molekülen – seien es einfache oder komplexe – keine chemischen Reaktionen gebe. Man benötigt eine Energiequelle, welche die Chemie antreibt. Alle Arten von Systemen, in denen es Energieflüsse gibt, tendieren dazu, sich selbst in komplizierten Strukturen und Mustern zu organisieren. Beispiele dafür gibt es bei allen Größenordnungen, von der Spiralform des aus einer Badewanne abfließenden Wassers bis zu den komplexen Strukturen von Sonnenflecken, die größer als die Erde sind. Es gibt eine Reihe von Möglichkeiten, durch die Umgebungen wie Gezeitenbecken

oder Vulkanschlote chemische Energie zu erzeugen und somit leicht komplizierte Chemikalien hervorzubringen, sie vielleicht sogar in solchen Strukturen zu organisieren, dass sie die Ausgangspunkte für das Leben sein können.
Die besten dieser Modelle erzeugen sogar Energie auf eine ganz ähnliche Art
und Weise wie die Chemie, die vom Leben verwendet wird. Es gibt daher
plausible Wege von der Verwendung dieser Energie hin zum Bau wirklich
großer, komplizierter Moleküle.

Kritiker meinen, dass dadurch nur Chemikalien hergestellt werden, keine
organisierten Strukturen aus Chemikalien, die selbst Energie aufnehmen
und nutzen können. Kehren wir noch einmal zu unserem Kleinkind zurück:
Wenn dies es zufällig schaffen würde, den Teppich anzuzünden, wäre das
ein schlechter Beweis dafür, dass es die Kraft des Feuers so gut ausnutzte,
um eine Dampfmaschine zu bauen. Und chemische Reaktionen, die durch
Energie angetrieben werden, erzeugen in der Regel nur eine komplizierte
Mischung aus Chemikalien, die wie Teer aussieht. (Tatsächlich ist Teer
genau das – eine komplexe und vollkommen zufällige Mischung aus Chemikalien, die durch Erhitzung biologischen Materials entstanden ist.)

Die Energie-und-Moleküle-zuerst-Schule erkennt die Schwachstellen
in beiden Argumenten und sagt, dass beide sich zusammen entwickelt
haben müssen. Dies ist sehr vernünftig, doch unglücklicherweise ist es
ziemlich schwierig, daraus einen Mechanismus herzuleiten. Eine sehr spezielle Verbindung von einfachen Molekülen und geeigneter Energie muss
zusammenkommen, und es müssen ganz bestimmte chemische Reaktionen
ablaufen, die meist noch nicht einmal unter sauberen, verlässlichen Labor-
bedingungen überprüft wurden, ganz zu schweigen unter realistischen
Umweltbedingungen.

Die letzte Schule sagt, dass die Probleme mit all dem oben aufgeführten
unlösbar sind und dass etwas anderes passiert sein musste. Weitverbreitet ist
die Überlegung, dass Mineralien bei der Entstehung des Lebens eine wichtige Rolle gespielt haben müssen. Sie könnten Moleküle in bestimmten
Strukturen geordnet haben, die später dann unabhängig wurden von den
Mineralien, die ihre Bildung gefördert hatten. Begann das Leben im Ton,
und ließ es seinen mineralischen Ursprung später hinter sich?

Wir verzichten auf einen Vorschlag, welche dieser Meinungen richtig sein
könnte. Vielmehr fassen wir das alles in diesem Kapitel nur zusammen, um
zu zeigen, wie weit die Wissenschaftler davon entfernt sind, auch nur bei
den Grundlagen einer Meinung zu sein. Das Grundproblem besteht darin,
dass es energetisch schwierig ist, große organische Moleküle herzustellen und
zu verhindern, dass sie zerfallen. Das ist der Grund, warum viel Forscher, die
sich mit dem Ursprung des Lebens beschäftigen, organische Lösungsmittel

verwenden, wie Hexan, um die organischen Grundbausteine im Labor herzustellen. Selbst wenn das Ergebnis dieser Experimente organische Moleküle
sein sollten, ist die Ausbeute an verwendbaren Bausteinen relativ gering.
Meist entsteht nur brauner Teer – eine Einbahnstraße für Reaktionen, die
zum Leben führen sollen. Zum Beispiel ist die Aminosäure aus dem Miller-
Urey-Experiment nur sehr kurz stabil, bevor sie in andere Moleküle zerfällt,
die unbrauchbar für das Leben sind. Der Großteil des Materials, das sich in
den Miller-Urey-Kolben gebildet hat, war ein Material, das wie schwarzer
Teer aussah, und die berühmten Aminosäuren machten nur einen winzigen
Bruchteil aller vorkommenden chemischen Bestandteile aus.[1]

Die erforderliche Genauigkeit könnte das größte Problem beim Ursprung
des Lebens sein. Ein Schwein in eine Wurst zu verwandeln, ist relativ einfach, während man ein Schwein benötigt, um eine Wurst in ein Schwein zu
verwandeln. Ohne die genetische Maschinerie und der überaus spezialisierten Komplexität, die es nur heute in lebenden Organismen gibt, funktioniert es nicht.

Nachdem erst einmal ein System aufgetaucht war, das Energieverbrauch
mit der Synthese komplexer chemischer Verbindungen koppeln konnte,
musste eine Reihe weiterer Schritte durchlaufen werden, bevor irgendetwas, das wir als Leben anerkennen würden, auftauchte. Dazu gehörten
die Synthese und das Zusammenbauen von Oberflächenmolekülen zu einer
Grenzschicht, die die Zelle enthält, die Entwicklung von Molekülen, die
Informationen speichern können, das Entstehen eines Molekülverbands, der
die gespeicherte Information in dieses Molekül übersetzen konnte, und die
Auswahl und Optimierung von Katalysatoren, die dafür sorgten, dass dies
alles passiert.

Es ist sehr wahrscheinlich, dass alle oder manche dieser Prozesse von
Ionen und Mineralien im Urozean unterstützt wurden. Viele Stoffwechselvorgänge verwenden mineralische Enzyme als Katalysatoren, die
Anhäufungen von Atomen enthalten, die ganz ähnlich wie derartige Mine-
ralien angeordnet sind. Viele Experten auf diesem Gebiet sind der Meinung,
dass die RNA, nachdem sie einmal entstanden war, das Hauptmolekül des
Lebens gewesen sei. Sie spielte während der Zeit der RNA-Welt die Rolle des
Katalysators und Informationsmoleküls. Dies könnte die kritische Schwelle
darstellen, ab der wir dieses sich selbst reproduzierende System, das einen
Stoffwechsel besaß, Leben nennen können.

---

[1]Ein Video einer modernen Nachbildung des Miller-Urey-Experiments findet man unter http://chemis-
try.beloit.edu/Origins/pages/spark.html.

Doch gibt es fast bei allen der oben erwähnten Schritte gewaltige Wissenslücken. Etwa: Wie können weitgehend chaotische und zufällige Wechselwirkungen zwischen einfachen organischen Molekülen in zuverlässig ablaufende und funktionierende Stoffwechselvorgänge übergehen? Wie wurde das erste RNA-Molekül gebildet? Die Verbindung zwischen den einfachsten frühen genetischen Codes und den komplizierten Schritten der Proteintranslation, die wir in heutigen Organismen beobachten, ist kaum zu verstehen. Das Ribosom – die winzige Proteinmaschine, die in allen Formen des Lebens Proteine herstellt – enthält sogar in Bakterien mehr als 100.000 Atome (die in Eukaryoten, also in Organismen wie Pflanzen und Tiere, sind sogar noch größer). Wie konnte eine derart sorgfältig durchkonstruierte Struktur entstehen? Es gibt auch hitzige Debatten über den Ablauf selbst, z. B. ob erst ein Behälter (eine Zelle) und ein einfacher Stoffwechsel entstanden sind oder ob dieser erst auftauchte, als die Fähigkeit zur Reproduktion da war. Vielleicht sind alle drei Ereignisse gleichzeitig eingetreten, denn ein Ereignis allein hätte niemals zu etwas geführt, das an einen Organismus erinnert. Energie (Stoffwechsel), Information (genetischer Code) und eine halbdurchlässige Grenzschicht (Membran) sind die drei entscheidenden Bestandteile jeder Art von Struktur. Hätte nur ein Bestandteil gefehlt, wären die wichtigen Bausteine sehr schnell wieder auseinandergefallen oder hätten sich, wie im Falle des Reproduktionsmechanismus, schließlich aufgelöst, ohne je wieder zusammenzufinden. Wie konnten die Bestandteile zusammenfinden?

Wir wollen nicht unterstellen, dass die Wissenschaftler die Suche nach dem Ursprung des Lebens aufgegeben haben. Viele der Einzelschritte wurden im Labor und die reichlich vorhandenen Theorien aufgrund harter Fakten, nicht aufgrund irgendwelcher Mythologien, überprüft. Eines Tages werden wir eine gute Hypothese haben, aber das könnte noch lange dauern.

3.5 In welcher Umgebung ist das Leben entstanden?

Wenn wir schon nicht wissen, wie das Leben entstanden ist, wissen wir dann wenigstens, wo? Dies würde uns zumindest einen Hinweis darauf geben, ob derartige Umweltbedingungen häufig vorkommen, um abschätzen zu können, welche anderen Himmelskörper vielleicht unabhängig voneinander Leben beherbergen. Wenn wir z. B. wüssten, dass Leben an Hydrothermalquellen im Meer entstanden ist, dann könnten Eismonde wie Europa gute

Kandidaten für Orte sein, an denen Leben entstanden ist, während Wüstenplaneten eher ausschieden. Wenn andererseits Trocken- und Nasszyklen, wie sie in kurzlebigen Wüstenseen vorkommen, entscheidend für den Ursprung des Lebens wären, dann würde man Meeresplaneten ausschließen und jeden planetaren Körper bevorzugen, der eine Mischung aus großen Wasser- und Landgebieten aufweist. Sind für den Ursprung des Lebens Gebiete an Land notwendig, die den Gezeiten unterworfen sind, dann könnte in unserem Sonnensystem nur auf der Erde und vielleicht auf dem Saturnmond Titan Leben entstanden sein. Aber vielleicht kann das Leben unter vielen verschiedenen Umgebungsbedingungen entstehen, und all diese Welten könnten Wohnstätten für das Leben sein.

Diese Beurteilungskriterien sind jedoch heikel, denn die Geschichte eines Planeten verläuft über sehr lange Zeiträume, und die Umweltbedingungen könnten sich in dieser Zeit dramatisch verändern. Die besten Beispiele sind unsere Nachbarplaneten Mars und Venus. Auf der Marsoberfläche gab es bestimmt große Wasserflächen, auf der Venus vielleicht auch. Heute ist die Venus ein Planet mit einer extremen Treibhausatmosphäre, mit Oberflächentemperaturen, bei denen Blei schmilzt, der Mars dagegen ein ausgetrocknetes Kühlhaus.

Eine neuere Untersuchung, die William Martin 2016 an der Heinrich-Heine-Universität in Düsseldorf durchgeführt und in der er mehr als 6 Mio. proteinkodierende Gene untersucht hat, stützt die Vermutung, dass das Leben an Hydrothermalquellen am Grund der Ozeane entstanden ist (genauer, dass der gemeinsame Vorfahre jeglichen modernen Lebens auf der Erde in einer solchen Umgebung gelebt hat). Auch viele andere Wissenschaftler vertreten die These, dass das Leben in derartigen hydrothermalen Quellen entstanden ist (Abb. 3.2). Seit diese Quellen in den 1980er-Jahren gefunden wurden, haben sie die wissenschaftliche Gemeinschaft fasziniert. Aus unterseeischen Spalten strömen Mineralien und Gase wie Wasserstoff, Methan, Kohlenmonoxid und Schwefelwasserstoff, also reduzierende Gase. (Wie erwähnt reagieren diese mit den oxidierenden Gasen, und genau das passiert in hydrothermalen Quellen.) Unter den richtigen Bedingungen können solche vulkanischen Gase mit den atmosphärischen reagieren, die im Meereswasser gelöst sind, sodass chemische Verbindungen entstehen, die auch in der Chemie des Lebens vorkommen.

Diese Quellen sind heiß und verblüffenderweise deuten neueste molekulare Studien darauf hin, dass der letzte gemeinsame Vorfahre allen Lebens auf der Erde thermophil war – also ein Organismus, der hohe Temperaturen liebt.

View
direction
320°

m

Abb. 3.2 Abbildung eines 13 m hohen Karbonatkamins, der Ryan getauft wurde, einer Art von hydrothermaler Quelle. Über einen sehr langen Zeitraum sickerten Flüssigkeiten aus den steilen Klippen der Ostseite des Hydrothermalfeldes Lost City, sodass eine Reihe wunderschöner schmaler Spitzen entstand, von denen viele mehrere Dutzend Meter hoch werden. (D. S. Kelley und M. Elend, University of Washington und URI, und NOAA Ocean Exploration)

Das bedeutet aber nicht notwendigerweise, dass das Leben an derartigen Quellen entstanden sein muss. Auch nachdem ein großer Teil der Erde bewohnbar geworden war, wurde sie von Asteroiden und Kometen getroffen. Dieses Bombardement hörte vermutlich erst vor etwa 3,8 Mrd. Jahren auf. Die größten dieser Einschläge ließen wahrscheinlich eine unbewohnbare Oberfläche zurück. Vor dieser Zeit konnte das Leben auf der Erde vielleicht unter oder in der Nähe der Erdoberfläche entstanden sein, musste sich aber während des Bombardements in die dunklen Tiefen des Ozeans zurückziehen, um sich nach dem Beschuss durch Meteoriten wieder auszubreiten. Die Folgerung ist, dass der letzte gemeinsame Vorfahre des Lebens auf der Erde, der vermutlich eine Mikrobe war, die sehr hohe Temperaturen liebte und in den hydrothermalen Quellen lebte, nur ein letzter gemeinsamer Überlebender aus der Zeit des Großen Bombardements sein könnte.

Doch es gibt auch geochemische Gründe, die dafür sprechen, dass das Leben in hydrothermalen Quellen entstanden ist, vor allem, weil der nächste Schritt von den Aminosäuren in Richtung größere chemische Komplexität hier leicht passiert sein könnte. Eine bahnbrechende Arbeit von Günter Wächtershäuser hat gezeigt, dass Aminosäuren bei hohen Temperaturen durch Kohlenmonoxid und eine Eisen-Nickel-Oberfläche aktiviert werden können, sodass Peptidbindungen entstehen. Diese stellen einen entscheidenden Schritt in Richtung Leben dar, weil sie Aminosäuren verbinden, sodass Proteine entstehen. In Wasser ist dies jedoch schwierig, weil während der chemischen Reaktion, d. h. der Kondensation, ein Wassermolekül abgegeben werden muss, was im Wasser energetisch ungünstig ist.

Die Vorstellung, dass der Ursprung des Lebens in hydrothermalen Quellen stattgefunden hat, wird „Eisen-Schwefel-Welt" genannt, d. h., dass chemische Reaktionen von Eisen und Schwefel eine entscheidende Rolle für die Bildung organischer Moleküle gespielt haben und deren Verbindung die Energie geliefert hat. Einige der Probleme, die mit einem solchen Eisen-Schwefel-Weltbild verbunden sind, benennen William Martin und Michael Russel. Sie vertreten die Ansicht, dass die ersten zellartigen Lebensformen sich in alkalischen hydrothermalen Quellen gebildet haben könnten (eine besondere Form der Quelle, die – wie der Name schon sagt – nicht so heiß und säurehaltig wie durchschnittliche hydrothermale Quellen sind). Ihre Hypothese ist, dass der Ursprung des Lebens in diesen Quellen innerhalb mikroskopischer Hohlräume stattfand, die durch eine Schicht aus Metallsulfiden bedeckt sind. Diese Quellenart trifft man meist in der Tiefsee an, wo die Kontinentalplatten auseinanderdriften und aus dem darunterliegenden Mantelgestein neuer Meeresboden entsteht, die sogenannten Spreizungszonen. Der Wasserstrom aus den Quellen und ihr steiler Temperaturgradient sorgen für einen kontinuierlichen Nachschub an organischen Grundbausteinen und Energie, während die Mikrokavernen dafür sorgen, dass die neu synthetisierten Moleküle sich anreichern, wodurch die Chance größer wird, dass sich organische Makromoleküle bilden. Auch zu diesem Weg in Richtung Leben gehört die Einbeziehung anorganischer Metalle wie Nickel und Eisen, zusammen mit Schwefel, was sich in vielen wichtigen Lebensprozessen heute widerspiegelt. Darüber hinaus könnte, wie Michael Russel später zeigte, das Eisensulfidmineral Mackinawit eine entscheidende Rolle gespielt haben, weil es die erste halbdurchlässige Membran des Lebens gebildet haben könnte. Halbdurchlässige Membrane sind, wie der Name schon andeutet, für manche Moleküle durchlässig, für andere aber nicht. Eine halbdurchlässige Membran war für die erste Zelle außerordentlich wichtig, weil bestimmte Moleküle, wie Nährstoffe, in die Zelle kommen und andere, wie etwa Abfallprodukte, ausgeschieden werden mussten, aber die wichtigen Stoffwechselbausteine der Zelle, die Enzyme und Gene mussten drinbleiben und durften nicht heraussickern. Im Eisen-Schwefel-Weltbild bildet das Mineral selbst die halbdurchlässige Membran, die die Mikroholräume umgibt. Die Zelle musste nun nur noch eine Möglichkeit finden, eine eigene aufzubauen, um zu einer frei lebenden Lebensform und unabhängig vom Quellensystem zu werden.

Es gibt aber unzählige andere Ideen darüber, wo Leben entstanden sein könnte, z. B. in Wattenmeeren oder in kaltem Wasser, nämlich den Solekanälen in Wassereis. Manche Wissenschaftler schlagen sogar vor, das Leben könne in den tiefen Bruchzonen innerhalb der Erde entstanden sein.

Wattenmeere und nur für eine gewisse Zeit bestehende Wasseransammlungen bieten eine Lösung für ein großes Problem des traditionellen Szenarios eines Ursprungs im „kleinen warmen Teich". Wie bereits erwähnt, entstehen viele der Schlüsselmoleküle des Lebens – DNA, RNA und Proteine –, indem sich kleine Einheiten durch eine Kondensationsreaktion verbinden, wobei Wasser frei wird. Löst man diese Polymere in Wasser, zeigen sie die Tendenz, sich wieder aufzulösen; sie hydrolysieren zurück zu Monomeren. Damit aus Aminosäuren ein Protein entstehen kann, muss man die Aminosäuren austrocknen. Es gibt viele geniale Modelle, wie dies passieren kann, aber am Ende müssen die Proteine und die RNA in Wasser gelöst vorliegen, wo sie wieder zerfallen können. Das moderne Leben löst dies, indem es immer wieder seine Bausteine repariert und ersetzt. Doch vor dem Beginn des Lebens war dies nicht möglich. Wir stehen also vor dem Rätsel, dass das aufkeimende Leben aus Verbindungen aufgebaut sein muss, die in Wasser nicht stabil sind, und doch muss es ein lebendes System geben, das aus diesen Verbindungen besteht.

Es gibt jedoch Wege aus diesem Dilemma. In seichten Wasserreservoirs, wie Wattenmeeren, gibt es sehr viele Küstenabschnitte, die, angetrieben von den Gezeitenkräften durch Mond und Sonne, einem ständigen Wechsel von nass und trocken unterliegen. In diesen Teichen kann es zu einer

Absonderung von organischen Molekülen kommen, von denen viele ständig zusammengebaut und wieder zerlegt werden, sodass eine Vielzahl verschiedener polymerer Verbindungen entstehen, auch Peptide. Dieses Szenario wird auch unterstützt durch die Tatsache, dass vor etwa 4 Mrd. Jahren der Mond viel näher an der Erde war als heute, nämlich nur 25.000 km statt wie heute 400.000 km (er entfernt sich immer noch ca. 4 cm pro Jahr). Deshalb waren die Gezeiten bei der jungen Erde viel ausgeprägter als heute, und die den Gezeiten unterworfenen Landschaften, wie Strände und Wattenmeere, größer und weiterverbreitet, ebenso die Felsenbecken an den Küsten, in denen wir heute nach Krabben und Anemonen suchen.

In Wattenmeeren gibt es zudem viel Ton, was zu einem weiteren Vorschlag führte. Graham Cairns-Smith vertritt die Meinung, dass bestimmte Tonminerale als Zwischenschritte zwischen „toter" Materie und organischem Leben gedient haben könnten, d. h., dass das erste Leben auf der Erde Tonminerale als Grundlage hatte.

Die Absonderung und Anreicherung von organischen Molekülen müssen nicht unbedingt in einem Wattenmeer geschehen sein. Es gibt auch andere Möglichkeiten. So zeigte z. B. Leslie Orgel, dass zwei der Grundbausteine der RNA und DNA, Adenin und Guanin, sich leicht in Eis bilden können, wenn dieses abwechselnd gefriert und taut, weil sich auch dabei Moleküle anreichern, die im Wasser gelöst waren, aus dem sich das Eis gebildet hat. Wenn das Wasser gefriert, reichern sich organische Moleküle in den Mikrokanälen mit flüssiger Sole an, wodurch chemische Reaktionen begünstigt werden, die zur Bildung dieser Nukleotide führen. Doch erfordert die Erzeugung anderer Nukleotide und ähnlicher Grundbausteine meist eine höhere Temperatur als die von Eis, je nach Ausgangsmaterial und Reaktionsweg. Wir haben also wieder nur einen Teil des Rätsels behandelt.

Ob das Leben nun in hydrothermalen Quellen, im Wattenmeer, in Salzpfannen in der Wüste oder tief in der Erde entstanden ist, es hatte dort nur eine begrenzte Zukunft. An der Oberfläche gab es viel mehr Nachschub an organischen Verbindungen. Nicht nur Blitze können viele organische Verbindungen auf der Erdoberfläche produzieren (wie wir aus dem Miller-Urey-Experiment gesehen haben, geschah dies ziemlich ineffektiv), auch aus Kometen und Meteoriten „regneten" organische Moleküle vom Himmel auf die junge Erde nieder. Doch sie wurden über die ganze Erde verteilt, nicht nur an wenigen Orten. Deshalb mussten sich die ersten Mikroorganismen anpassen, um diese biochemische Zugabe „fressen" zu können. Diese Erkenntnis führte zu der Idee, dass die ersten Organismen auf der Erde vielleicht heterotrophe Mikroben waren, also solche, die bereits vorhandene organische Verbindungen für ihren Stoffwechsel nutzten. Und nachdem der

Vorrat an organischen Molekülen erst einmal aufgebraucht war und wenig nachkam, durchlitt das Leben auf der Erde seine erste große Überlebenskrise, die sie mithilfe zweier Lösungen überstand. Das waren Chemoautotrophie (die Verwendung anorganischer Verbindungen oder Mineralien, um Energie für den Stoffwechsel zu gewinnen) und Photoautotrophie (der Verwendung von Licht als Energiequelle). Die meisten Wissenschaftler glauben heute jedoch, dass die Erde mit autotrophen Mikroben begann, die Energie gewannen, indem sie Wasserstoff und Kohlendioxid in Methan und Wasser umwandelten oder andere anorganische Verbindungen, wie Mineralien, fraßen und ihre eigenen organischen chemischen Verbindungen daraus herstellten.

Dies erschwert es, eine weitere Idee über den Ursprung des Lebens zu überprüfen, nämlich dass dieser mehr als einmal geschah. Carol Cleland und Shelley Copley schlugen 2005 die Existenz einer zweiten Art von Leben auf der Erde vor, die unabhängig vom Leben, wie wir es kennen, entstanden ist und die eine „Schattenbiosphäre" aus Leben gebildet hat, die biochemisch ganz anders war als unsere. Wir haben auf der Erde noch kein Leben mit einer deutlich anderen Biochemie gefunden; alles bekannte Leben auf der Erde zeigt dieselben zugrunde liegenden chemischen Prozesse. Kommt das daher, weil es dieses Leben war, das zuerst auftauchte und am besten geeignet war, oder ist es das eingefangene Ergebnis eines extrem unwahrscheinlichen Ereignisses? Oder kommt es daher, dass wir einfach noch keine abweichende Biochemie in der genannten Schattenbiosphäre gefunden haben? Wenn es eine derartige Schattenbiosphäre gäbe, vielleicht in dunklen ökologischen Nischen wie tief im Gestein der Erdkruste oder in Quellen am Ozeanboden, dann wäre diese schwierig zu finden. Die Methoden, die wir verwenden, um nach Leben zu suchen und es zu analysieren, meist über DNA-Zerlegung und Züchtung, zielen speziell auf unsere Art von Leben ab. Es ist nicht schwer, sich vorzustellen, dass wir eine andere Art von Leben übersehen könnten, selbst wenn es auf unserem Planeten existieren würde.

Gegen eine solche Möglichkeit spricht aber, dass das Leben, wie wir es kennen, jedes Habitat und jede Nische auf unserem Planeten zu bewohnen scheint, bis tief in die Erdkruste, in hydrothermalen Quellen, in Eiswüsten, Wattenmeeren, Ölquellen usw. Eine Schattenbiosphäre sollte es an vielen verschiedenen Orten geben, doch wir haben noch keine entdeckt. Dafür könnte es zwei Gründe geben. Die beiden verschiedenen Lebensformen könnten vor 4 Mrd. Jahren gegeneinander im Wettstreit gestanden haben, den nur die am besten angepassten oder die „stärksten" Organismen gewonnen und überlebt haben. Also könnte der Grund einfach der

Konkurrenzkampf sein. Oder der Überlebende hat die nützlichsten chemischen Funktionen des „Verlierers" übernommen und eine endgültige Zwischenform gebildet, die schließlich zum Vorfahren des heutigen Lebens wurde, genau wie heute Bakterien noch oft Gene zwischen verschiedenen Spezies austauschen, sodass die geeignetsten Gene im Gesamtgenpool überleben. Alternativ dazu könnte die Schattenbiosphäre viel besser an eine Umwelt angepasst sein, in der das vorherrschende Leben auf der Erde große Schwierigkeiten hat zu überleben. In diesem Szenario besteht die Schattenbiosphäre immer noch an einigen Orten, die so unzugänglich und unwirtlich sind, dass wir uns dort bisher noch nicht einmal umgeschaut haben. Sollte das der Fall sein, dann ist dieses Leben nur eine kleine Minderheit allen Lebens auf unserem Planeten.

Ganz egal, ob das Leben nun einmal, zweimal oder sehr oft entstanden ist – sobald es einmal entstanden war und den Planeten besiedelt hat, hat es die günstigsten ökologischen Nischen besetzt und alle organischen Verbindungen in seiner Umgebung aufgefressen und dadurch verhindert, dass weiteres Leben Fuß fassen konnte. Der Ursprung des Lebens ist ein „Die-Leiter-hochziehen-Ereignis". Sobald es geschehen ist, vernichtete es die Bedingungen (fraß sie wörtlich auf), die es ermöglichen würden, dass es noch einmal passiert.

3.6   Kommt das Leben von anderen Planeten?

Es gibt Wissenschaftler, die die Meinung vertreten, dass das Leben gar nicht auf der Erde entstanden ist, sondern irgendwo anders und später auf unseren Planeten übertragen wurde. Diese Vorstellung wird *Panspermie* genannt. In ihren moderneren Versionen werden Mikroorganismen zwischen Planeten in Asteroiden oder Kometen transportiert. Das ist offensichtlich eine Möglichkeit, doch sie verschiebt nur den Ort der Entstehung und löst nicht das Problem. Immerhin könnte es auf anderen Planeten eine günstigere Umgebung gegeben haben als auf der jungen Erde. Sehr gerne wird der Mars genannt, auf dem der Ursprung des Lebens früher stattgefunden haben könnte als auf der Erde, weil er sich schneller abgekühlt hat und es dort keine sterilisierende Katastrophe gegeben hat, wie bei der Entstehung des Erdmondes. Abgesehen von der Zeit waren die Umweltbedingungen auf dem jungen Mars denen der Erde ziemlich ähnlich, es gab nur mehr Land und weniger Ozean (also eine längere Küstenlinie, falls das wichtig ist, andererseits keinen großen Mond, der an diesen Ufern Gezeiten verursacht hätte).

Dass das Leben auf Asteroiden und Kometen entstanden sein könnte, ist unwahrscheinlich, weil diese bei den Temperaturen, die auf oder unter der Oberfläche dieser Körper herrschen, keine Atmosphären besitzen, die über einen längeren Zeitraum Lösungsmittel wie Wasser oder Ammoniak zurückhalten können, welche die Reaktionen zu größeren Makromolekülen ermöglichen.

Einen Ursprung in einem anderen Sonnensystem kann man sich natürlich unter ganz anderen Umweltbedingungen vorstellen als denen, die auf der Erde herrschen, doch der gewaltige Zeitraum, den ein Asteroid oder Komet bräuchte, um von einem System zu einem anderen zu reisen, lässt dies unwahrscheinlich erscheinen. Experimente mit Raumsonden zeigen, dass Leben Jahrzehnte lang im Weltraum überstehen kann, ja wir nehmen sogar an, dass es Jahrtausende im Vakuum des Raumes überstehen würde, wenn es vor der UV- und Röntgenstrahlung der Sonne abgeschirmt ist. Aber dass es die Jahrmillionen übersteht, die notwendig sind, um von einem Stern zu einem anderen zu kommen, scheint nicht sehr plausibel. Und selbst wenn es überleben würde, wäre es sehr unwahrscheinlich, dass es die Erde treffen würde. Der Weltraum ist riesig, und obwohl es viele Sonnensysteme gibt, so sind sie doch sehr klein im Vergleich zu den Weiten des interstellaren Raumes. Ein Asteroid, der aus einem Sonnensystem ausgestoßen wird, wird sehr wahrscheinlich ewig in der Dunkelheit zwischen den Sternen dahintreiben. Und selbst wenn es einer in die Umgebung unseres Sonnensystems schaffen würde, würde er sehr wahrscheinlich vorbeifliegen oder in die Sonne fallen, die ja der bei Weitem schwerste Körper im Sonnensystem ist, nicht aber auf die Erde. Und selbst wenn er die Erde träfe, müsste der Asteroid immer noch den Fall überstehen. Insgesamt scheint eine interstellare Panspermie daher unwahrscheinlich.

3.7   Die Suche nach Leben

Wenn wir weder sagen können, wie Leben entstanden ist, noch die Umweltbedingungen spezifizieren können, unter denen das passiert ist, können wir dann wenigstens irgendwo anders Leben finden? Wir können Hinweise darüber gewinnen, wie oft Leben auftritt, wenn wir in unserem Sonnensystem danach suchen, zu dem acht Planeten und viele Monde gehören, von denen einige groß genug sind, um möglicherweise Leben zu beherbergen. Außerdem können wir außerhalb unseres Sonnensystems suchen, indem wir Tausende von Exoplaneten untersuchen. Hier müssen wir betonen, dass die Erforschung von Exoplaneten und die Suche nach Leben im

Universum noch in ihren frühesten Kinderschuhen steckt, doch eine jüngste Abschätzung könnte trotzdem aufschlussreich sein.

Von den Planeten in unserem Sonnensystem haben oder hatten nur Venus, Erde und Mars Meere auf ihrer Oberfläche und damit verbunden zumindest einige der Umweltbedingungen, die wir im Allgemeinen mit dem Ursprung des Lebens in Verbindung bringen. Einige dieser zuträglichen Bedingungen herrschen auch auf den Monden der Gasriesen, und deshalb könnte es dort prinzipiell Leben geben, etwa in den unterirdischen Meeren des Jupitermondes Europa oder in den Kohlenwasserstoffseen des Saturnmondes Titan. Angesichts der Tatsache, dass die Umweltbedingungen auf Titan vollkommen andere sind als die auf der Erde (Teil III), können wir sagen, dass sich Leben dort sicherlich unabhängig von der Erde entwickelt haben müsste. Im Gegensatz zu Titan würde es nicht unbedingt für einen getrennten Ursprung des Lebens sprechen, wenn wir es auf dem Mars finden würden, weil es einen Austausch von Meteoriten zwischen den beiden Planeten gegeben hat.

Nach unserem schnellen Überblick über unser Sonnensystem können wir sagen, dass es manche Orte gibt, an denen Umweltbedingungen herrschen, die lebensfördernd sind, und sogar Planeten, die bewohnt sein könnten, wenn man annimmt, dass dort Leben entstanden ist. Doch bisher haben wir keine Hinweise auf außerirdisches Leben auf diesen Himmelskörpern gefunden; wir wissen nur, dass es Leben auf einem Planeten – der Erde – gibt, doch wir stehen erst ganz am Anfang der Suche.

Wie sieht es auf Planeten in anderen Sonnensystemen aus? Die Zahl der Planeten, die man außerhalb unseres Sonnensystems gefunden hat, ist inzwischen auf mehrere Tausend gestiegen, und jede Woche werden weitere entdeckt, doch über diese Exoplaneten wissen wir noch viel weniger. Wir können erdgroße Planeten um andere Sterne aufspüren, nicht nur Gasriesen. Weil ein Teil der erdgroßen Planeten bewohnbar sein könnte, steigt damit auch die Zahl der potenziell bewohnbaren Exoplaneten. Doch die Bewohnbarkeit, also das Vorhandensein einer Umwelt, die Leben ermöglichen könnte, und die tatsächliche Existenz von Leben sind zwei verschiedene Paar Schuhe. Zur Existenz von Leben gehört auch das Entstehen von Leben, und die Umweltparameter, die dies ermöglichen, sind wahrscheinlich weit eingeschränkter; die Widerstandsfähigkeit des Lebens allein reicht nicht. Das Leben, wenn es erst einmal entstanden ist, ist sehr dauerhaft, weil es aufgrund der Evolution unglaublich anpassungsfähig ist. Die Frage, wie stark die Umweltparameter eingeschränkt sind, damit Leben entstehen kann, wiegt schwer, wenn wir wissen wollen, wie oft es im Universum vorkommt. Dies gilt auch noch, wenn wir uns die Frage stellen, ob es alternative Wege für den Ursprung des Lebens gibt, die von dem auf der Erde passierten abweichen. Welche Variationen gibt es beim Motiv des Ursprungs? Alternative Wege und eine Vielzahl von möglichen Variationen würden sicherlich dazu führen, dass Leben häufiger entstehen kann.

3.8   Leben wir in einem einsamen Universum?

Hinsichtlich des Ursprungs des Lebens auf der Erde stehen wir vor einem Rätsel. Auf der einen Seite scheint das Leben auf unserem Planeten ziemlich schnell (in geologischen Zeiträumen gedacht) entstanden zu sein, nachdem sich flüssige Ozeane aus Wasser gebildet hatten. Es gibt Modelle, die die Vorstellung stützen, dass bestimmte Aspekte der Chemie des Lebens sehr leicht ablaufen können. Viele der Modelle über die einigermaßen plausiblen Bedingungen, die vor dem Auftauchen des Lebens geherrscht haben, weisen darauf hin, dass dabei ziemlich komplizierte organische Moleküle entstehen können. Die Entdeckung vieler organischer Moleküle, wie Aminosäuren, Alkohole und Triosen, sowie anderer relevanter Verbindungen in Meteoriten und im interstellaren Raum zeigt, wie leicht diese aus anorganischer Chemie entstehen können. Eine Reihe von Experimenten zeigt eine begrenzte Mustervervielfältigung von Vorgängermolekülen von Proteinen, nukleinsäureartigen Molekülen und größeren Strukturen wie Mizellen (Lipidmolekülen, die sich in einer wässrigen Lösung selbst zu einer kugelförmigen, zellähnlichen Form anordnen) in vollkommen nichtbiologischen Systemen. Also können komplizierte chemische Vorgänge ganz offensichtlich passieren.

Auf der anderen Seite erfordert das Leben als etwas Ganzheitliches eine Form der Chemie, die viele Größenordnungen komplexer ist als alles, was man im Labor nachbilden kann. Dabei müssen die chemischen Abläufe der Katalyse, der Codierung und Einhüllung zusammenspielen, um als lebendes System zu funktionieren. All diese Komponenten müssen am selben Ort zusammenkommen, damit Leben entstehen kann. Wir benötigen eine umfassende Theorie, wie das alles zusammenfand, aber noch zeichnet sich keine ab.

Unsere Zusammenfassung der oben stehenden Diskussion ist ernüchternd. Wir wissen nicht, wie die ersten Organismen entstanden sind, und auch nicht, in welcher Umgebung. Wir wissen weder, um welche Art von Organismus es sich handelte, noch, wann genau er entstand. Wir wissen nur, dass Leben einmal entstanden ist, aber wir sind nicht sicher, ob wir es wüssten, wenn es noch einmal der Fall gewesen wäre. Bis zum Jahr 2018 haben wir keine Hinweise darauf gefunden, dass es anderswo im Sonnensystem oder darüber hinaus Leben gibt – selbst wenn habitable Bedingungen sehr häufig anzutreffen sein dürften, doch unsere Suche hat gerade begonnen. Deshalb müssen wir zugeben, dass wir möglicherweise ziemlich einsam im Universum sind. Die erste Entwicklung eines einfachen genetischen Codes und damit der Beginn des Lebens könnte ein ziemlich unwahrscheinliches Random-Walk-Ereignis gewesen sein, das auf der Erde sehr schnell passiert ist (oder, nach manchen Hypothesen, irgendwo anders passiert ist und dann zur Erde transportiert wurde), das aber anderswo erst nach Milliarden von Jahren oder gar nicht geschah. Vielleicht ist der Ursprung des Lebens aber auch ein sehr verbreitetes Ereignis und passiert nach einem kritischen Innovationsschritt (Kritischer-Weg-Modell) sehr oft. Vielleicht gibt es sogar sehr viele Wege zum Leben (Viele-Wege-Modell), und wenn das so ist, kann man erwarten, dass Leben noch öfter vorkommt.

Solange die Erde der einzige Planet ist, von dem wir wissen, dass dort Leben existiert, können wir nicht entscheiden, welche Art von Erklärung angemessen für die Entstehung des Lebens ist, und auch nicht die relative Wahrscheinlichkeit abschätzen, dass es anderswo existiert. Auf der Erde könnte das Leben nicht noch einmal auftauchen, denn die heutige Sauerstoffatmosphäre würde den Aufbau der erforderlichen organischen Makromoleküle verhindern. Und selbst ohne dieses Hindernis wäre jedes einfache präbiotische chemische System, das heute auftaucht, eine leckere Ansammlung organischer Moleküle, die sehr schnell vom überall vorhandenen und komplexeren Leben aufgefressen würde. Nachdem das Leben also erst einmal verbreitet wurde und die Atmosphäre mit Sauerstoff angereichert hat, wurde das Leben zum Die-Leiter-hochziehen-Ereignis.

Deshalb werden die Fragen nach der Häufigkeit der Entstehung von Leben und danach, wie verbreitet Leben im Universum ist, vermutlich eine der größten Unbekannten für die absehbare Zukunft bleiben. Wir wissen gegenwärtig nicht, ob die Entstehung des Lebens ein Random-Walk-Ereignis ist, ob es einem Kritischer-Weg- oder einem Viele-Wege-Modell folgt. Wenn der kritische Filter die Entstehung von Leben ist, könnten wir in einem ziemlich einsamen Universum leben, wenn nicht, dann leben wir, wie wir in den folgenden Kapiteln zeigen werden, in einem lebendigen Universum.

Weiterführende Literatur

Über die Wege zum Ursprung des Lebens

Damer, B., & Deamer, D. (2015). Coupled phases and combinatorial selection in fluctuating hydrothermal pools: A scenario to guide experimental approaches to the origin of cellular life. *Life, 5,* 872–887.

Deamer, D. (2017). The role of lipid membranes in life's origin. Life 7. https://doi.org/10.3390/life7010005.

Martin, W., Baross, J., Kelley, D., & Russell, M. J. (2008). Hydrothermal vents and the origin of life. *Nature Reviews Microbiology, 6,* 805–814.

Miller, S. L., & Lazcano, A. (1996). The origin and early evolution of life: Prebiotic chemistry, the pre-RNA world, and time. *Cell, 85,* 793–799.

Orgel, L. E. (2003). Some consequences of the RNA world hypothesis. *Origins of Life and Evolution of the Biosphere, 33,* 211–218.

Wächtershäuser, G. (1988). Before enzymes and templates: A theory of surface metabolism. *Microbiological Reviews, 52,* 452–584.

Über den Zeitpunkt der Entstehung des Lebens

Bell, E. A., Boehnke, P., Harrison, T. M., & Mao, W. L. (2015). Potentially biogenic carbon preserved in a 4.1 billion-year-old zircon. *Proceedings of the National Academy of Sciences (USA).* https://doi.org/10.1073/pnas.1517557112.

Cleland, C., & Copley, S. (2005). The possibility of alternative microbial life on Earth. *International Journal of Astrobiology, 4,* 165–173.

Knoll, A. H. (2015). *Life on a young planet: The first three billion years of evolution.* Princeton: Princeton University Press.

Über die Wahrscheinlichkeit von Leben außerhalb der Erde

Baross, J. A., Benner, S. A., Cody, G. D., Copley, S. D., Pace, N. R., Scott, J. H., et al. (2007). *The limits of organic life in planetary systems.* Washington: National Academies Press.

Irwin, L. N., Schulze-Makuch, D., et al. (2011). *Cosmic biology: How life could evolve on other worlds* (S. 337). New York: Springer Praxis.

Melosh, H. J. (2003). Exchange of meteorites (and life?) between stellar systems. *Astrobiology, 3,* 207–215.

Schulze-Makuch, D., & Irwin, L. N. (2008). *Life in the Universe: Expectations and constraints* (2. Aufl.). Berlin: Springer.

Westall, F., Foucher, F., Bost, N., Bertrand, M., Loizeau, D., Vago, J. L., et al. (2015). Biosignatures on Mars: What, where, and how? Implications for the search for martian life. *Astrobiology, 15,* 998–1029.

4

Licht als Beute: Die Erfindung der Photosynthese

4.1 Die Suche nach Lebensenergie

Vermutlich wurde das Leben zu Beginn von Reaktionen zwischen chemischen Stoffen – vor allem aus Gestein und Gasen – angetrieben, die bereits in der Umgebung der jungen Erde vorhanden waren. Wenn Leben an hydrothermalen Quellen in den Tiefen der Ozeane entstanden ist (was wir als überzeugende Möglichkeit ansehen, wie wir im vorhergehenden Kapitel gezeigt haben), dann reagierten das vulkanische Gestein und die Gase, die von diesen Vulkanen ausgestoßen wurden, wie Kohlendioxid und Wasserstoff, zu Methan und Wasser. Auch heute noch verwenden manche Mikroorganismen diese Energiequellen, und die Enzyme, die für diese chemischen Abläufe verwendet werden, scheinen sehr alt zu sein. Doch ist dies eine sehr begrenzte Energiequelle. Es gibt auf der Erde nur wenige Orte, wo die Kruste eine derartige Energie für das Leben zur Verfügung stellt. Reduziertes Gestein, das mit Gasen reagieren kann, ist selten, weil es selbst, wenn auch langsam, reagieren kann, vor allem mit atmosphärischen Gasen. Wasserstoff wird in hydrothermalen Systemen wie Geysiren und unterseeischen Quellen erzeugt, aber diese belegen natürlich nur einen kleinen Bruchteil der Erdoberfläche. Andere Orte, wo geologische Energie reichlich vorhanden ist, wie Vulkane, sind so extrem, dass es dort kein Leben geben kann.

Folglich kann das sehr frühe Leben an solchen Orten vielleicht seinen Anfang gehabt haben, doch konnte es sich niemals darüber hinaus ausbreiten. Der erste Anpassungsschritt des Lebens an eine größere Welt bestand also darin, einen breiteren Bereich an Energiequellen zu nutzen,

© Springer-Verlag GmbH Deutschland, ein Teil von Springer Nature 2019
D. Schulze-Makuch und W. Bains, *Das lebendige Universum*,
https://doi.org/10.1007/978-3-662-58430-9_4

und die Bakterien und Archaebakterien der Welt, die ältesten Zweige des Lebens (Box 1.1) haben sich als erstaunlich gut darin erwiesen. Viele verschiedene Gruppen von Mikroorganismen haben sich angepasst, sodass sie Energie aus den chemischen Verbindungen in ihrer Umgebung gewinnen konnten – ein Lebensstil, den man *Chemotrophie* nennt. Die neuen Umgebungen führten dann auch zu neuen Klassen von Organismen. So gibt es heute Bakterien, die in Teichen gedeihen, in denen atomare Abfälle gelagert werden, Bakterien, die Plastik und Beton „fressen", und solche, die Styrol, ein Nebenprodukt der Styroporherstellung, als Nahrungsmittel nutzen. Unterseekabel müssen versiegelt werden, nicht, damit kein Wasser an sie gelangt (die Drähte sind zur Isolation mit Plastik beschichtet), sondern damit keine Bakterien sie anfressen. Solche Fähigkeiten haben sich unzählige Male entwickelt, und die entsprechende Evolution kann im Labor leicht nachvollzogen werden. Experimente, die Frances Arnold kürzlich an der CalTech durchgeführt hat, zeigen, dass drei Runden von Mutation und Selektion ausreichen, Bakterien dazu zu bringen, ein Enzym hervorzubringen, das Silizium- und Kohlenstoffatome zu einem einzigen Molekül verbindet, sodass ein Hybridmaterial entsteht, das an Siliziumplastik erinnert (etwas, das alle Star-Track-Liebhaber begeistern wird, weil es in manchen Episoden um Leben auf Silizumbasis geht). Es besteht also kein Zweifel, dass sich Leben, sobald es einmal entstanden ist, an alle zur Verfügung stehende chemische Energiequellen anpassen kann.

4.2   Welche Energieformen kann das Leben nutzen?

Trotzdem sind das immer noch viele Einschränkungen. Eine chemische Energiequelle besteht aus zwei Chemikalien, die unter den richtigen Bedingungen miteinander reagieren, wie Wasserstoff und Sauerstoff zu Wasser. Doch gasförmiger Wasserstoff reagiert nicht spontan mit Luft, weil davor das Molekül in die beiden Atome gespalten werden muss, damit sie sich zu einem neuen Molekül verbinden können. Deshalb benötigt man dafür erst einmal Energie. Man kann Wasserstoff und Sauerstoff ziemlich gefahrlos bei Zimmertemperatur vermischen, ohne dass sie reagieren.

Doch wenn man Energie zuführt, etwa in Form eines Funkens, startet die Reaktion sofort, und es wird viel Energie frei – die Mischung explodiert. Man bezeichnet eine Reaktion, die passieren sollte, als thermodynamisch günstig (Thermodynamik ist die Wissenschaft der Energie), aber kinetisch gehemmt (Kinetik beschäftigt sich mit der Frage, wie schnell chemische Reaktionen ablaufen) (Box 4.1).

Box 4.1: Thermodynamik, Kinetik und Katalyse

Zwei Chemikalien werden miteinander reagieren, wenn zwei Bedingungen erfüllt sind, die durch die Begriffe „Kinetik" und „Thermodynamik" zusammengefasst werden. Die Thermodynamik untersucht, wie Energie Veränderungen bewirkt, angefangen bei Molekülen über Dampfmaschinen bis hin zum ganzen Universum. In der Chemie verrät uns die Thermodynamik, ob die Produkte einer Reaktion weniger Energie enthalten als die Ausgangsstoffe. Ist es weniger, dann wird bei der Reaktion Energie frei, meist als Wärme. Die Thermodynamik sagt uns dann, dass diese Reaktion spontan passieren kann. Die Energie, die daran beteiligt ist, wird *freie Energie* genannt, d. h., sie steht zur Verfügung, um nützliche Arbeit zu verrichten. Wärme ist nicht gleichbedeutend mit freier Energie; das ist auch der Grund, warum man kein Holz erzeugen kann, indem man Asche erwärmt.

Die Thermodynamik verrät uns nicht, wie schnell eine Reaktion abläuft. Dies ist Thema der Kinetik. Um zu reagieren, müssen Atome oder Moleküle zusammenkommen, doch sie müssen auch umgeordnet werden, damit ein neues Molekül entstehen kann. Für diese Umordnung müssen fast immer Bindungen zwischen den Atomen gebogen, gedehnt oder aufgebrochen werden, und dazu ist Energie notwendig. Normalerweise stammt diese Energie aus der Bewegung der Moleküle – wenn sie ineinanderkrachen, werden ihre Bindungen ein wenig verformt und manchmal auch genügend gestört, dass es zu einer Reaktion kommt. Wird eine Substanz erhitzt, werden sowohl die Kollisionsgeschwindigkeiten als auch die Energien höher, wodurch die Reaktionen schneller ablaufen. Deshalb kochen Dampfdrucktöpfe ihr Gemüse in wenigen Minuten.

Eine chemische Reaktion kann deshalb thermodynamisch günstig, aber kinetisch gehemmt sein, falls Energie frei wird, sobald die Reaktion abläuft, dies aber unendlich langsam passiert.

Diese Energie kann wie folgt in einem Reaktionsdiagramm zusammengefasst werden:

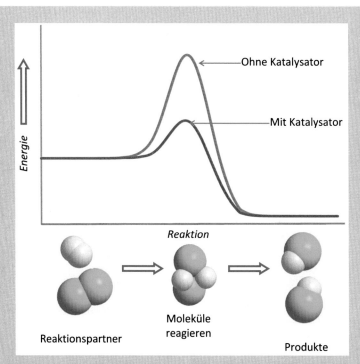

Auf der vertikalen Achse ist die Gesamtenergie der Reaktion dargestellt, auf der horizontalen, wie weit die Reaktion fortgeschritten ist. Zu Beginn haben die Reaktionspartner eine gewisse Energie, die sie benötigen, um miteinander zu reagieren, doch am Ende haben sie weniger Energie, d. h., diese ist frei geworden. Den Berg in der Mitte nennt man Aktivierungsenergie. Wenn diese zu hoch ist, dann haben die Moleküle nicht genügend thermische Energie, um darüber zu kommen; die Reaktion ist deshalb kinetisch gehemmt.

Eine andere Methode, eine Reaktion auszulösen, führt über einen Katalysator. Ein Katalysator macht die Moleküle in einem „verdrehten" Zwischenzustand stabiler, sodass weniger Energie notwendig ist, damit die Moleküle reagieren können – die Aktivierungsenergie wird also geringer. Enzyme sind spektakulär effiziente Katalysatoren; deshalb können in lebenden Organismen Reaktionen ablaufen, die thermodynamisch günstig, aber kinetisch gehemmt sind.

Leben kann die Chemikalien der kinetisch gehemmten Reaktion nehmen und die Reaktionen durch einen Katalysator ermöglichen, sodass die frei werdende Energie eingefangen werden kann. Ein Katalysator erhöht die Reaktionsrate, ohne selbst verbraucht zu werden. Deshalb kann der Katalysator immer wieder die Reaktion beschleunigen, selbst wenn nur sehr wenig davon vorhanden ist.

Auch andere Dinge können die Reaktion von Wasserstoff und Sauerstoff beschleunigen, etwa das Aufheizen der Moleküle, ultraviolettes Licht der richtigen Frequenz, die Anwesenheit mancher Metalle wie Nickel oder Platin.

Sie alle lösen die Reaktion aus. Im Allgemeinen kann jede Reaktion, die kinetisch gehemmt ist, durch ausreichend Wärme ausgelöst werden, und oft gibt es einen mineralischen Katalysator, der die Reaktion beschleunigen kann. Deshalb hängt das chemotrophe Leben von der Anwesenheit von chemischen Stoffen ab, die alle diese drei Kriterien erfüllen: Sie können miteinander reagieren, sodass Energie frei wird. Die Reaktion ist *kinetisch gehemmt,* und es gibt einen natürlichen Katalysator oder einen anderen Auslöser, wie Wärme oder Licht, der dazu führt, dass die Reaktion trotzdem abläuft. Das sind ziemlich unwahrscheinliche Umstände, die meist nur dort auftreten, wo vulkanische Aktivität Material aus dem Erdmantel an die Oberfläche bringt. Deshalb wird Leben, das von Chemotrophie abhängt, sich nur wenig ausdehnen und anwachsen. Welche weiteren Energieformen gibt es?

Das Leben kann nicht alle Energieformen nutzen. Manche sind einfach zu stark. Der Kernzerfall ist ein derartiges Beispiel. Der Zerfall radioaktiver Isotope im Mantel und im Kern ist eine Hauptenergiequelle für das Magnetfeld der Erde, für Plattentektonik und Vulkanismus. Doch die Strahlung, die von zerfallenden Atomen abgegeben wird, würde organische Moleküle zerstören. Deshalb verursacht eine derartige Strahlung auch Mutationen, und daher ist es nicht möglich, dass das Leben die Kernenergie unmittelbar nutzt.

Energien können auch zu schwach sein. Theoretisch könnte man einen Organismus mit der Gezeitenenergie versorgen. Doch obwohl in den Gezeiten insgesamt viel Energie steckt, wie von Menschen erbaute Gezeitenkraftwerke zeigen, ist diese Energie zu diffus und kilometerweit verteilt über das Meer. Auch magnetische Energie ist auf der Erde eine zu schwache Energiequelle. Bei anderen planetaren Szenarios könnten alternative Energiequellen aber durchaus eine Möglichkeit sein, etwa magnetische Energie, die vom Leben auf einem Planeten genutzt wird, der einen Neutronenstern oder einen Magnetar umkreist.

Lebende Systeme gewinnen Energie aus Prozessen oder Reaktionen in Schritten oder Quanten, und sie sammeln diese an, um hochenergetische Moleküle wie ATP (Adenosintriphosphat) zu bilden. Deshalb muss die Energie in einem einzelnen Molekül (oder in einem verbundenen System von Molekülen) gebündelt werden, um verwendet werden zu können. Es scheint eine Minimalmenge an Energie in einem Schritt zu sein, das sogenannte Biological Energy Quantum (BEQ, biologisches Energiequant), das das Leben nutzen kann, um hochenergetische Moleküle aufzubauen. Theoretisch könnte ein langer, dünner Organismus, der auf dem Meeresboden wächst, den Temperaturunterschied zwischen seinem von der Sonne erwärmten oberen Ende und dem vom Meer gekühlten unteren Ende nutzen, um Reaktionen anzutreiben. Temperaturunterschiede können als Energiequelle verwendet werden; so funktionieren z. B. Digitalthermometer, die winzige Spannungen zwischen zwei Metallen messen. Doch die Energiemenge, die pro Molekül daraus gewonnen werden kann, ist winzig, weit unterhalb des BEQ.

4.3   Die Verwendung von Licht

Manche Energieformen, die wir als technologische Wesen nutzen können, stehen dem nichttechnologischen Leben nicht zur Verfügung. Doch von einer gibt es überall reichlich, und sie hat auch die richtige „Spannung" – das Sonnenlicht.

Ein entscheidender Schritt in der Evolution des Lebens war die Entwicklung der Fähigkeit, Sonnenlicht einzufangen und seine Energie zu nutzen, um chemische Reaktionen anzutreiben, um von den lokalen geochemischen Energiequellen wegzukommen. Licht ist eine stabile Energiequelle, die überall auf der Oberfläche jedes erdähnlichen Planeten reichlich vorhanden ist. Ohne die Fähigkeit, Licht einzufangen und es in chemische Energie umzuwandeln, würde das Leben auf einige wenige isolierte Umgebungen beschränkt bleiben, und – was noch wichtiger ist – es würde nicht möglich sein, die gewaltige Biomasse aufzubauen, die es heute auf der Erde gibt. Man schätzt, dass der Bruchteil geothermischer Energie auf der Erde nur ungefähr 0,2 % der Energie des Sonnenlichts, das auf die Erdoberfläche trifft, beträgt, und nur ein kleiner Bruchteil dieser geothermischen Energie wird in Chemikalien verwandelt, die das Leben nutzen kann. Die Verwendung von Licht für die Erzeugung von Biomasse – ein Prozess, der Photosynthese genannt wird – ermöglichte letztendlich eine 500-fache Ausdehnung des Lebens auf der Erde.

Wenn wir über Organismen sprechen, die Licht nutzen, schauen wir wie selbstverständlich aus dem Fenster und sehen Bäume und Gras. Landpflanzen, Cyanobakterien in den Ozeanen und Algen sind die vorherrschenden photosynthesetreibenden Organismen auf der Erde. Ihre Art von Photosynthese nennt man „oxygenic", weil als Nebenprodukt Sauerstoff entsteht. Doch in Hinsicht auf die Biochemie und die Evolution sind das Einfangen von Licht und die Erzeugung von Sauerstoff zwei vollkommen verschiedene Dinge. In diesem Kapitel geht es nur um die Nutzung von Licht. Wir werden auf die Herstellung von Sauerstoff im nächsten Kapitel eingehen.

Wie oft entstand die Fähigkeit, Licht einzufangen? Es gibt mehrere Argumentationsebenen, die darauf hinweisen, dass dieser komplexe Vorgang dem Viele-Wege-Modell gefolgt ist und daher mit hoher Wahrscheinlichkeit auftreten musste. Die NASA-Astrobiologin Lynn Rothschild stellte fest, dass es auf allen erdähnlichen Planeten sehr viel Licht und Kohlenstoff an der Oberfläche gibt und es deshalb dort sehr wahrscheinlich ist, dass sich eine Möglichkeit entwickelt, das Licht zu nutzen, um Kohlenstoff einzufangen. Aber wir haben sogar noch bessere Hinweise, denn dies passierte auf der Erde nicht nur einmal, sondern mindestens zweimal, vielleicht sogar viermal. Die meisten Organismen auf der Erde verwenden das

Pigment Chlorophyll, um Photonen einzufangen. Chlorophyll wurde im Laufe der Evolution nur einmal „erfunden". Die verschiedenen Organismen, die Chlorophyll verwenden, tun dies mithilfe von Enzymen, die von einem gemeinsamen Vorfahren stammen (vgl. Box 4.2, in der kurz beschrieben wird, woher wir das wissen). Die Biochemie, die hinter der Herstellung von Chlorophyll steht, ist kompliziert, doch teilweise ähnelt sie der Biochemie, bei der Häme entsteht, ein eisenbindendes Molekül, das u. a. das rote Protein (Hämoglobin) in unserem Blut erzeugt (Abb. 4.1; Box 4.3).

Box 4.2: Gemeinsame Vorfahren

Woher wissen wir, wie alt ein Protein, z. B. ein Enzym, ist und ob es sich nur einmal entwickelt hat? Die moderne Molekularbiologie stellt uns Methoden zur Verfügung, die auf zweierlei Art verwendet werden können, um diese Frage zu beantworten. Beide haben unser Wissen über die Sequenz einer Aminosäure in einem Protein als Grundlage (normalerweise, indem man die Abfolge der Basen im Gen findet, das den Code für dieses Protein trägt, denn dies ist viel schneller und billiger). Die Struktur eines Proteins und damit seine Funktion werden durch seine Sequenz bestimmt, doch viele verschiedene Sequenzen können zu Proteinen mit derselben Funktion führen. Wenn sich Organismen weiterentwickeln, verändert sich während der Mutation allmählich die Abfolge ihrer Gene und Proteine. Doch wenn sie eng verwandt sind, wird ihre DNA fast identisch sein. Je weiter sie im Baum der Evolution voneinander weg liegen, desto verschiedener werden ihre Gene sein. Wenn wir also zwei Proteine finden, die dieselbe Funktion und ähnliche Sequenzen haben, können wir mit ziemlicher Sicherheit sagen, dass sie sich aus einem gemeinsamen Vorfahren entwickelt haben. Wenn wir uns alle Proteine ansehen, die eine bestimmte Funktion ausführen, z. B. Chlorophyll herstellen, und ähnliche Sequenzen haben, dann dürfen wir annehmen, dass sie von einem einzigen Vorfahren abstammen, und damit, dass diese bestimmte Funktion eines Proteins nur einmal erfunden wurde.

Ganz ähnlich können wir die Evolution ganzer Organismen auf diese Weise verfolgen und somit herausfinden, wie sie untereinander verwandt sind. (Daher wissen wir auch, dass Pilze enger mit Tieren verwandt sind als mit Pflanzen.) Wenn wir ein Protein in einer Gruppe von Organismen finden und in keiner anderen, dann können wir darauf vertrauen, dass dieses Protein im gemeinsamen Vorfahren dieser Organismen auftauchen muss und deshalb wahrscheinlich nur einmal entstanden ist.

Diese Art von Schlussfolgerungen wird komplizierter, wenn wir in der Zeit weiter zurückgehen. Die Proteine von Menschen und Schimpansen sind fast identisch, denn ihr gemeinsamer Vorfahre lebte vor etwa 5 Mio. Jahren. Die Gene von Archaebakterien und Menschen unterscheiden sich stark, doch man erkennt, dass es immer noch mehr Ähnlichkeiten zwischen ihnen gibt, als man durch Zufall erklären könnte. Daraus lässt sich folgern, dass Menschen enger mit Archaebakterien verwandt sind als mit Eubakterien. Dazu sind jedoch eine komplizierte Software, ausgefeilte statistische Methoden und ein beträchtliches Fachwissen notwendig.

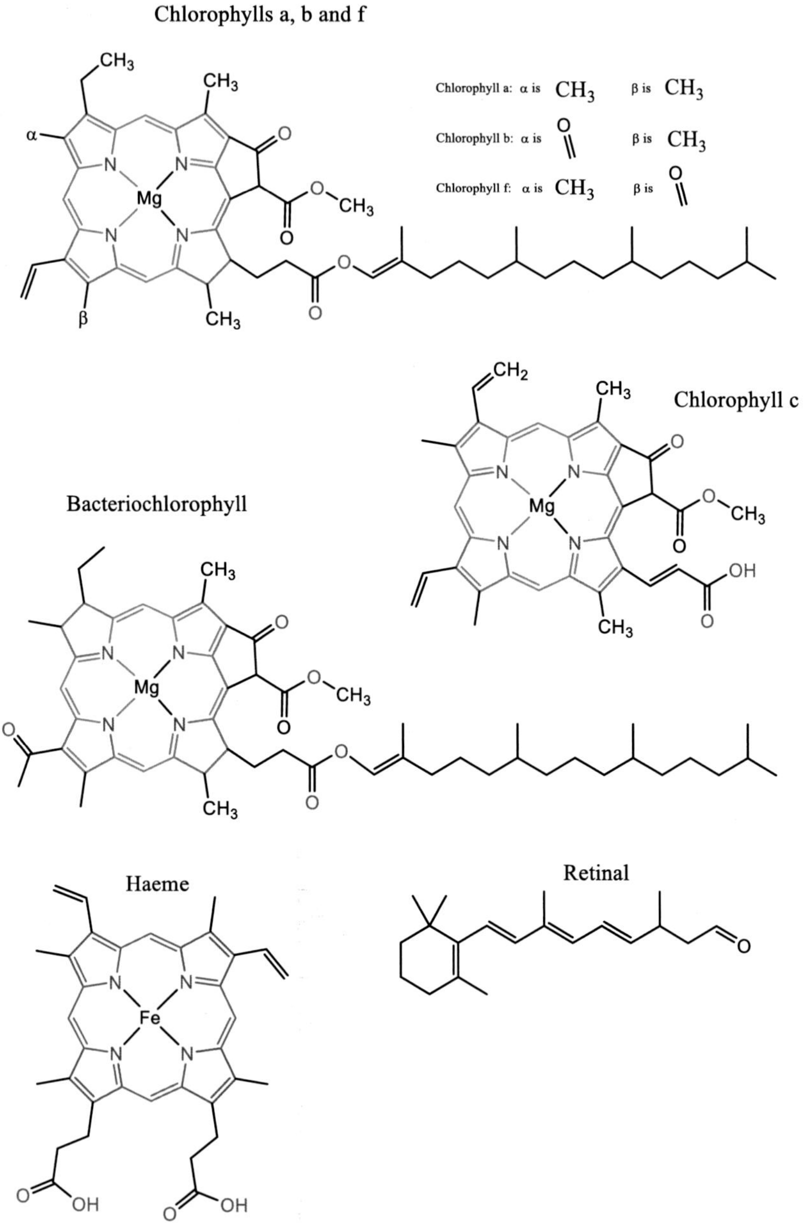

Chlorophylls a, b and f

Chlorophyll a: α is CH_3 β is CH_3

Chlorophyll b: α is $\overset{O}{\underset{\|}{}}$ β is CH_3

Chlorophyll f: α is CH_3 β is $\overset{O}{\underset{\|}{}}$

Chlorophyll c

Bacteriochlorophyll

Haeme

Retinal

Abb. 4.1 Strukturen einiger Pigmente, die vom Leben genutzt werden. Der Chlorinring in Chlorophyll a, b, c und f sowie der Bacteriochlorinring in Bacteriochlorophyll sind grün dargestellt, der Zentralring in Häme, der Porphyrinring, in Rot. Es gibt viele verschiedene Hämearten – nur Häme B, das im roten Hämoglobinpigment in Tierblut vorkommt, wird hier gezeigt. Retinal, ein weiteres Pigment, das Licht einfangen kann, hat eine ganz andere Struktur. (Vgl. auch Box 4.3)

Box 4.3: Chlorophyllvarianten

Chlorophyll ist eigentlich der Name einer ganzen Gruppe von Molekülen mit dem gleichen Zentralring, dem Chlorinring, aber mit einer Vielzahl verschiedener Seitenketten. Die verbreitetste Form, Chlorophyll a, findet man in grünen Pflanzen. Sie absorbiert Licht im violetten, blauen und orangefarbenen bis roten Bereich des Spektrums. Auch Chlorophyll b ist in Pflanzen weitverbreitet. Es absorbiert langwelligeres Licht als Chlorophyll a. Chlorophyll b, das eher im blauen Spektralbereich absorbiert, wird von Meeresalgen, wie Kieselalgen, Braunalgen und Dinoflagellaten genutzt. Chlorophyll f kann Energie aus dem nahen Infrarot (die Wellenlängen, die von Fernbedienungen verwendet werden) absorbieren. Bacteriochlorophyll hat eine ganz ähnliche Struktur. Es wird von Bakterien verwendet, die anoxygene Photosynthese betreiben (in Abb. 4.1 ist die Struktur dargestellt).

Die Struktur des Chlorinrings ähnelt der des Porphyrinrings, den man in Häme findet, der farbigen Komponente des sauerstofftransportierenden Proteins Hämoglobin in unserem Blut. Doch hat Häme ein Eisenatom in seiner Mitte, kein Magnesium (Abb. 4.1).

Andere Pigmente, die Licht einfangen können, haben eine ganz andere Struktur, etwa Retinal, das in Bacteriorhodopsin und in Rhodopsinpigmenten, die das Licht in unseren Augen einfangen, verwendet wird.

Die Photosynthese auf Chlorophyllbasis entwickelt sich im Laufe der Evolution des Lebens sehr schnell. Etwa 3,5 bis 3,2 Mrd. alte Fossilien belegen, dass es Stromatolithen gegeben hat, also versteinerte Säulen aus Biofilmen, die genauso aussehen wie die, welche heute in warmen seichten Lagunen wachsen. Sie wachsen in Säulen, weil die Bakterien auf der Oberseite das Sonnenlicht verwenden, um Biomasse aufzubauen. Wenn sich diese Organismen vermehren, sterben die darunterliegenden ab und werden von Mikroorganismen in tieferen Schichten aufgefressen, die kein Licht benötigen. Eingefangener Sand und Schlick machen die ganze Struktur fest.

Das grüne Pigment Chlorophyll ist ein entscheidendes Element des Photosyntheseapparats grüner Pflanzen. Das andere ist das Reaktionszentrum, das die Energie des Lichts, die vom Chlorophyll eingefangen wurde, nimmt und sie in chemische Energie umwandelt. Das Reaktionszentrum war die eigentlich entscheidende Innovation. Das Einfangen von Licht ist einfach. Jedes Farbpigment in einem Tier, einer Blume, einem Pilz und Bakterium fängt Licht ein. Aber die Energie des Lichts, das auf ein Farbpigment trifft (selbst auf die Pigmente in diesem Buch, wenn Sie ein gedrucktes Exemplar lesen), wird nur in Wärmeenergie umgewandelt, wodurch das Tier oder die Pflanze erwärmt wird, aber normalerweise nicht in nützliche Arbeit – das übernimmt erst das Reaktionszentrum. Die Entwicklung von Chlorophyll und dem Reaktionszentrum befreite das Leben von den chemischen Energiequellen und ermöglichte es ihm, sich auf dem ganzen Planeten auszubreiten.

Doch Chlorophyll und Reaktionszentrum sind nicht die einzigen Bestandteile der Photosynthesemaschinerie. Die Chlorophyllmoleküle sind von anderen Pigmenten umgeben, den sogenannten Antennenkomplexen. Diese fangen noch mehr Licht ein und geben diese Energie an das zentrale Chlorophyllmolekül weiter. Die Pigmente im Antennenkomplex scheinen von verschiedenen Molekülen und Spezies übernommen worden zu sein; deshalb folgt ihre Entwicklung einem Viele-Wege-Prozess. Die komplexe Membran, in der die Photosynthese bei allen Organismen abläuft, scheint ebenso eine Weiterentwicklung einfacher Membrane zu sein, die man in Mikrofossilien in den ersten bekannten Photosynthese betreibenden Bakterien findet. Und wieder scheinen sich diese sehr leicht entwickelt zu haben. Die Entstehung von Chlorophyll und des Reaktionszentrums war der entscheidende Schritt zur Photosynthese, die heute in fast allen Lebensformen auf der Erde ausgeführt wird.

Nachdem das Leben erst einmal eine Möglichkeit gefunden hatte, Licht einzufangen, konnte es seine Gesamtmasse steigern und eine große komplexe belebte Umwelt aufbauen, die die Weiterentwicklung komplexen Lebens ermöglichte. Die Nutzung der Lichtenergie erlaubte es dem Leben, sich bis in Bereiche auszubreiten, in denen es wenigstens eine geringe Menge flüssiges Wasser gab. Photosynthesetreibende Organismen wurden an Orten gefunden, an denen man es kaum erwarten würde, etwa innerhalb von Kristallen in der Atacama-Wüste in Chile oder in den Tälern der Antarktis; manche nutzen sogar das Licht vom schwachen Glühen vulkanischer Tiefseequellen, viele Kilometer unter der Wasseroberfläche, wohin kein Sonnenlicht gelangt. Als Energiequelle ist Licht einfach zu nützlich, um verschwendet werden zu dürfen.

War die Entwicklung der Photosynthese also ein einmaliges Random-Walk-Ereignis? Wir glauben nicht, denn auch wenn Photosynthese auf Chlorophyllbasis nur einmal entstanden ist, hat sich die Fähigkeit, Lichtenergie zu nutzen, zumindest noch ein weiteres Mal – vermutlich sogar dreimal – entwickelt, immer unabhängig voneinander.

4.4   Andere Wege, Licht zu nutzen

Während Sie dieses Buch lesen, verwenden Sie einen Mechanismus zum Einfangen von Licht, der sich stark von Chlorophyll unterscheidet. In der Retina unserer Augen sind Proteine, die Rhodopsine, jeweils auf verschiedene Wellenlängen abgestimmt. Sie fangen Photonen des Lichts ein und verwandeln deren Energie in chemische Energie. Diese chemische Energie aktiviert andere Proteine, die Nervenimpulse auslösen, welche unser Gehirn als Wahrnehmung „Sehen" interpretiert. Die Augen fangen also die Energie des Lichts ein, doch sie verwenden kein Chlorophyll, sondern Rhodopsin.

Auch Pflanzen haben spezielle Pigmente, mit denen sie Licht aufspüren können. Diese Photochromen bestehen aus einer Reihe von Detektormolekülen, die eine Verbindung aus einem Protein und einem Pigment sind, das entfernt mit Chlorophyll verwandt ist, einem sogenannten Bilin. Auch sie absorbieren Licht und verwandeln es in chemische Energie, doch nur, wenn Licht auf sie fällt, und nicht, um neues Pflanzenmaterial zu bilden. Die Pflanze verwendet sie, um ihren natürlichen Rhythmus mit dem Tag-Nacht-Zyklus abzustimmen, etwa wenn sie bereit ist, mit der Photosynthese zu beginnen, sobald die Sonne aufgeht.

Pflanzen haben noch einen dritten Lichtdetektor mit Tieren gemeinsam, eine Reihe von Proteinen, sogenannten Cryptochromen – diese tragen ein weiteres Pigment in sich, ein Flavinmolekül (das mit Riboflavin, auch bekannt als Vitamin B2, verwandt ist), das chemisch nicht mit den Chlorophyllen oder dem Pigment in Rhodopsin verwandt ist.

Was Rhodopsin so besonders macht, ist, dass es nicht nur dazu verwendet wird, Licht wahrzunehmen. Das Rhodopsin in Bakterien wird Bacteriorhodopsin genannt. Das Einfangen von Licht durch Rhodopsin funktioniert chemisch vollkommen anders als durch Chlorophyll. Wie beim Rhodopsin in unseren Augen wird das Bacteriorhodopsin dazu verwendet, Licht wahrzunehmen, doch es wurde eine Abart, das Proteorhodopsin, gefunden, das von vielen maritimen Mikroorganismen verwendet wird, um Energie für ihren allgemeinen Stoffwechsel einzufangen, genau wie in Systemen, die Chlorophyll nutzen. Bacteriorhodopsin wird außerdem von manchen Halobakterien als zusätzliche Energiequelle verwendet. Dabei handelt es sich um Mikroorganismen, die in salzreicher Umgebung, wie dem Großen Salzsee in Utah oder dem Toten Meer in Israel, leben.

Die Mikroorganismen, die Bacteriorhodopsin verwenden, können nicht von Licht als einziger Energiequelle leben (wie Pflanzen), sondern benötigen zusätzlich chemische Energie, um zu leben und zu wachsen. Das Meeresbakterium SAR11 (der kleinste frei lebende Organismus, der derzeit bekannt ist) fängt Licht mithilfe von Proteorhodopsin ein, doch es scheint so, als verwende es dies als Ergänzung für andere Energiequellen, meist frisst es andere Organismen oder deren Reste. SAR11 ist ein sehr weit verbreiteter Organismus. Stephen Giovanni von der Oregon State University schätzt, dass 25 % aller Bakterien im Meer (von der Anzahl, nicht in Bezug auf die Masse, weil sie sehr klein sind) von der SAR11-Gruppe abstammen. Es handelt sich also nicht um etwas Außergewöhnliches, sondern um eine bedeutende alternative Form der Lichtnutzung.

Bacteriorhodopsin verwendet die Chemikalie Retinal als photonenabsorbierenden Farbstoff und nutzt die Energie eines Photons, um ein Proton durch eine Membran zu bewegen, sodass an dieser Membran eine Spannung entsteht, die verwendet werden kann, um eine chemische Synthese auszulösen. Dahinter steckt zu wenig Energie, um Sauerstoff herzustellen (auf den Sauerstoff werden wir im nächsten Kapitel eingehen), aber es spielt trotzdem eine wichtige Rolle im Ökosystem des Meeres. Bacteriorhodopsine haben sich in Bakterien entwickelt, doch sie wechselten durch horizontalen Gentransfer auch zu den Eukaryoten über (Box 4.4). Dort wird es, zumindest im Fall des einzelligen Euraryoten *Oxyrrhis mariana*, innerhalb der Zelle in einem speziellen Membransystem verwendet, das ein spezielles Organ zum Einfangen von Energie sein könnte, wie Chloroplasten in einer Pflanze. Das ist seltsam, denn *Oxyrrhis mariana* ist ein mikroskopischer Räuber – normalerweise frisst es andere Organismen. Scheinbar hat es sich diese einfachere Form der Photosynthese als Sicherung angeeignet.

Box 4.4: Horizontaler (oder lateraler) Gentransfer

Gentransfer nennt man den Austausch von genetischem Material zwischen verschiedenen Genen, meist zwischen Bakterien, aber auch zwischen ein- und mehrzelligen Organismen. Das genetische Material wird entweder während einer zeitweisen Vereinigung zweier Zellen ausgetauscht (Konjugation), von einer Zelle zur anderen durch einen Virus transportiert (Transduktion) oder aus freien DNA-Bruchstücken innerhalb der Umgebung gewonnen (Transformation). Das neue genetische Material wird dann zwischen existierende Gene der Wirtszelle eingebaut. Es kann auch zu einer Umgruppierung kommen, bei der alte und neue DNA-Segmente bearbeitet und verbunden werden. Der horizontale Gentransfer unterscheidet sich vom vertikalen Gentransfer, bei dem die Gene von den Eltern zu den Nachkommen weitergegeben werden.

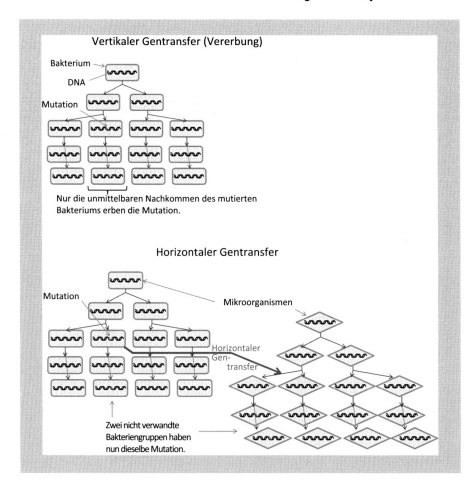

Diese beiden Methoden, die Energie des Lichts einzufangen, sind sehr verbreitet und bekannt. Zwei andere sind seltener und umstrittener, aber wir glauben, dass viel für sie spricht und dass sie zeigen, dass es viele Wege für die Nutzung von Licht gibt, um damit chemische Reaktionen anzutreiben.

Ein außergewöhnliches Beispiel für die Evolution der Fähigkeit, Licht einzufangen, ist die Erbsenblattlaus *(Acyrthosiphon pisum)*. Dieses kleine, saftsaugende Tier hat die Gene, um rote und orangefarbene Pigmente zu erzeugen, die Carotinoide (nach den Karotten, in denen viel davon steckt), die man normalerweise in Pflanzen findet. Meist werden solche Gene nur verwendet, um das Tier zu färben, doch in diesem Fall kann die Blattlaus sie manchmal in ihrem Bauchraum anhäufen und die Pigmente verwenden, um Lichtenergie einzufangen und sie in chemische Energie umzuwandeln, die von den Zellen genutzt werden kann. Das ist das Gleiche wie das Einfangen von Licht, um den Stoffwechsel zu unterstützen. Selbst wenn die verbreiteste Form der Lichtnutzung Chlorophyll als Grundlage hat und nur einmal entstanden ist, scheint die Funktion, Licht einzufangen, um chemische Vorgänge auszulösen, zumindest dreimal unabhängig voneinander entstanden zu sein. Wie hat sie sich entwickelt?

Die überzeugendste Vorstellung ist, dass sich die Photosynthese aus Mechanismen entwickelt hat, die eigentlich dazu dienten, den Organismus vor Licht zu schützen, vor allem vor der schädlichen UV-Strahlung. Dazu muss das Schutzsystem die ultravioletten Photonen absorbieren, wozu ein Pigment ausreicht. Wenn jedoch ein Pigmentmolekül ein UV-Photon absorbiert hat, bringt dieses Photon die Elektronen des Farbstoffmoleküls in einen angeregten Zustand. Derartige angeregte Zustände sind meist instabil, und das angeregte Pigmentmolekül würde normalerweise seine Energie sehr schnell an ein anderes Molekül abgeben, es damit entweder beschädigen oder damit reagieren. (Unsere DNA wird beschädigt, wenn sie ultraviolette Strahlung aus dem Sonnenlicht absorbiert – wenn man Glück hat, ist das Ergebnis ein Sonnenbrand, wenn man Pech hat, Hautkrebs.) Das Schutzsystem muss also das angeregte Pigment isolieren, bis es diese Energie sicher als Wärme abgeben kann. Dies kann durch eine Kombination von Pigment und „schützenden" Proteinen erfolgen, die es von anderen Molekülen fernhalten, mit denen es reagieren könnte.

Ausgehend von diesem Mechanismus musste das Leben nichts weiter tun, als eine Möglichkeit zu entwickeln, bei der das schützende Protein dem Pigment einen Teil seiner Energie nehmen und sie an ein Enzym weiterleiten kann, das die chemischen Prozesse einleitet, die das Leben benötigt. Faszinierenderweise gibt es moderne Beispiele für Organismen, die einen Schutzmechanismus für UV-Strahlung haben, der bei der Entwicklung einer Methode, einen Teil der Energie dieses UV-Lichts für nützliche chemische Reaktionen weiterzugeben, etwa die Hälfte dieses Weges geschafft hat. Dies sind Bindeglieder (Missing Links) zwischen Organismen, die sich nur gegen UV-Strahlung schützen wollen, und solchen mit einem effizienten hoch spezialisierten System, das Licht einfangen und nutzen kann. Dabei handelt es sich um mithilfe von Melanin dunkel pigmentierte Pilze (ähnlich dem Pigment, das Haare und Haut dunkel färbt). Einige Pilze verteidigen sich selbst gegen UV-Strahlung, indem sie sich mit einer dicken Schicht dieses Pigments umgeben. In ihrer natürlichen Umgebung ist das nur gegen UV gedacht, doch es schützt auch vor ionisierender Strahlung – deshalb wachsen solche Pilze auf den Wänden des zerstörten Reaktorkerns im Kernkraftwerk Tschernobyl.

Einige Wissenschaftler haben bemerkt, dass manche dieser dunkel gefärbten Pilze aktiv in Richtung radioaktives Material und sogar andere Strahlungsquellen wachsen, was wenig Sinn ergibt, wenn der Pilz die Strahlung nicht irgendwie nutzt. Außerdem wachsen diese Pilze unter einem moderaten Strahlungshintergrund besser, d. h., sie müssen irgendwelche Vorteile aus etwas ziehen, das normalerweise gefährlich ist. Ekaterina Dadachova und ihre Kollegen vertreten die Meinung, dass diese Pilze die Strahlung tatsächlich als Energiequellen nutzen. Sie meinen, dass die Zellen das Melanin nicht nur für die Absorption nutzen, sondern dass sie einen Teil davon innerhalb der Zelle in chemische Energie umwandeln. Die Pilze gewinnen Energie aus Licht, jedoch sehr ineffizient im Vergleich zur „echten Photosynthese". Das wäre also ein viertes Beispiel für die Nutzung von Lichtenergie (in diesem Fall von UV-Strahlung), um chemische Energie für das Leben zu gewinnen, das sich unabhängig entwickelt hat.

Die Entwicklung der Photosynthese war nicht ungefährlich. Die Fähigkeit, Licht einzufangen und es zu nutzen, ist mit der Gefahr verbunden, dass die Elektronen, die zwischen Pigmenten und anderen Molekülen herumwandern, fehlgeleitet werden und andere Zellkomponenten beschädigen. Außerdem hat nur das Licht einer bestimmten Wellenlänge die erforderliche Energie. Chlorophyll absorbiert gelbe und rote Photonen (deshalb sieht es grün aus, es lässt die grünen Photonen durch). Die Energie reicht aus, um dies auszulösen, doch bei grünen Pflanzen ist noch ein weiterer Schritt notwendig, den wir im nächsten Kapitel besprechen werden. Doch die Quantenmechanik, die es dem Chlorophyll erlaubt, rotes Licht zu absorbieren, lässt es auch zu, dass es Wellenlängen aufnehmen kann, die die doppelte Energie haben, also blaues Licht. Was passiert mit der überschüssigen Energie? Im schlimmsten Fall sickert auch sie aus dem Chlorophyllmolekül und verursacht irgendwo in der Umgebung chemische Reaktionen. Deshalb sind photosynthesetreibende Pflanzen ungewöhnlich empfindlich gegen Beschädigungen durch blaues Licht und müssen sich selbst davor schützen. (Im Gegensatz dazu absorbiert Melanin fast alle Wellenlängen; deshalb ist es braun oder schwarz, und normalerweise verwandelt es die Energie in harmlose Wärme.) Auf dem Weg zur Photosynthese müssen also neben der Entwicklung eines Pigments weitere Schritte zurückgelegt werden, um einen Weg zu finden, dessen Anregungsenergie zu nutzen und chemische Reaktionen durchzuführen.

Trotzdem hat sich die Fähigkeit, die Energie des Lichts einzufangen, mindestens zweimal entwickelt (auf Grundlage von Chlorophyll in Pflanzen und von Rhodopsin in Bakterien) und – auch wenn das umstritten ist – viermal, wenn wir die Blattläuse, die Licht nutzen, und die dunklen Pilze dazurechnen. Sie nutzen dabei vier vollkommen unterschiedliche Mechanismen, die sich unabhängig voneinander entwickelt haben, und das sind nur die Beispiele, die wir kennen. Wir vertreten daher die Meinung, dass es sich hier um einen Viele-Wege-Prozess handelt, einen Prozess, der auf jedem Planeten, auf dem Leben auftaucht und der Licht von seinem Mutterstern empfangen kann, sehr leicht entstehen kann.

4.5   Energienutzung

Wir haben allerdings einen Schritt ausgelassen. Wofür wird die Energie des Lichts genutzt? Organismen kennen zwei Verwendungszwecke für Energie: sich selbst am Leben zu erhalten und zu wachsen. Allein das am Leben zu bleiben, kostet Energie. Wenn ein aktiver Organismus nicht eine bestimmte Menge an Energie erhält, den sogenannten Grundenergiebedarf, dann muss er entweder in einen Schlafzustand übergehen, wie eine Spore, oder er stirbt. Die meisten Mikroorganismen, auch Pilze und einfache Pflanzen wie Moose, können Sporen bilden. Sogar einige Tiere wie Bärtierchen (Tardigraden) können dehydrierte, schlafende Formen bilden, die „Tönnchen". Komplexere Pflanzen können das allerdings nicht – Samen bleiben aktiv und überleben nicht unendlich lang – genauso wenig die meisten Tiere. Deshalb ist für sie eine konstante Energieversorgung wichtig.

Doch dabei geht es nur ums Überleben. Der Hauptgrund, warum grüne Pflanzen Sonnenlicht einfangen, ist, um zu wachsen, und dazu muss auch Kohlenstoff aus der Umgebung eingefangen und in Pflanzenmasse umgewandelt werden. Auf der Erde steht Kohlenstoff als Kohlendioxid zur Verfügung (oder Karbonatgestein, sein mineralisches Äquivalent). Die Photosynthesereaktionen in grünen Pflanzen werden also verwendet, um die Umwandlung von Kohlendioxid in Biomasse zu ermöglichen (Fixierung des CO_2). Die dazu notwendigen Reaktionen werden *Dunkelreaktionen* der Photosynthese genannt, weil sie auch im Dunkeln noch ablaufen und dabei die Energie verbrauchen können, die im Laufe des Tages gespeichert wurde. Das eigentliche Einfangen der Lichtenergie geschieht bei den *Lichtreaktionen* und ist natürlich nur möglich, wenn Licht vorhanden ist.

Kohlendioxid (CO_2) ist ein ziemlich stabiles und chemisch wenig reaktives Molekül (deshalb wird CO_2 auch in Feuerlöscher verwendet; wenn man es über Feuer schüttet, reagiert es mit fast nichts, selbst bei starker Hitze). Es gibt zwei Gründe, warum es nicht sehr reaktiv ist: Es handelt sich um die stabilste Kombination von Kohlenstoff und Sauerstoff, die es gibt, und um eine der stabilsten Kohlenstoffverbindungen überhaupt. Aus diesem Grund bedarf es viel Energie, um CO_2 in irgendetwas anderes umzuwandeln. Es ist auch kinetisch sehr stabil. Die Bindungen

in CO_2 sind sehr stark, und es ist viel Energie erforderlich, um sie aufzubrechen, ganz unabhängig davon, was das Endprodukt der Reaktion sein
mag. Trotzdem hat das Leben sechs Möglichkeiten gefunden, um aus
Kohlendioxid organische Materie zu machen. Eine davon ist der Calvin-
Zyklus, der in Pflanzen stattfindet. Die anderen werden in verschiedenen
photo- oder chemosynthesetreibenden Bakterien verwendet. Es gibt insgesamt 23 Enzyme, die sich für die Umwandlung von Kohlendioxid in
biologisches Material eignen. Ganz offensichtlich ist die Fähigkeit, Energie zu verwenden, um CO_2 einzufangen, ein Viele-Wege-Prozess, der sich
aus unterschiedlichen Ausgangspositionen in vielen Organismen entwickelt
hat. Einen Trick, den sich das Leben mehrmals zunutze gemacht hat, ist,
Kohlendioxid nicht direkt zu verwenden, sondern Bikarbonationen, die
Kohlendioxid bilden, wenn sie in Wasser gelöst werden. Auch Bikarbonat
ist thermodynamisch stabil, doch es ist viel leichter, die Bindungen in einem
Bikarbonatmolekül aufzubrechen. Und das Leben hat sogar ein Enzym entwickelt (Carboanhydrase), das die Umwandlung von CO_2 in Bikarbonat
katalysieren kann – auch diesmal wieder mehrmals! Einige Pikoplankton-
arten besitzen überhaupt keine Carboanhydrase, müssen also einen ganz
anderen Mechanismus entwickelt haben, das CO_2 zu verwenden, was wiederum für eine Viele-Wege-Evolution des *Dunkelreaktionsteils* der Photosynthese spricht.

Würde wohl das Leben auf anderen Planeten die Energie des Lichts nutzen, um Kohlenstoff einzufangen? Die vielen verschiedenen Arten, die das
Leben gefunden hat, um CO_2 einzufangen, lässt darauf schließen, dass es
auf dem Mars oder der Venus, in deren Atmosphäre es Kohlendioxid gibt,
Lösungen dafür finden würde (wenn diese nicht aus anderen Gründen
unbewohnbar wären). Doch wie sieht es auf anderen Welten aus, in denen
kein Kohlenstoff als CO_2 vorliegt? Einer von uns erforschte die Möglichkeit einer Welt, in der die Atmosphäre hauptsächlich aus Wasserstoff besteht
und es Kohlenstoff nur in Form von Methan gibt. Wir fanden dabei heraus,
dass die Gewinnung von Kohlenstoff auf einer derartigen Welt sogar leichter
wäre – mehr als das: Auf der Erde sind bereits Enzyme in Bakterien bekannt,
die die entscheidenden Schritte einer auf Methan basierten Photosynthese
ausführen können.

Folglich ist die Schlüsselinnovation, die Fähigkeit das Sonnenlicht für die
Chemie des Lebens zu nutzen und damit Kohlenstoff aus der Umgebung
einzufangen und so mehr Leben aufzubauen, ein Viele-Wege-Prozess. Das
Einfangen von Kohlenstoff hat sich sehr oft entwickelt, und die Fähigkeit,
Licht zu verwenden, mindestens zweimal mit vollkommen verschiedenen
Mechanismen und vielleicht sogar ein drittes Mal in Blattläusen und ein

viertes Mal bei dunklen Pilzen. Dieser Schritt auf dem Weg zum lebendigen Universum ist also wahrscheinlich nichts Besonderes.

Aber wir haben einen Aspekt der Photosynthese ausgelassen. Wie zu Beginn erwähnt, wird fast die gesamte Photosynthese auf der Erde von grünen Pflanzen, Algen (wie Seetang) und einer Gruppe von Bakterien, den Cyanobakterien (bekannt wegen ihrer grünen Farbe), durchgeführt. All diese grünen Organismen erzeugen Sauerstoff. Zusammen machen sie fast 99 % der Photosynthese betreibenden Organismen auf unserem Planeten aus. Existiert mit dem Auftauchen von Sauerstoff produzierenden grünen Pflanzen ein einmaliger Flaschenhals bei der Entwicklung des Lebens hin zu einem großen komplexen Ökosystem? Wir werden dieser Frage im nächsten Kapitel nachgehen.

Weiterführende Literatur

Die Entwicklung der Photosynthese

Andersson, I., & Backlund, A. (2008). Structure and function of Rubisco. *Plant Physiology and Biochemistry, 46,* 275–291.

Blankenship, R. E. (2010). Early evolution of photosynthesis. *Plant Physiology, 154,* 434–438.

Rothschild, L. J. (2008). The evolution of photosynthesis … again? *Philosophical Transactions of the Royal Society B: Biological Sciences, 363,* 2787–2801.

Andere Pigmente als Chlorophyll

Béjà, O., Spudich, E. N., Spudich, J. L., Leclerc, M., & DeLong, E. F. (2001). Proteorhodopsin phototrophy in the ocean. *Nature, 411,* 786–789.

Bryan, R., Jiang, Z., Friedman, M., & Dadachova, E. (2011). The effects of gamma radiation, UV and visible light on ATP levels in yeast cells depend on cellular melanization. *Fungal Biology, 115,* 945–949.

Lozier, R. H., Bogomolni, R. A., & Stoeckenius, W. (1975). Bacteriorhodopsin: A light-driven proton pump in Halobacterium halobium. *Biophysical Journal, 15,* 955–962.

Moran, N. A., & Jarvik, T. (2010). Lateral transfer of genes from fungi underlies carotenoid production in aphids. *Science, 328,* 624–627.

Rappe, M., Connon, S. A., Vergin, K. L., & Giovannoni, S. J. (2002). Cultivation of the ubiquitous SAR11 marine bacterioplankton clade. *Nature, 418,* 630–633.

Mögliche Photosynthese auf anderen Welten

Bains, W., Seager, S., & Zsom, A. (2014). Photosynthesis in hydrogen-dominated atmospheres. *Life, 4,* 716–744.

Kiang, N. Y. (26. September 2008). Fotosynthese unter fremden Sternen. *Spektrum der Wissenschaft.*

Stoeckenius, W., & Bogomolni, R. A. (1982). Bacteriorhodopsin and related pigments of halobacteria. *Annual Review of Biochemistry, 52,* 587–616.

5

Sauerstoff – vom Gift zum Photosystem II

5.1   All I Need Is the Air That I Breathe …

Luftsauerstoff ist für das tierische Leben unverzichtbar, vor allem für uns selbst. Ein gesunder erwachsener Mensch kann zwei Wochen ohne Nahrung und mehrere Tage ohne Wasser aushalten, aber nicht mehr als fünf Minuten ohne Sauerstoff, ohne bleibende Schäden davonzutragen. Jedes Schulkind weiß, dass grüne Pflanzen die Energie des Sonnenlichts nutzen, um den Sauerstoff zu erzeugen, den wir einatmen. Die Herstellung von Sauerstoff wird als entscheidend für die Entwicklung von komplexem Leben angesehen. Ohne Sauerstoff könnten keine der komplexen Tiere von heute – von Korallen bis zu Kamelen – überleben. Donald Canfield, Professor für Geowissenschaften an der Süddänischen Universität, drückt es so aus: „Die Evolution sauerstofferzeugender Cyanobakterien war, abgesehen von der Entstehung des Lebens selbst, zweifellos der bedeutendste Augenblick in der Geschichte des Lebens." Trotzdem haben wir im vorhergehenden Kapitel den Sauerstoff gar nicht erwähnt. Warum?

Das ist nicht so ungewöhnlich wie es scheint, denn die Energie des Lichts einzufangen und sie dann zu verwenden, um Sauerstoff zu produzieren, sind evolutionär und chemisch gesehen zwei ganz unterschiedliche Themen. Die Fähigkeit, Lichtenergie zu nutzen, hat sich mehrmals entwickelt, und wir können zuversichtlich sein, dass dies auch auf anderen Welten passieren kann. Doch nur einmal wurde diese Errungenschaft auf der Erde für die Erzeugung von Sauerstoff genutzt. Deshalb müssen wir darüber getrennt sprechen.

© Springer-Verlag GmbH Deutschland, ein Teil von Springer Nature 2019
D. Schulze-Makuch und W. Bains, *Das lebendige Universum*,
https://doi.org/10.1007/978-3-662-58430-9_5

5.2   Warum sollte man Sauerstoff erzeugen?

Das Leben benötigt Energie vor allem, um Kohlenstoff aus der Umgebung aufzunehmen, wo dieser meist als CO_2 vorliegt, und daraus biologisches Material herzustellen. Dazu muss das CO_2 reduziert werden, wobei Elektronen darauf übertragen werden, die von anderen Chemikalien in der Umgebung stammen müssen. Die ersten Lebensformen, die Photosynthese betrieben, erhielten diese Elektronen vermutlich aus einer Reihe von Chemikalien in der Umwelt, die relativ leicht oxidiert werden konnten, die also ihre Elektronen leicht abgeben, wie Eisensalze oder Schwefelwasserstoffe. Auch heute kennt man noch Mikroorganismen, die diese Art von Photosynthese zeigen. Sie betreiben sogenannte *anoxygene Photosynthese,* d. h., sie verwenden Chlorophyll dazu, die Energie des Lichts einzufangen und daraus Biomasse aufzubauen, produzieren aber keinen Sauerstoff.

Wie wir im vorhergehenden Kapitel besprochen haben, befreite die Photosynthese das Leben von geochemischen Energiequellen, doch bei der anoxygenen Photosynthese benötigt es immer noch Chemikalien, die es oxidieren kann. Wenn Sie im Meer schwimmen, sind Chlor und Brom die meistverbreiteten Ionen, die oxidiert werden können, doch diese oxidieren selbst sehr stark, weshalb man sehr viel Energie benötigt, um ihnen Elektronen wegzunehmen. Johnson Haas von der Western Michigan University ist der Ansicht, dass eine Form der Photosynthese, die Chlor als Quelle für Elektronen verwendet, sich auf dem Mars entwickelt haben könnte, denn dort ist das Wasser sehr knapp, aber Chlorsalze im Boden weitverbreitet. Das Leben auf der Erde hatte jedoch eine plausiblere Alternative, und das war, Elektronen vom verbreitetsten chemischen Stoff zu bekommen, der jedem Wasserlebewesen zur Verfügung stand – nämlich vom Wasser selbst.

Die meisten photosynthesetreibenden Lebewesen auf der Erde (auf die Masse bezogen) verwenden Wasser als Elektronenquelle, und dieses Leben stellt gasförmigen Sauerstoff als Abfallprodukt her. Das geschieht, obwohl es zwei große Nachteile hat. Zum einen benötigt man recht viel Energie, um Wasser aufzuspalten und Sauerstoff zu gewinnen, viel mehr, als in einem Chlorophyllmolekül eingefangen wird. Wie das trotzdem funktionieren kann, werden wir später behandeln. Zum Zweiten ist die Herstellung von Sauerstoff gefährlich. Darüber wollen wir zuerst sprechen.

Gasförmiger Sauerstoff in unserer Atmosphäre ist im Vergleich zu den Molekülen, die auf dem Reaktionsweg vom Wasser zum Sauerstoffgas entstehen, relativ wenig reaktiv. Aber die auf dem Reaktionsweg entstehenden Moleküle sind immer außerordentlich reaktionsfreudig und zerstören gerne große organische Moleküle. Man nennt sie *reaktive Sauerstoffspezies* (*reactive oxygen species,* ROS), und wie ihr Name schon andeutet, reagieren sie sehr leicht mit vielen Molekülen im Körper und beschädigen sie irreparabel. ROS-Beschädigungen sind für einen Großteil unseres Alterungsprozesses verantwortlich. Deshalb müssen Zellen eine ganze Reihe von Proteinen hervorbringen, die sie vor Sauerstoff schützen und die dazu führen, dass die Zellen langsamer wachsen. Uns vor dieser reaktiven Sauerstoffspezies zu schützen, ist ein wesentlicher Teil der Biologie von Organismen, die Sauerstoff für ihren Stoffwechsel benötigen, wie es sowohl bei uns als auch bei Pflanzen der Fall ist. Der große Vorteil, den diese Oxygenese darstellt, ist jedoch, dass sie das Leben davon freimacht, nach seltenen chemischen Stoffen wie Sulfid, Wasserstoff oder Eisen suchen zu müssen. Plötzlich konnten Organismen überall wachsen, wo es Wasser und Sonnenlicht gab.

5.3 Die Große Sauerstoffkatastrophe

Vor etwa 2,4 Mrd. Jahren scheint die oxygene Photosynthese – also die Verwendung der Energie des Lichts, um CO_2 einzufangen und Sauerstoff zu produzieren – in der Biosphäre einen erstaunlichen Siegeszug gehalten zu haben. Dicke Schichten aus Karbonatgestein, das von den Überbleibseln von Bakterien stammt, die sich auf dem Meeresgrund abgelagert haben, lassen darauf schließen, dass es hier zu einem großen Produktivitätsdurchbruch in der Biosphäre gekommen war. Man nennt diesen kurzen Zeitraum in der geologischen Geschichte die *Große Sauerstoffkatastrophe* (*great oxygenation event,* GOE). Seit dieser Zeit enthielt die Atmosphäre der Erde einen beträchtlichen Anteil an Sauerstoff, vielleicht 1 % (was immer noch viel weniger ist als die 21 % von heute, aber kritisch für die chemische Evolution auf der Erde war). Vor der Großen Sauerstoffkatastrophe war das reduzierte Gestein aus Vulkanen stabil und an der Oberfläche. Und Methan, das von Lebewesen oder hydrothermalen Quellen stammte, konnte monatelang in der Atmosphäre verbleiben, wodurch ein Treibhauseffekt entstand. Nach der Großen Sauerstoffkatastrophe wurde reduziertes Gestein spontan vom atmosphärischen Sauerstoff oxidiert, und Methan wurde sowohl vom Leben als auch durch Reaktionen mit dem molekularen Sauerstoff in der Luft verbraucht. Die gesamte Oberflächenchemie des Planeten veränderte sich, und die Chemie des Lebens musste sich mit verändern. Heute findet man Organismen, die nur in reduzierten Umgebungen überleben können (obligate Anaerobier), in einigen wenigen Zufluchtsorten, obwohl sie doch einst über den Planeten geherrscht haben. (Wir werden über die Auswirkungen dieser zusätzlichen 20 % Sauerstoff in Kap. 9 sprechen.).

Das geschah jedoch nicht zu dem Zeitpunkt, als die Oxygenese auf den Plan trat, sondern erst, als diese bereits ein dominanter Prozess in der Biosphäre war. Während heute die grünen Pflanzen die offensichtlichsten Produzenten von Sauerstoff sind, waren es bis vor etwa 1 Mrd. Jahren Bakterien, die sogenannten Cyanobakterien (früher Blaualgen genannt), die auf der Erde Sauerstoff herstellten. Es gibt in Gestein, das weit vor die Große Sauerstoffkatastrophe zurückdatiert werden kann, einige Fossilien, die wie Cyanobakterien aussehen. Trotz des frühen Siegeszuges der oxygenen Photosynthese verwenden alle photosynthesetreibenden Organismen dieselben molekularen Mechanismen, um die Energie des Lichts einzufangen und Wasser zu spalten, woraus man schließen kann, dass sich dieser Mechanismus nur einmal entwickelt hat.

War die Entstehung der Oxygenese ein Random-Walk-Ereignis, ein sehr unwahrscheinlicher Vorgang, der sich glücklicherweise auf der Erde ereignet hat, oder ein Viele-Wege-Prozess, der auf vielen verschiedenen Wegen in verschiedenen Welten passieren kann? Da wir nur dieses eine Ereignis kennen, das uns Hinweise geben kann, können wir es nicht wissen, doch wir können intensiver überlegen, wie sich die Oxygenese auf der Erde entwickelt haben könnte, und spekulieren, wie oft die Komponenten der Oxygenese auftauchten, und damit abschätzen, wie wahrscheinlich es ist, dass sie auch anderswo auftauchen.

5.4   Wie stellt man Sauerstoff her?

Es gibt zwei Probleme, die das Leben lösen musste, um Wasser als Quelle für Elektronen nutzen zu können und dabei Sauerstoff zu produzieren. Das erste ist, dass ein einzelnes Photon aus dem sichtbaren Licht nicht genügend Energie besitzt, um Wasser zu spalten (wäre das der Fall, würde das Sonnenlicht unsere Meere zerstören). Deshalb muss das Leben die Energien von mindestens zwei Photonen addieren, um ein Molekül zu spalten.

Wir wissen, wie das heute funktioniert. Cyanobakterien verwenden zwei Photosynthesesysteme, jedes einzelne zu schwach, um Wasser zu spalten, und hängen sie hintereinander, damit sich ihre Energien summieren. Das eine Photosystem ist so gestaltet, dass es stark oxidierend, das andere so, dass es stark reduzierend wirkt – zusammen nehmen sie zwei Photonen aus dem Licht auf und verwenden sie, um dem Wassermolekül ein Elektron zu nehmen. Die Spuren von diesem evolutionären Prozess bei dem zwei Systeme

aus einem hervorgegangen sind, findet man heute immer noch in Cyanobakterien. Verdoppelung – zwei Systeme aus einem einzigen gemeinsamen
Vorfahren zu machen – ist eine weitverbreitete Strategie der Evolution.
Gene, die den Code für ein Protein tragen, werden verdoppelt, und dann
werden die beiden Kopien für leicht unterschiedliche Funktionen gewählt.
Beispiele in unseren Genen sind die Hämoglobinproteine (Abb. 4.1; der
rote Farbstoff in unserem Blut), die Proteine, aus denen die Linsen in unseren Augen bestehen, und die vielen Formen von Kollagenen, die der Haut,
den Sehnen und Knorpeln ihre charakteristische Stärke und Flexibilität geben. Alle haben Familien von Genen als Grundlage, die sich durch
Genduplikation entwickelt haben. Wir sollten hier erwähnen, dass grüne
Pflanzen denselben Prozess wie Cyanobakterien verwenden, um Wasser zu
spalten und Sauerstoff herzustellen, doch dabei handelt es sich nicht um
eine unabhängige Neuerfindung der Oxygenese. Wir werden im nächsten
Kapitel besprechen, wie sie zu dieser Fähigkeit gelangten. Hier müssen wir
uns nur merken, dass sie die Fähigkeit von Cyanobakterien haben.

Doch es war sehr schwierig, diese neu verdoppelten Gene so weiterzu-
entwickeln, dass sie die chemische Herausforderung, aus Wasser Sauerstoff
herzustellen, meistern konnten. Die Herausforderungen auf diesem Weg
bestanden in Folgendem:

1. Um ein O_2-Molekül herzustellen, müssen zwei Wassermoleküle gespalten
   und gleichzeitig vier Elektronen umgeschichtet werden (und vier Pro-
   tonen, um ihre Ladungen auszugleichen). Das stellt eine große Herausforderung an die molekulare Synchronisation dar, denn sie muss absolut
   genau ablaufen, sonst landen die Elektronen in anderen Molekülen und
   zerstören den Photosyntheseapparat.
2. Die beiden Photosynthesesysteme (PS-I und PS-II) müssen auf das richtige „Potenzial" abgestimmt sein. Genauer gesagt muss PS-II auf ein stark
   positives (oxidierendes), PS-I dagegen auf ein stark negatives Potenzial
   verschoben werden.
3. Das ursprüngliche anoxygene Photosynthesesystem reagierte sehr
   empfindlich auf Sauerstoff – der geringste Hauch von Sauerstoff konnte
   es zerstören (das ist auch heute noch bei einigen Mikroorganismen der
   Fall, die anoxygene Photosynthese betreiben). Die Komponenten des
   anoxygenen Photosyntheseapparats, die so empfindlich auf Sauerstoff
   waren, mussten in widerstandsfähigere umgewandelt werden.

Es gibt mehrere Hypothesen, wie diese Probleme gelöst wurden, wie dieser
Übergang also geschehen konnte. Einer Idee zufolge, die wir befürworten,

entstand die Fähigkeit, Sauerstoff zu produzieren, weil die Organismen gelernt hatten, sich gegen Sauerstoff zu schützen, genau wie sich die Photosynthese entwickelte, weil sich das Leben vor den Schäden schützen musste, die das Licht verursacht (Kap. 4). Schon bevor es viel Sauerstoff auf der Erdoberfläche gab, fanden sich auf dem Planeten reaktionsfreudige Sauerstoffverbindungen – etwa Wasserstoffperoxid. Es gab damals keine Ozonschicht (Ozon entsteht erst durch die hohe Konzentration von Sauerstoff in unserer Atmosphäre), deshalb erreichte viel mehr UV-Strahlung die Oberfläche als heute. Diese kann Wasser in Wasserstoffperoxid, einen stark sterilisierenden Stoff, umwandeln. Die ersten oxygenen Organismen könnten sich aus Bakterien entwickelt haben, die in kleinen Frischwasseransammlungen lebten, wo UV-Strahlung bis zum Grund dieser Seen gelangen konnte. Es wäre für derartige Bakterien also sehr nützlich gewesen, wenn sie sich vor oxidierenden Chemikalien hätten schützen können (d. h., es wäre eine positive Eigenschaft für die natürliche Selektion gewesen; Abb. 5.1), und die Fähigkeit, in ihrer Anwesenheit Photosynthese zu betreiben, wäre besonders gewinnbringend gewesen. Deshalb hätte Punkt 3 in obiger Aufzählung an vielen Orten entstehen können. Eine einfache Möglichkeit, das Wasserstoffperoxid loszuwerden, besteht darin, es in das (verhältnismäßig) unreaktive Sauerstoffgas zu verwandeln – und das löst zu einem großen Teil Punkt 1. Auch dies kann sich unabhängig voneinander mehrmals entwickelt haben. Es gibt also plausible Szenarien, die wir uns vorstellen können, doch wir müssen auch zugeben, dass es sich dabei um Spekulationen handelt.

Es ist wahrscheinlich, dass es für diese ersten photosynthesetreibenden Organismen nützlich war Sauerstoff herzustellen. Sauerstoff ist für Organismen, die nicht daran angepasst sind, tödlich, und vor 2,5 Mrd. Jahren waren nur wenige in der Lage, damit fertig zu werden. Somit hätte ein Organismus, der sich in die Lage versetzt hat, Sauerstoff zu produzieren, eine leistungsfähige chemische Waffe, Konkurrenten in seiner Umgebung umzubringen. Dazu hätten sogar geringe Mengen an Sauerstoff gereicht. Außerdem hätte es Sulfide und Eisen in der Umgebung oxidieren können und damit den Konkurrenten die Möglichkeit genommen, anoxygene Photosynthese zu betreiben. So wurde aus einem Abwehrsystem gegen oxidative Beschädigung die Fähigkeit, reaktive Sauerstoffverbindungen als Waffe zu verwenden und gleichzeitig dieselben Reaktionen als Elektronenquelle für die Bildung von Biomasse zu nutzen.

Dies scheint plausibel zu sein. Doch wenn es so einfach war, warum entwickelte sich die Oxygenese zur Wasserspaltung nur einmal? Die Oxygenese ist somit immer noch unklar. Vielleicht war die Entwicklung der Oxygenese ein Random-Walk-Prozess und ist deshalb auf anderen Welten nicht oft

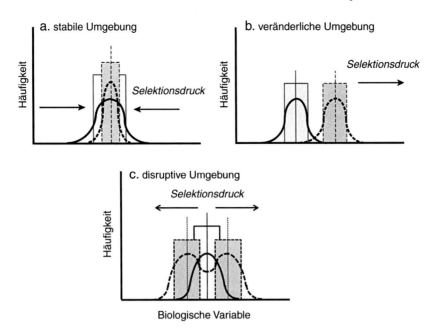

Abb. 5.1 Natürliche Selektion und Selektionsdruck. Die Häufigkeit (Anzahl der Individuen innerhalb einer Population) ist gegen eine biologische Variable (körperliche oder physiologische Eigenschaft) aufgetragen. Die vertikale Linie gibt den Mittelwert der Population an, die durchgezogenen Linie der Glockenkurven die Standardabweichung der Ursprungspopulation und die gestrichelte Linie die Standardabweichung der Population der Nachkommen. a Stabile Umgebung: Wenn stabile Umweltbedingungen herrschen, gleichen sich Mutationen, genetische Rekombinationen und genetische Tendenzen in der Regel aus, denn eine große Anzahl von Individuen (Häufigkeit), deren Eigenschaften näher am Mittelwert liegen, werden überleben und sich in größerer Zahl reproduzieren. Die beste Anpassung an den Selektionsdruck ist, beim gleichen Ergebnis zu bleiben, aber weniger Abweichungen zuzulassen. b Veränderliche Umgebung: Wenn es in einer Eigenschaft der Umgebung Verschiebungen in eine Richtung gibt (z. B. wenn das Lebensumfeld wärmer wird), haben die Individuen, die auf einer Seite der Glockenkurve liegen (z. B. die mit einem dünneren Fell) einen Vorteil. Der Mittelwert dieser Eigenschaft wird sich somit in die bevorzugte Richtung verschieben, weil mehr Individuen überleben und Nachkommen produzieren. c Disruptive Umgebung: Neue Spezies entstehen meist, wenn ein ursprünglich homogenes Umfeld sich in zwei neue aufspaltet, die sich in unterschiedliche Richtungen entwickeln. Die Populationen passen sich dann jeweils dem Selektionsdruck in ihrer neuen Umwelt an. So entstehen zwei Glockenkurven, jede ist hinsichtlich der neuen Umgebung optimiert. (Modifiziert nach Irwin und Schulze-Makuch 2011)

passiert. Doch die biochemischen Vorgänge, die wir oben dargelegt haben, lassen darauf schließen, dass dem nicht so ist. Die Oxygenese entstand ziemlich früh in der Geschichte des Lebens auf der Erde, und es gibt gute Gründe anzunehmen, dass sie in einer Reihe von Schritten entstanden ist, von denen viele mehrmals geschehen sind, und nicht durch einen großen Innovationssprung. Wenn das richtig ist, dann ist die Fähigkeit, Wasser als Elektronenquelle zu nutzen und dabei gasförmigen Sauerstoff zu erzeugen, ein Viele-Wege-Prozess, der mit hoher Wahrscheinlichkeit auch auf anderen Welten geschehen kann. Und selbst wenn die Oxygenese eine seltene Erfindung ist, kann die Entstehung von komplexem Leben nicht vollständig ausgeschlossen werden, wie wir in Kap. 9 zeigen werden.

Weiterführende Literatur

Die Evolution der Photosynthese vor dem Sauerstoff

Rothschild, L. J. (2008). The evolution of photosynthesis ... again? *Philosophical Transactions of the Royal Society B: Biological Sciences, 363,* 2787–2801.

Schidlowski, M. (1988). A 3800-million-year isotopic record of life from carbon in sedimentary rocks. *Nature, 333,* 313–318.

Westall, F., de Ronde, C. E. J., Southam, G., Grassineau, N., Colas, M., Cockell, C., et al. (2006). Implications of a 3472–3333 Gyr-old subaerial microbial mat from the Barberton greenstone belt, South Africa for the UV environmental conditions on the early Earth. *Philosophical Transactions of the Royal Society B: Biological Sciences, 361,* 1857–1875.

Das Auftauchen von Sauerstoff

Canfield, D. E. (2005). The early history of atmospheric oxygen. *Annual Review of Earth and Planetary Sciences, 33,* 1–36.

Holland, H. D. (2006). The oxygenation of the atmosphere and oceans. *Philosophical Transactions of the Royal Society B: Biological Sciences, 361,* 903–915.

Kasting, J. F. (2013). What caused the rise of atmospheric O_2? *Chemical Geology, 362,* 13–25.

Sessions, A. L., Doughty, D. M., Welander, P. V., Summons, R. E., & Newman, D. K. (2009). The continuing puzzle of the great oxidation event. *Current Biology, 19,* R567–R574.

Die Evolution des Photosystems

Allen, J. F. (2005). A redox switch hypothesis for the origin of two light reactions in photosynthesis. *FEBS Letters, 579,* 963–968.

Blankenship, R. E., & Hartman, H. (1998). The origin and evolution of oxygenic photosynthesis. *Trends in Biochemical Sciences, 23,* 94–97.

Johnson, J. E., Webb, S. M., Thomas, K., Ono, S., Kirschvink, J. L., & Fischer, W. W. (2013). Manganese-oxidizing photosynthesis before the rise of cyanobacteria. *Proceedings of the National Academy of Sciences (USA), 110,* 11238–11243.

Nelson, N., & Ben-Shem, A. (2005). The structure of photosystem I and evolution of photosynthesis. *BioEssays, 27,* 914–922.

Rutherford, A. W., & Faller, P. (2002). Photosystem II: Evolutionary perspectives. *Philosophical Transactions of the Royal Society B, 358,* 245–253.

6

Endosymbiose und die ersten Eukaryoten

Die Welt der Prokaryoten setzt sich aus Archaebakterien und Bakterien zusammen (Box 1.1), die allein aufgrund ihrer schieren Anzahl unsere Welt beherrschen. Doch die Evolution führte zu einer immer höheren Komplexität, und die Entstehung eines weiteren wichtigeren Zelltyps, der eukaryotischen Zelle, stellte dabei eine entscheidende Innovation dar. Zwar sind viele Eukaryoten genau wie Bakterien einzellige Organismen, doch manche Eukaryoten bildeten vielzellige Lebensformen, bei denen die Zellen einen größeren Organismus bilden, der viel mehr ist als die Ansammlung seiner Teile (mehr über Vielzeller s. Kap. 8). Prokaryoten machen das nicht, obwohl sie sich auch auf einfachere Weise verbinden können. Sogar einzellige Eukaryoten, wie die Protozoen, können innerhalb einer einzelnen Zelle außerordentlich komplexe Strukturen aufweisen. Ein Beispiel ist das in Abb. 6.1 dargestellte Pantoffeltierchen. Daher ist es für unser Verständnis, wie komplexes Leben auf der Erde auftauchen konnte, wichtig zu verstehen, wie Eukaryoten entstanden sind.

6.1 Was ist ein Eukaryot?

Die Struktur einer eukaryotischen Zelle unterscheidet sich ziemlich stark von der eines Bakteriums oder Archaebakteriums. Der Eukaryot bewahrt seine DNA im Zellkern auf, der durch eine Doppelschichtmembran – die Kernhülle – vom Zytoplasma der Zelle getrennt wird. Diese Kernhülle hat Poren; diese komplexe Konstruktion aus vielen Proteinen erlaubt es dem

© Springer-Verlag GmbH Deutschland, ein Teil von Springer Nature 2019
D. Schulze-Makuch und W. Bains, *Das lebendige Universum*,
https://doi.org/10.1007/978-3-662-58430-9_6

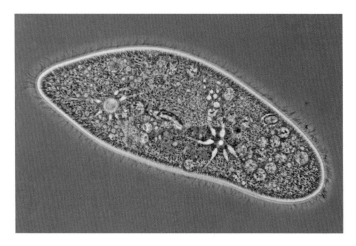

Abb. 6.1 Das *Paramecium caudatum* (Pantoffeltierchen) ist ein komplexer räuberischer einzelliger Organismus. (M I WALKER/Getty Images)

Zellkern, mit dem Rest der Zelle zu kommunizieren. Daneben existieren weitere Organelle, die von einer Membran umgeben sind, etwa Mitochondrien und Golgi-Apparate (Box 6.1), oder Chloroplasten in grünen Pflanzen und Algen. Eukaryotische Zellen sind typischerweise zehnmal so groß in ihrer Ausdehnung und etwa 1000-mal größer im Volumen als prokaryotische Zellen. Um all diese inneren Strukturen der Zelle zu regeln, besitzt der Eukaryot ein aus Proteinen aufgebautes Netzwerk aus fadenförmigen dynamischen Strukturen, das sogenannte Zellskelett, das der Zelle mechanische Stabilität und ihre äußere Form verleiht sowie Bewegungen und Transport im Inneren ermöglicht.

Weil sie anders als die meisten Prokaryoten keine steife Zellwände haben, können eukaryotische Zellen – von Tieren und Protozoen (einzelligen eukaryotischen Organismen) – ihre Form sehr schnell ändern und andere Zellen und kleine Objekte umhüllen. Man nennt diesen Vorgang Phagozytose; er läuft ab, wenn eine Zelle, z. B. ein Protozoon oder ein weißes Blutkörperchen, ein festes Teilchen umschließt und so ein Vesikel in seinem Inneren bildet, das Phagosom.

Die Gene, die den Code für eukaryotische Zellen enthalten, unterscheiden sich in dreierlei Hinsicht deutlich von denen für Prokaryoten:

1. Sie sind natürlich, wie schon erwähnt, vom Rest der Zelle im Zellkern abgetrennt.
2. Sie nutzen andere Regelmechanismen, wie wir in Kap. 9 genauer besprechen werden.
3. Sie werden durch Sex ausgetauscht und gemischt (Kap. 7).

Box 6.1: Die eukaryotische Zelle und ihre Hauptkomponenten

Aus drei Gründen war die innere Differenziertheit der eukaryotischen Zellen entscheidend für die Entwicklung komplexen Lebens:

1. Die Zelle selbst kann bereits als Beispiel für komplexes Leben betrachtet werden. Sie enthält mehr und diversifiziertere Strukturen als eine Bakterienzelle und stellt ein außerordentlich komplexes System dar, wie ein Blick durch ein Mikroskop auf ein Pantoffeltierchen (Abb. 6.1) oder eine Amöbe zeigt.
2. Die Zelle ist morphologisch flexibler, sowohl wörtlich (d. h. von ihrer Form her) als auch hinsichtlich ihrer Entwicklungsmöglichkeiten. Bakterienzellen besitzen in der Regel für jede Spezies eine einzige, optimale Größe – sobald eine Zelle viel größer wird, teilt sie sich in zwei Zellen. Im Gegensatz dazu kann die innere Struktur einer eukaryotischen Zelle riesig sein. Das Zellskelett kann Proteine oder ganze Organelle in der Zelle verschieben und damit bestimmen, wo Energie hergestellt und Proteine synthetisiert werden – auch weit entfernt von der DNA. Ein Extrembeispiel dafür sind die Nervenzellen der Wirbeltiere, die einen Meter lang sein können. Dabei besitzt dasselbe Tier Stammzellen, die nur wenige Mikrometer Durchmesser haben. Dies öffnet das Tor zu komplexeren Lebensformen, in manchen Gruppen von Eukaryoten sogar zur Lebensform der Vielzeller.
3. Der große Zellkern erlaubt in eukaryotischen Zellen auch eine komplexere und kompliziertere genetische Steuerung.

Wir werden Punkt 2 und 3 in den folgenden Kapiteln besprechen. Zunächst fragen wir, wie sich diese Zelle entwickeln konnte und ob dies ein einmaliger unwahrscheinlicher Vorgang war.

Die Hauptkomponenten einer eukaryotischen Zelle sind:

- *Zellkern:* Er enthält die DNA (aufgewickelt in einem DNA-Protein-Komplex, dem sogenannten Chromatin), Enzyme, um die RNA aus der DNA herzustellen, und Mechanismen, die diesen Vorgang steuern.
- *Ribosom:* Es verwendet die RNA, um die Synthese von Proteinen zu steuern.
- *Zellplasma:* Der Ort, an dem viele Proteine (mithilfe von Ribosomen) synthetisiert werden und viele Stoffwechselvorgänge ablaufen, etwa die anaerobe Erzeugung von Energie.
- *Endoplasmatisches Reticulum:* Es organisiert Ribosomen, die Proteine herstellen, aus denen die Membrane der Zelle aufgebaut werden.
- *Golgi-Apparat:* Dort werden Proteine, die aus der Zelle heraus transportiert werden sollen, modifiziert und für den Transport vorbereitet.
- *Plasmamembran:* Äußere Grenze der Zelle; sie enthält auch Proteine, die Signale aus dem Umgebungsmedium in das Innere der Zelle weiterleiten.
- *Mitochondrium:* Hier finden die aerobe Atmung (d. h., es reagieren Nahrungsmittelchemikalien mit Sauerstoff, um Energie zu erzeugen) und andere Stoffwechselvorgänge statt. Es sorgt für das Überleben der Zelle bei Belastung.

- *Plastid:* Eine Gruppe von Organellen in Pflanzen, die Pigmente enthalten, etwa Chloroplasten, die die Photosynthese durchführen.
- *Lysosom:* Ein von einer Membran umgebener Körper, der unerwünschte oder beschädigte Zellkomponenten abbaut.
- *Zellskelett:* Allgemeiner Begriff für verschiedene Arten von mikroskopischen Röhren und Filamenten aus Proteinen, wie Actin, in der Zelle, die ihre Form aufrechterhalten und verändern, ihre Bewegung ermöglichen und die Zelle bei ihrer Teilung spalten.

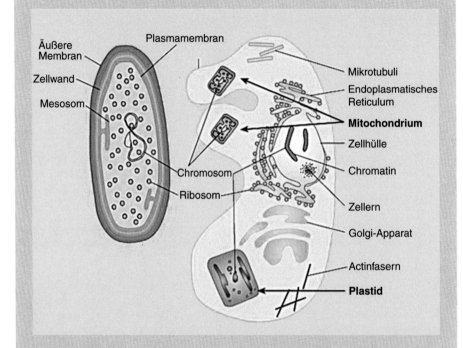

Eine eukaryotische Zelle (rechts) ist viel komplexer als eine prokaryotische (links). Zu den größeren strukturellen Unterschieden gehören der Zellkern mit seiner Hülle und das Zellskelett, das aus Actinfasern und Mikrotubuli besteht. (W. Ford Doolittle, *Nature*)

6.2   Der Ursprung der eukaryotischen Zelle

Die Entstehung der eukaryotischen Zelle war eine Schlüsselinnovation auf dem Weg des Lebens zu mehr Komplexität, vor allem, weil eukaryotische Zellen weit vielschichtiger aufgebaut sind als prokaryotische und vielzelliges Leben nur mit ihnen als Grundlage existieren kann. Die meisten Wissenschaftler auf diesem Gebiet stimmen darin überein, dass man aus genetischen Hinweisen schließen kann, dass sich die ersten Eukaryoten vor etwa 1,6 bis 2,1 Mrd. Jahren entwickelt haben. Die obere Grenze stammt aus der umstrittenen Behauptung, dass bestimmte Chemikalien, die man in 2,1 Mrd. Jahren alten Fossilien in Westafrika gefunden hat, von Eukaryoten stammen. 1,6 Mrd. Jahre alte Mikrofossilien, die in Nordchina gefunden wurden, haben Formen und Strukturen, die denen von eukaryotischen Zellen ähneln. Ganz bestimmt sind Eukaryoten schon sehr alt.

Die meisten eukaryotischen Organismen haben Mitochondrien; eukaryotische Organismen ohne Mitochondrien enthalten chemisch und von ihrem Aufbau her verwandte Organelle, etwa Hydrogenosome, die in diesen Organismen für die Energieerzeugung zuständig sind. Heute erzeugen die Mitochondrien die Energie durch Oxidation von Zwischenprodukten des Stoffwechselvorgangs (Metaboliten); deshalb haben sie sich wohl erst entwickelt, als signifikante Mengen an Sauerstoff in der Umgebung vorhanden waren. Die Große Sauerstoffkatastrophe in der Erdgeschichte geschah vor etwa 2,4 Mrd. Jahren, als die Cyanobakterien so viel Sauerstoff produziert hatten, dass es zum ersten Mal zu einem merklichen Anstieg von Sauerstoff in der Atmosphäre unseres Planeten gekommen ist. Die verbreitete Ansicht ist daher, dass die Eukaryoten mit den Mitochondrien nach der Großen Sauerstoffkatastrophe auftauchten. Daher ist es sinnvoll, davon auszugehen, dass die Eukaryoten vor etwa 2 Mrd. Jahren entstanden sind. Diese These wird auch von jüngsten paläontologischen Forschungen gestützt. Wir müssen aber anmerken, dass nicht alle diese Meinung teilen. Vor allem die beiden Evolutionsbiologen William Martin und Miklós Müller glauben, dass die eukaryotischen Zellen noch älter sind und von einem Zusammenwirken von Wasserstoff herstellenden und Wasserstoff verbrauchenden Organismen in der anaeroben Welt vor der großen Sauerstoffkatastrophe abstammen. Wie immer kann man bei derart weit zurückliegenden Ereignissen nur schwer entscheiden, welche Hypothese richtig ist. Doch alle stimmen darin überein, dass die eukaryotische Zelle nicht von sich aus auftauchte, sondern das Ergebnis einer immer engeren Zusammenarbeit zwischen bereits existierenden Organismen war, die in einem *Endosymbiose* genannten Prozess zusammenkamen.

6.3 Endosymbiose und der Ursprung der Eukaryoten

Die erste Zelle auf der Erde ähnelte bestimmt einem Prokaryoten und hatte nicht den komplexen inneren Aufbau einer eukaryotischen Zelle. War der Übergang zu Eukaryoten also einmalig und unwahrscheinlich, oder handelt es sich um einen Viele-Wege-Prozess? Zum Glück haben wir eine gute Vorstellung davon, wie eukaryotische Zellen entstanden sein können (selbst wenn viele Details noch unbekannt sind), und der Schlüssel zu diesem Vorgang ist die Endosymbiose.

Die Bedeutung der Symbiose für die Evolution von Eukaryoten wurde in der Neuzeit von Lynn Margulis verfochten, die die Ansicht vertrat, sie sei der wichtigste Mechanismus der Evolution, der auch bei der Entstehung der ersten eukaryotischen Zelle mithalf.

Eine Symbiose ist das enge und meist lang dauernde Zusammenwirken zweier verschiedener biologischer Spezies, von der beide profitieren. Hierin unterscheidet sie sich vom Parasitentum, bei dem die Wechselwirkung auf Kosten einer der Spezies geht. Traditionellerweise wurde der Begriff auf Organismen wie Flechten angewendet, die eigentlich nicht nur ein Organismus, sondern zwei sind, die voneinander abhängig sind – eine symbiotische Beziehung zwischen Algen oder Cyanobakterien (oder beidem) und einer Art Pilz. Im Fall der Flechten ist die Symbiose obligat, d. h., weder der Pilz noch der photosynthesetreibende Symbiont kann ohne den anderen überleben. Doch es gibt auch Beispiele für fakultative Symbiosen, in denen die beiden Spezies weiterhin getrennt voneinander leben können. Ein bekanntes Beispiel sind die Putzerfische, die tote Haut und Parasiten, die auf anderen Fischen leben, beseitigen. Dies ist ein Beispiel für Ektosymbiose, bei der ein Organismus auf einem anderen lebt. Doch es gibt noch engere Beziehungen, die sogenannte Endosymbiose, bei der ein Organismus innerhalb des anderen lebt. Die Endosymbiose ist besonders relevant für uns, denn sie spielt eine Rolle bei den ersten eukaryotischen Organismen.

6.4 Der Ursprung der Mitochondrien

Eine der erstaunlichsten Ideen der Biologie des 20. Jahrhunderts ist, dass Mitochondrien in eukaryotischen Zellen aus frei lebenden, Sauerstoff verwertenden Bakterien stammen, die von einer anderen Zelle umschlossen wurden, und dass Chloroplasten in Pflanzen durch die Aufnahme von photosynthesetreibenden Bakterien kommen. Heute gibt es an dieser Vorstellung kaum noch ernst zu nehmende Zweifel, denn sowohl Mitochondrien als auch Chloroplasten tragen immer noch Teile ihres ursprünglichen genetischen Codes in sich.

Mitochondrien sind Organelle, die man im Zellplasma in den meisten eukaryotischen Zellen findet (in Tieren, Pilzen und Protozoen) und die von einer Doppelschichtmembran umgeben sind. Mithilfe von Sauerstoff oxidieren Mitochondrien die organischen Moleküle, also die Nahrung der Zellen, und stellen den Großteil des ATP her, das die Energie für alle Zellaktivitäten liefert. Mitochondrien sind ungefähr so groß wie kleine Bakterien, und wie Bakterien besitzen sie ihre eigenen Gene in Form eines kreisförmigen DNA-Moleküls, ein Gen also, das nicht mithilfe von Histon verpackt ist, wie das eukaryotische Genom. (Wir werden Histone, Proteine, die die DNA verpacken und ordnen, in Kap. 9 genauer besprechen.) Mitochondrien haben auch ihre eigenen Ribosomen, um Proteine zu synthetisieren. Die Ribosomen von Bakterien und Eukaryoten unterscheiden sich deutlich hinsichtlich ihrer Größe, ihrer Form und der Proteine, aus denen sie bestehen. Dabei ähneln die Ribosomen von Mitochondrien mehr denen von Bakterien und weniger denen im Zellplasma von Eukaryoten (Box 6.1). Außerdem haben Mitochondrien eigene Versionen anderer Moleküle, die für die Herstellung von Proteinen notwendig sind, etwa tRNA und die Enzyme, die mit ihnen arbeiten.

Nach allen Kriterien können wir also behaupten, dass Mitochondrien wie Bakterien aussehen, abgesehen von zwei Eigenschaften: Sie leben innerhalb eukaryotischer Zellen, und sie haben fast all ihre Gene verloren. Moderne Mitochondrien (und Chloroplasten) haben nur sehr kleine Genome, nicht annähernd groß genug, um die Informationen für alle Proteine zu speichern, die sie brauchen würden, wenn sie als unabhängige Zellen lebten. Fast alle Proteine in einem Mitochondrium, selbst diejenigen, die aussehen, als kämen sie von einem Bakterium, werden tatsächlich aus Genen im Zellkern hergestellt und dann in das Mitochondrium ausgelagert.

Aus dieser Anordnung folgt, dass Mitochondrien von frei lebenden, sauerstoffverarbeitenden Bakterien stammen, die von einer eukaryotischen Ahnenzelle verschlungen wurden und sich danach so entwickelt haben, dass sie zu einem Teil der Zelle wurden. Diese Vorfahrenzelle hat vermutlich anaerob in einer sauerstoffarmen Umgebung gelebt und war nicht in der Lage, Sauerstoff zu nutzen. Das Bakterium, das zum Mitochondrium wurde, entkam wohl der Verdauung, indem es eine Symbiose mit der Wirtszelle entwickelt hat. Es erhielt Schutz und Nährstoffe im Austausch für die Energieerzeugung, die es für die Wirtszelle ausgeführt hat. Jüngste

Forschungsergebnisse weisen darauf hin, dass das verschlungene Bakterium sich aus einer Art von violettem photosynthesetreibendem Bakterium entwickelt hat (Alphaproteobakterium), das vorher seine Fähigkeit, Photosynthese zu treiben, verloren hat und nur noch genug Stoffwechsel betreiben konnte, um zu atmen.

Angesichts der unterschiedlichen Arten von Mitochondrien ist es möglich, dass sie aus mehr als einem endosymbiotischen Ereignis entstanden sind. Der genetische Code, der von Mitochondrien verwendet wird, unterscheidet sich normalerweise leicht von dem der Gene im Zellkern (und in heutigen Bakterien). So unterscheidet sich z. B. beim Protozoon *Reclinomonas* der genetische Code des Mitochondriums nicht vom Standardcode im Zellkern, doch im Fall von Säugetieren, Pilzen und wirbellosen Tieren gibt es hier deutliche Unterschiede – eines der „Wörter" im Gencode bedeutet bei diesen Mitochondrien etwas anderes als in den Genen im Zellkern. Aus diesen Unterschieden kann man auf verschiedene Ereignisse bei der Endosymbiose schließen, doch beweisen lässt sich das nicht, denn sie könnten auch das Ergebnis der dramatischen Vorgänge sein, die dazu geführt haben, dass die Mitochondrien fast ihre gesamten Gene verloren haben, als sie sich an ihr neues Zuhause angepasst haben.

Es gibt einige Protozoen, etwa den Parasiten *Giardia intestinalis,* die gar keine Mitochondrien haben, obwohl sie zu den Eukaryoten gezählt werden. Verrät uns das etwas Grundlegendes über den Ursprung der eukaryotischen Zelle? Ursprünglich vermuteten die Wissenschaftler, dass Zellen ohne Mitochondrien die Nachfolgen einer Ur-Eukaryote aus der Zeit, bevor Mitochondrien auftauchten, waren, dass also Mitochondrien nicht so grundlegend und wichtig sind wie angenommen. Doch diese Interpretation erwies sich als falsch, denn alle derartigen Eukaryoten enthalten Organelle, die von Mitochondrien abgeleitet sind, z. B. Hydrogenosome, also Organelle, die an der anaeroben Erzeugung von Energie aus Fermentation beteiligt sind, wobei Wasserstoff als Nebenprodukt entsteht. Ihre Struktur und die darin ablaufende Chemie ähneln der von Mitochondrien, obwohl sie oft keine eigene DNA besitzen.

Andere Organismen, wie *Giardia,* sind sogar noch etwas weitergegangen und haben ihre Mitochondrien auf einen Rest reduziert, der für den Energiestoffwechsel gar keine Rolle mehr spielt. Trotzdem bleibt dieser wichtig für andere Zellfunktionen, etwa für das Zusammenbauen von Proteinen, die anderswo in der Zelle für den Energiestoffwechsel gebraucht werden. Es ist also wahrscheinlich, dass alle Eukaryoten Mitochondrien oder deren Nachfahren enthalten und dass Organismen, die keine echten Mitochondrien besitzen, wenigstens Reste davon enthalten. Daher denken wir, dass es Mitochondrien bereits in den ersten Eukaryoten gab.

6.5   Der Ursprung der Chloroplasten

Eine weitere Art von Organellen, die mit einer Membran umgeben sind, sind die Chloroplasten in photosynthesetreibenden eukaryotischen Zellen, etwa in Pflanzen und Algen. In den Chloroplasten finden sowohl die Licht- als auch die Dunkelreaktionen der Photosynthese statt, also des Vorgangs, bei dem die Energie aus dem Sonnenlicht verwendet wird, um aus Kohlendioxid Biomasse herzustellen. Genau wie Mitochondrien haben Chloroplasten ihre eigenen Gene, charakteristische bakterienähnliche Ribosomen und Enzyme, die Proteine synthetisieren. Ihre Gene belegen eine enge Verwandtschaft zu Cyanobakterien, also Bakterien, die Chlorophyll für die oxygene Photosynthese verwenden. Deshalb stammen Chloroplasten fast sicher von Cyanobakterien ab, die von Zellen aufgenommen wurden, die bereits Mitochondrien besaßen. Die Ähnlichkeiten zwischen den Genen von Chloroplasten und Bakterien sind auffallend, wobei die grundlegenden Steuersequenzen nahezu identisch sind. Sogar die Gene der Chloroplasten von weit entfernt verwandten Pflanzen wie Tabak und Ackerkraut sind fast identisch und sogar verwandt zu denen von grünen Algen. Nachdem die Zelle erst einmal einen Chloroplasten eingebaut hatte, musste sie nicht mehr andere Zellen als Beute jagen; der Organismus konnte sich an einem geeigneten Ort niederlassen und sich um seine Energiebedürfnisse kümmern. Während der darauffolgenden Evolution verloren die Zellen ihre Fähigkeit, ihre Form schnell zu ändern, um andere Zellen zu verschlingen, und entwickelten eine starre Zellwand als Schutz. Wie bei den Mitochondrien enthält die DNA der Chloroplasten nur einen kleinen Teil der Information, die für den Chloroplasten notwendig ist; der Großteil steckt in der DNA im Zellkern und wird in den Chloroplasten „exportiert". Verschiedene Chloroplasten haben unterschiedliche Pigmente, woraus man schließen könnte, dass sie mehrmals unabhängig voneinander eingefangen wurden, doch molekulare Hinweise sprechen gegen diese Idee. Vermutlich wurden Chloroplasten nur einmal „erfunden". Aber selbst wenn das so ist, waren die Einbindung von Chloroplasten und die von Mitochondrien zwei getrennte endosymbiotische Ereignisse, die vermutlich in einem zeitlichen Abstand von fast 1 Mrd. Jahre stattfanden.

Das Bild wird durch einen Vorgang – die sekundäre Endoymbiose – noch komplizierter gemacht: Hierbei wird ein Organismus, der bereits einen anderen Organismus aufgenommen hat, selbst von einem weiteren verschlungen. So durchlief die kryptophyte Alge *Guillardia theta* mehrere endosymbiotische Ereignisse (mindestens drei) und hat vier Genome: ihre eigenen Gene im Zellkern, das Genom ihrer Mitochondrien, das ihrer

Chloroplasten in ihrem Endosymbionten und das Genom der stark reduzierten Zellkerne (Nukleoid) seines Endosymbionten. Adrian Reyes-Prieto
von der Rutgers University vertritt die Ansicht, dass dieser Vorgang des
seriellen Zelleneinfangens und der „Zellenversklavung" die Vielfalt der
photosynthesetreibenden Eukaryoten erklären kann.

6.6   Der Ursprung des Zellkerns

Der Zellkern in Eukaryoten unterscheidet sich stark von der DNA, wie sie
in Bakterien und Archaebakterien angeordnet ist. Wir werden darauf in
Kap. 9 noch näher eingehen; hier wollen wir nur anmerken, dass Eukaryoten in Bezug auf die genetischen Mechanismen näher mit den Archaeen als
den Bakterien verwandt sind. Eine einfache Erklärung dafür ist, dass Eukaryoten aus der Verschmelzung zweier oder mehrerer Zellen entstanden sind,
wobei der Zellkern aus einer Archaea stammt. Hyman Hartman und Alexei
Fedorov führten eine eingehende Untersuchung von eukaryotischen Protein-
signaturen durch und kamen dabei zu dem Schluss, dass die Bildung des
Kerns in einer eukaryotischen Zelle am besten erklärt werden kann, wenn
man von einer hypothetischen Urzelle ausgeht, der Chronozyte, die einige
Archaebakterien- und Bakterienzellen aufnahm. Der Zellkern ist dann das
Überbleibsel dieser Chronozyte. Diese Erklärung kann die meisten Ähnlichkeiten zwischen Eukaryoten und Archaebakterien erklären und gleichzeitig manches, was sie mit Bakterien gemeinsam haben. Eine Chronozyte
ist eine Art von Zelle, die heute nicht mehr existiert, doch man vermutet,
dass sie ein Zellskelett besaß, das es ihr erlaubte, prokaryotische Zellen zu
umschlingen, und ein komplexes Membransystem in ihrem Inneren, in dem
Lipide und Proteine synthetisiert werden konnten. Wenn es eine derartige
Zelle gab, muss sie ein komplexes Signalsystem in ihrem Inneren gehabt
haben, an dem Ionen, Phosphate und Proteine beteiligt waren. Es würde
auch erklären, warum die Planctomyceten-Bakterien einige erstaunliche
strukturelle Eigenschaften mit Eukaryoten gemein haben. Planctomyceten
packen ihre DNA in eine von einer Membran umgebene Kammer innerhalb der Zelle, in das sogenannte Nukleoid. In anderer Hinsicht sind die
Anordnung und die Steuerung ihrer Gene typisch für Bakterien. Doch die
Membran in den Planctomyceten hat eine Porenstruktur, die Material in das
Nukleoid hinein und wieder herauslässt. Diese ähnelt auffallend den Poren
(den sogenannten Kernporen) in der Membran um den eukaryotischen Zellkern, die dieselbe Funktion in unseren Zellen haben. Damit die Chronozyte
ihre Gene mit denen einer anderen Zelle verflechten konnte, musste sie mit

einer Zelle verschmelzen, die Kernporen aufbauen konnte. Aber derartige Bakterienzellen wurden nie gefunden.

Ein anderer Vorschlag für den endosymbiotischen Ursprung des Zellkerns stammt von Philip Bell von der Macquarie University in Sydney, Australien. Danach entwickelte sich der eukaryotische Zellkern aus einem Virus, vermutlich einem komplexen umhüllten DNA-Virus, ähnlich denen aus der heutigen Familie der Pockenviren oder der ASF-Viren (ASF = African Swine Fever, afrikanische Schweinepest). Seine Idee ist, dass sich das Virus dauerhaft im Zellplasma eines methanverwertenden Archaebakteriums festsetzte und sich in der Folge zum eukaryotischen Zellkern entwickelte, indem es einige der Gene übernahm, die ursprünglich die Kontrolle über die Wirtszelle ausübten. Die Hypothese von Bell wird von einigen Eigenschaften der Eukaryoten gestützt, etwa dem Einpacken und dem Transport der Boten-RNA (Messenger-RNA, mRNA) und dem Fortpflanzungszyklus, die durch Gene von Archaebakterien und Bakterien allein nur schwer erklärt werden können. Man weiß, dass Viren tatsächlich oft an endosymbiotischen Beziehungen beteiligt sind. Doch ob der Zellkern wirklich aus einem endosymbiotischen Ereignis stammt, ob nun mit oder ohne Virus, ist unter Wissenschaftlern immer noch umstritten.

6.7 Endosymbiose ist ein verbreitetes Phänomen

Symbiosen sind in der Welt der Lebewesen weitverbreitet, auch die Endosymbiose, die die engste Form darstellt. Es gibt zwei Arten der Endosymbiose: Bei der einen hält ein Organismus einen anderen in seinem Inneren, und bei der zweiten, noch engeren Form gelangt ein Organismus sogar in die Zellen eines zweiten. Man vermutet, dass Letzteres bei der Entstehung von Eukaryoten abgelaufen ist, doch wir werden im Folgenden auch einige Beispiele für den ersten Typ anführen, um zu zeigen, wie weit verbreitet dieses allgemeine Phänomen ist.

Ein wichtiges Beispiel für eine symbiotische Beziehung sind Flechten, die, wie oben erwähnt, eine Lebensform ist, bei der Algen und Cyanobakterien (oder beides) in einem Geflecht von Pilzen leben. Die enge Verbindung zwischen ihren biologischen Komponenten ist so stark, dass sich Flechten sehr stark von ihren Originalorganismen unterscheiden. In fast jedem Ökosystem der Erde existieren viele verschiedenen Flechtenarten. Oft erobern Flechten als Erste schwierige Umgebungen, wie Wüsten, Felsküsten und hoch gelegene alpine Gegenden. Flechten sind so erfolgreich, dass man schätzt, dass bis zu 6 % der festen Erdoberfläche von ihnen bedeckt sind. Der Pilz profitiert durch die Symbiose, weil die Alge oder das Cyanobakterium durch Photosynthese Nährstoffe produziert, während die Alge oder das Cyanobakterium durch die Fasern des Pilzes vor der Umgebung geschützt werden. Außerdem liefern die Pilze auch Enzyme und Transportproteine, die den photosynthesetreibenden Organismus mit lebensnotwendigen Mineralien versorgen. In den meisten Fällen helfen die Fasern auch, den Organismus zu befestigen. Obwohl die Verbindung zwischen photosynthesetreibendem Organismus und Pilzzelle in Flechten sehr eng ist, bleiben die Zellen voneinander getrennt.

Die Cyanobakterien oder Algen in Flechten sind also keine intrazellularen Endosymbionten, weil sie außerhalb der Pilzzelle leben, deshalb nennt man sie Ektosymbionten (obwohl die photosynthesetreibenden Organismen im Inneren der Flechte eng mit dem Pilz vermischt sind). Trotzdem kleben beide nicht nur aneinander. Mit hochaufgelösten Mikroskopen kann man zeigen, dass bei einigen Cyanobakterienflechten (Flechten, bei denen der Symbiont ein Cyanobakterium ist) die Zellwände sowohl von Pilz als auch von Cyanobakterium an den Kontaktstellen stark verdünnt sind. Obwohl die Pilze die Cyanobakterien noch nicht in sich aufgenommen haben, wie es Pflanzen mit Algen gemacht haben, haben sie doch eine enge biochemische Gemeinschaft mit ihnen gebildet.

Wir könnten noch viele andere Beispiele für Ektosymbiose aufführen, aber für unsere Diskussion interessieren wir uns mehr für Endosymbiose, also der Symbiose, bei der ein Organismus in der Zelle eines anderen lebt. Auch dies ist weitverbreitet. Man findet Bakterien und Pilze, die in den Zellen von Korallen, Quallen, Insekten, Pilzen und Chordatieren leben – der Tiergruppe, zu der auch die Wirbeltiere gehören. Es gibt sogar Beispiele für bakterielle Symbionten, die in anderen Bakterien leben, in direkter Analogie zu dem, wovon wir glauben, dass es bei der Entstehung der eukaryotischen Zellen passiert ist. Es können also nicht nur Eukaryoten Endosymbionten besitzen.

In den Zellen von Korallentieren leben photosynthesetreibende Zooxanthellen. Diese Zooxanthellen, eine Art von Dinoflagellaten, stellen durch Photosynthese Energie zur Verfügung und erhalten im Gegenzug Nährstoffe und Schutz. Auch das Wimperntierchen *Paramecium bursaria* (Grünes Pantoffeltierchen) beherbergt grüne Algen in seiner Zelle. Während das Pantoffeltierchen von den Nährstoffen profitiert, die von der Alge hergestellt werden, nützt die Alge die Fähigkeit der Wirtszelle, sie an einen Ort zu bringen, an dem genug Licht ist. Pantoffeltierchen können von ihrer Alge getrennt leben, müssen dann aber mit zusätzlichem Futter versorgt werden, damit sie überleben.

Bei Insekten kommt die Endosymbiose sehr oft vor, vor allem bei solchen, die von einem sehr eingeschränkten Nahrungsangebot leben, wie Holz, Pflanzensaft oder Wirbeltierblut. Es wird geschätzt, dass gut die Hälfte der 1,2 Mio. Insektenarten endosymbiotische Bakterien in sich tragen, vor allem Proteobakterien, Chlamydien und Firmicutes, die in den Darmzellen ihres Wirtes leben. Bei vielen Insektenarten ist diese Endosymbiose obligat, d. h., weder Wirt noch Bakterie können ohne den anderen überleben. Ein faszinierendes Beispiel ist die enge Verbindung in der Erbsenlaus *(Acyrthosiphon pisum)*, die Saft aus ihrer Wirtspflanze saugt. Im Saft fehlen bestimmte Aminosäuren, die die Laus selbst nicht herstellen kann. Doch ein endosymbiotisches Gammaproteobakterium, das *Buchnera aphidicola*, das innerhalb spezialisierter Zellen in der Laus lebt, kann diese Aminosäuren produzieren und sie gegen andere Nährstoffe, Schutz und Bewegungsfähigkeit mit der Blattlaus austauschen. Die Blattlaus erzeugt außerdem einige der Enzyme, die das Bakterium benötigt, um seine Zellwände zu bilden. Ohne die spezialisierten Zellen mit dem Bakterium in ihrem Körper kann die Blattlaus nicht überleben, und das Bakterium kann außerhalb der Laus nicht leben. Die Blattläuse haben sogar einen besonderen Mechanismus entwickelt, um die Bakterien von der Mutter auf ihre Nachkommen zu transferieren. Sie werden mütterlicherseits durch einen ausgetüftelten Mechanismus vererbt, bei der der Symbiont direkt im Körper der Mutter das Embryo infiziert.

Nicht alle endosymbiotischen Beziehungen in Insekten sind so eng, und es gibt viele Beispiele für Endosymbiose, bei denen der Wirt ohne den Symbionten leben kann. In diesen Fällen sind die symbiotischen Bakterien in der Regel nicht an einen spezifischen Ort gebunden, sondern finden sich in verschiedenen Wirtsgeweben und manchmal sogar außerhalb des Insekts. Beispiele für diese fakultativen Verbindungen sind Bakterien, die ihr Insekt mit einer Toleranz gegen hohe Temperaturen, Pilzkrankheiten und einem erhöhten Widerstand gegen parasitenartige Wespen ausstatten. In der wissenschaftlichen Literatur wird fakultative Endosymbiose oft mit parasitenbezogenen Strategien in Verbindung gebracht, bei denen sich die Parasiten manchmal so entwickeln, dass die Wirte Vorteile aus ihnen ziehen können. Aber wir beobachten sogar in Parasiten selbst Endosymbiose. Ein ziemlich bizarres Beispiel mit einer sehr engen Verbindung muss in dem Protozoenparasiten *Toxoplasma gondii* entstanden sein. Der Verlauf der Abscisinsäureherstellung in dem Parasiten, von dem etwa ein Drittel der Menschen auf der Erde infiziert ist, scheint vom Rest eines Endosymbionten herzukommen, der durch die Vertilgung einer roten Algenzelle übernommen wurde. Daher ist diese Art von Wechselwirkung sogar noch extremer, weil nicht nur die Gene vom Endosymbionten auf den Wirt übertragen wurden, sondern auch einige der Funktionen, wie die Methode zur Weiterleitung von Signalen (wenn auch die Fähigkeit des Endosymbionten, Photosynthese zu treiben, verloren gegangen ist). Das Vorhandensein eines Apikoplasten, also eines nicht photosynthesetreibenden chloroplastenähnlichen Organells, das man in den meisten Protozoenparasiten findet, wie in *Plasmodium falciparum*, ist ein weiteres faszinierendes Beispiel. Apikoplasten stammen von einer sekundären Endosymbiose eines Protozoons mit einer Algenart ab.

Nicht nur Bakterien können Endosymbionten sein. Christina Preston von der University of California in Santa Barbara berichtet, dass eine im Meer vorkommende Archaeenart von Crenarchaeota, einem Stamm, der oft mit einem Schwefelstoffwechsel und einer ausgeprägten Widerstandsfähigkeit gegen hohe Temperaturen in seiner maritimen Umgebung in Verbindung gebracht wird, im Gewebe eines im mäßig kaltem Wasser vorkommenden Schwamms lebt. Die Verbindung ist so selektiv, dass nur eine einzige Crenarchaeota-Art eine spezifische Art von Schwamm als Wirt nutzt. Es war die erste Endosymbiose, die für eine Crenarchaeota-Spezies bekannt wurde. Interessanterweise gedeiht der Archaeensymbiont bei Temperaturen von 10 °C, das heißt 60 °C unterhalb der optimalen Wachstumstemperatur jeder bisher kultivierten Crenarchaeota-Art.

Ein weiteres, nicht weniger erstaunliches Beispiel ist die beobachtete einzigartige Fähigkeit eines Bakteriums, in das Mitochondrium des Gemeinen Holzbocks *(Ixodes ricinus)* – einer Zeckenart – zu gelangen. Dieses intrazelluläre Bakterium, offensichtlich ein Alphaproteobakterium, wurde sowohl im Zellplasma als auch im Zwischenraum der Doppelmembran des Mitochondriums von Eizellen gefunden und war damit das erste, von dem man herausgefunden hat, dass es innerhalb von tierischen Mitochondrien lebte. Die Wissenschaftlergruppe, die von Davide Sassera von der Universität Mailand in Italien und Nathan Lo von der University of Sydney in Australien geleitet wird, schlug vor, das Bakterium *Candidatus Midichloria mitochondrii* zu nennen – eine Anspielung auf die fiktionalen Midi-Chlorianer in der Filmreihe *Star Wars,* die man sich dort als intelligente mikroskopische Lebensform vorstellt, die symbiotisch in den Zellen aller lebendigen Dinge lebt.

Die meisten Grundlagenuntersuchungen beschäftigen sich mit der Endosymbiose zwischen Tieren oder Protozoen und anderen Arten, doch man kennt auch solche zwischen Pilzen und anderen Spezies. Eines der wichtigsten Beispiele sind Mykorrhiza, die Symbiosen von Pilzen, die in den Wurzeln von Pflanzen leben. Die Pilze profitieren von dieser Beziehung, weil sie Schutz erhalten, während die Pflanze im Gegenzug den anorganischen Stickstoff und Phosphor nutzen kann, der vom Pilz aus dem Boden gewonnen wird. Diese Symbiose war sehr wichtig für die Besiedlung von unfruchtbaren Landoberflächen im Silur vor 443 bis 416 Mio. Jahren, weil sie es ermöglichte, dass Pflanzen Landflächen erobern konnten, auf denen sie sonst nicht hätten wachsen können. Manche Pilze bewohnen das Äußere der Wurzeln, doch andere dringen in deren Zellen ein und werden zu Endosymbionten. 80 % der Landpflanzenarten haben heute endosymbiotische Mykorrhiza.

Normalerweise erkennt man Endosymbionten als ganze Organismen, selbst wenn sie nicht mehr in der Lage sind, außerhalb der Wirtszelle zu leben. Doch es gibt auch Beispiele, bei denen der Endosymbiont seine Gene oder Zellstrukturen ganz verloren hat – in einigen wenigen Fällen mehr als 70 % seines ursprünglichen Geninhalts. Er wird damit zu einem Missing Link zwischen einem symbiotischen Organismus und etwas wie einer Organelle. Ein Beispiel ist der Augenfleck (ein Lichtsensor) des einzelligen Geißeltierchens *Hatena arenicola,* den es von einem Symbionten geerbt hat, der zur Gattung *Nephroselmis* (einer Grünalge) gehört. Der Symbiont hat noch seinen Zellkern, Mitochondrium und gelegentlich Golgi-Apparat, doch die Geißeln, das Zellskelett und die Endomembran sind verloren gegangen. Bei dieser bemerkenswerten Wirt-Symbiont-Partnerschaft wird der Symbiont immer nur von einer der Tochterzellen geerbt. Die andere erbt keinen Augenfleck, ist farblos statt grün und entwickelt an der Stelle des Augenflecks einen Fressapparat. Die farblose *Hatena* kann andere Zellen fressen und frei lebende Zellen der Gattung Nephroselmis, die in diesem Lebensbereich sehr oft vorkommen, verschlingen. Daraufhin baut sich der Fressapparat ab, und der symbiotische Plastid entwickelt sich. Weil Wissenschaftler noch nie eine sich teilende Zelle ohne den Symbionten beobachtet haben, müssen die Einlagerung und Umwandlung des Symbionten innerhalb einer Generation geschehen. Die An- oder Abwesenheit des Symbionten verändert die Morphologie und Physiologie der Wirtszelle. Dieser Vorgang ist stammspezifisch. Als Noriko Okamoto und Isao Inouye einen anderen Stamm derselben Spezies verwendeten, wurde der Symbiont verschlungen und blieb unverdaut, doch er wurde nicht modifiziert und zum Augenfleck. Vermutlich ist das Beispiel der *Hatena* ein Frühstadium der Endosymbiose, bis der Organismus eine Lösung findet, wie er den Augenfleck auf beide Tochterzellen übertragen kann.

Einige dieser bakteriellen Symbionten wurden mithilfe moderner DNA-Sequenzierung untersucht. Manche haben wie ein frei lebendes Bakterium alle ihre Gene behalten. Doch viele andere haben Gene verloren, im manchen Fällen die meisten Gene in der Zelle, und wurden so in Bezug auf viele biochemische Prozesse vollständig abhängig von ihrer Wirtszelle. Ein

Beispiel dafür ist das endosymbiotische Bakterium *Carsonella ruddii,* das man in vielen saftsaugenden Blattläusen findet. In seinem ganzen Genom hat es nur noch 140.000 DNA-Basen. Dies mag nach viel klingen, doch das Genom von *Mycoplasma genitalium,* einem weitgehend auf das Wesentliche reduzierten Parasiten, der nicht außerhalb von Säugetierzellen leben kann, hat 420.000 Basen, und die meisten frei lebenden Bakterien haben Genome mit mehr als 1 Mio. Basen. Diese Verkleinerung des Genmaterials ist offensichtlich analog zu der von Bakterien, die als Chloroplasten und Mitochondrien in modernen eukaryotischen Zellen endeten.

Wir haben bereits bakterielle Endosymbionten in Bakterien erwähnt. Diese kann man nur sehr schwer aufspüren. Die meisten Methoden, um Bakterien in Proben zu finden, blicken nicht in das Innere der Bakterienzelle; sie analysieren ihre Gene, und ein Bakterium in einem anderen Bakterium sieht einfach wie zwei Bakterien aus. Trotzdem hat man im endosymbiotischen Bakterium in der Schmierlaus ein endosymbiotisches Bakterium gefunden – ein Bakterium im Bakterium also. Weniger vorteilhaft ist die Beziehung einer ganzen Klasse von Bakterien, den sogenannten *Bdellovibrio,* die als Parasiten innerhalb von Bakterien leben. Genau genommen besteht eine teilweise symbiotische, teilweise parasitäre Beziehung mit ihrer Wirtszelle; sie nehmen mehr, als sie geben, töten ihren Wirt aber nicht. Ein *Bdellovibrio*-Bakterium wurde auch innerhalb eines Cyanobakteriums, das selbst ein Endosymbiont eines Meerschwammes ist, gefunden.

Es gibt Hunderte von anderen Beispielen für Endosymbiose. Unsere Auswahl hat gezeigt, dass diese Lebensweise weitverbreitet ist und sich sehr oft entwickelt haben muss. Offensichtlich gibt es eine direkte Analogie zu dem, wovon man annimmt, dass sich so die früheste Form der eukaryotischen Zelle entwickelt haben muss – einem Bakterium, das symbiotisch innerhalb eines anderen lebt.

6.8   Der nächste Schritt

Immer wiederkehrende Endosymbioseereignisse, die zum Mitochondrium oder einem entsprechenden Organell und vielleicht auch zum Ursprung des Zellkerns führten, waren entscheidende Neuerungen für den eukaryotischen Organismus, denn sie statteten ihn mit mehr Energie aus, und so erlangte er einen Vorteil bei der Selektion, weil er größer und komplexer werden und andere Organismen als Nahrung nutzen konnte. Doch größer werden bedeutete auch ein kleineres Oberfläche-zu-Volumen-Verhältnis; damit konnte weniger Material durch die Zelle gelangen, und es konnten auch weniger Nährstoffe aufgenommen werden, was einen selektiven Nachteil gegenüber den präeukaryotischen Zellen darstellte, die im Wettbewerb um die begrenzten Ressourcen standen. Vielleicht hilft dies zu erklären, warum es so lange dauerte, bis sich Eukaryoten entwickeln konnten. Die Tauglichkeitshürde musste genommen werden. Nur eine fortgeschrittene Version eines Eukaryoten mit Mitochondrien war in der Lage, sich in der prokaryotischen Welt durchzusetzen. Vielleicht war aber auch der Aufstieg eukaryotischer Organismen einfach deshalb nicht möglich, weil es noch nicht genug Sauerstoff in der Atmosphäre gab. Tatsache bleibt, dass sich auf der Erde prokaryotische Organismen vor etwa 3,8 bis 4,2 Mrd. Jahren entwickelt haben, während eukaryotische anscheinend erst 2 Mrd. Jahre später kamen.

Natürlich ist es nicht das Gleiche, ob man sagt, dass Endosymbiose weitverbreitet ist, oder dass die Entstehung von Mitochondrien und Chloroplasten ein einfacher Schritt in der Evolution waren. Es musste große Veränderungen in der Physiologie von Symbionten und Wirt geben, wozu auch der Gentransfer vom Symbionten zum Wirtszellkern und die Entwicklung molekularer Mechanismen, um Proteine zurück in den Symbionten zu bringen, gehören. Außerdem erforderte es die Synchronisation der Zellzyklen von Wirt und Symbiont sowie die Weitergabe von zwei oder mehr verknüpften Genen auf einem Chromosom zur gleichen Tochterzelle, damit diese Gene von den Nachkommen geerbt werden konnten. Wie diese Synchronisation gelingen konnte, ist noch nicht bekannt und wird weiter erforscht. Sowohl für Mitochondrien als auch für Chloroplasten müssen viele Stoffwechselprodukte zwischen Organell und Zellplasma ausgetauscht werden, auch ATP. Wie dies gelingt, ist bekannt, doch wie es sich entwickeln konnte, ist ein Rätsel.

Aber vielleicht war die Endosymbiose nicht der einzige Weg der Evolution in Richtung höhere Komplexität. Die Art von innerer Einteilung, die wir in Eukaryoten beobachten und für das Ergebnis der Endosymbiose halten, sehen wir auch in manchen Prokaryoten, wobei natürlich die innere Struktur in Eukaryoten komplexer und ausgeprägter ist. Die Abteilung der Planctomyceten innerhalb der Domäne der Bakterien hat eine Zellstruktur, in der das Zellplasma in Bereiche eingeteilt ist; ein großer davon enthält das Nukleoid. Besonders wichtig ist in dieser Hinsicht die Art *Gemmata obscuriglobus*, bei der das Nukleoid von zwei Membranen umhüllt ist und einen Kernkörper bildet, dessen Struktur der des Zellkerns der Eukaryoten ähnelt. Zudem haben viele Planctomyceten auch einen intrazellularen, von einer Membran umgebenen Bereich, in dem die anaeroben Reaktionen für die Ammoniakoxidation ablaufen. Auch manche Archaeen haben solche von einer Membran abgetrennte Bereiche. Deshalb ist die Behauptung, dass nur Eukaryoten intrazellulare Membrane besitzen, falsch. Das Membransystem im Inneren von Eukaryoten ist in ein dynamisches Netz von Vesikelverschiebungen und Steuerungssystemen eingebunden, das scheinbar in Bakterien und Archaebakterien keine Entsprechung hat. Doch manche der Kernproteine und Strukturelemente des Zellskeletts finden sich auch in Prokaryoten. Daraus kann man schließen, dass die Architektur der eukaryotischen Zelle eine Weiterentwicklung eines Systems ist, das es entweder in dem vorher lebenden gemeinsamen Vorfahren schon gegeben hat oder das sich seitdem mehrmals entwickelt hat. Die Zellaufteilung in den Prokaryoten könnte darauf hinweisen, dass es vielleicht eine weitere Möglichkeit für den Ursprung der eukaryotischen Zellstruktur geben könnte, und wenn das so ist, können wir nicht ganz ausschließen, dass sich die ersten Eukaryoten auf der Erde aus einem *Gemmata-obscuriglobus*-Organismus entwickelt haben. Auf der anderen Seite könnte die Doppelmembran von *Gemmata obscuriglobus* einfach darauf hinweisen, dass sein Nukleoid aus einer Endosymbiose entstanden ist.

Eukaryoten könnten sich als Räuber entwickelt haben, weil ihr Größenvorteil es ihnen ermöglichte, andere Organismen zu fangen und zu verzehren. Auch das Zellskelett stützt die These, dass die ersten Eukaryoten räuberisch lebten, und die Erfindung des Zellkerns könnte eine Folge dieses Lebensstils sein, denn er schützte die DNA vor Beschädigungen bei einer Bewegung des Zellskeletts. Das Zellskelett ist ein entscheidender Vorteil für die eukaryotische Zelle, aber während in einer kleineren, prokaryotischen Zelle Nährstoffe durch Diffusion gewonnen werden können, müssen in einer größeren Zelle Organelle, so groß wie ein Ribosom oder ein Mitochondrium, herumbewegt werden. Dies ist durch ein dynamisches Netz aus Vesikelbewegungen und ihrer Steuerung sowie aufgrund komplexer innerer Strukturen möglich, die es hinsichtlich ihrer Komplexität mit kleinen vielzelligen Organismen aufnehmen können. Die Mitochondrien mit ihrer großen verwickelten inneren Membranstruktur stellen die Energie zur Verfügung, und das Zellskelett ermöglicht aktives Handeln. Doch wiederum findet man einige der wichtigen Proteine und Strukturelemente des Zellskeletts in Prokaryoten. So hat das riesige Bakterium *Epulopiscium fishelsoni* ein Röhrchensystem in seinem Inneren, das dem von Eukaryoten ähnelt, weshalb es anfangs irrtümlich für ein Protozoon gehalten wurde.

6.9   Eukaryotische Organismen auf anderen Welten?

Obwohl die Evolution der komplexen Zellstruktur von Eukaryoten auf der Erde viele Wege genommen zu haben scheint, so hat sie dafür doch einen sehr langen Zeitraum in Anspruch genommen. Die Tatsache, dass es bereits 2 Mrd. Jahre lang Leben gab, bevor wir erste Hinweise auf das Auftauchen eukaryotischer Zellen finden, ist ein empirischer Beweis dafür. Viele-Wege-Prozesse geschehen mit hoher Wahrscheinlichkeit in einem definiertem „Zeitfenster", wobei der Zeitrahmen von der Geschwindigkeit der zugrunde liegenden Innovationen der Einzelkomponenten abhängt und die Weite des Fensters von der Zahl der möglichen Neuerungen und der Zahl der tatsächlichen Neuerungen, die notwendig für eine Gesamtfunktion sind. Dies würde auch für andere Planeten und Monde gelten, in denen eine ausreichend große Biosphäre entstanden ist. Da nicht ganz sicher ist, wann Eukaryoten auf der Erde erschienen, ist es schwierig, ein Zeitfenster oder seine Weite einzuschränken. Aber davon hängt das Ergebnis unserer Analyse nicht ab. Wir schließen daraus, dass die Evolution einer komplexen Zelle, die mit denen in Pflanzen, Tieren und Pilzen vergleichbar ist, auch auf einigen anderen Planeten oder Monden mit einer ausreichend großen und diversifizierten Biosphäre geschehen kann.

Weiterführende Literatur

Der Weg der Evolution zur eukaryotischen Zelle

Bains, W., & Schulze-Makuch, D. (2015). Mechanisms of evolutionary innovation point to genetic control logic as the key difference between prokaryotes and eukaryotes. *Journal of Molecular Evolution, 81,* 34–53.

Bell, P. J. L. (2001). Viral eukaryogenesis: Was the ancestor of the nucleus a complex DNA virus? *Journal of Molecular Evolution, 53,* 251–256.

Fuerst, J. A. (2005). Intracellular compartmentalization in Planctomycetes. *Annual Review of Microbiology, 59,* 299–328.

Hartman, H., & Federov, A. (2002). The origin of the eukaryotic cell: A genomic investigation. *Proceedings of the National Academy of Sciences, 99,* 1420–1425.

Martin, W. F., Garg, S., & Zimorski, V. (2015). Endosymbiotic theories for eukaryote origin. *Philosophical Transactions of the Royal Society of London B Biological Sciences, 370,* 20140330. https://doi.org/10.1098/rstb.2014.0330.

Yoon, H. S., Hackett, J. D., Ciniglia, C., Pinto, G., & Bhattacharya, D. (2004). A molecular timeline for the origin of photosynthetic eukaryotes. *Molecular Biology and Evolution, 21,* 809–818.

Endosymbiose

Jeon, K. W. (1995). Bacterial endosymbiosis in amoebae. *Trends in Cell Biology, 5,* 137–140.

Kikuchi, Y. (2009). Endosymbiotic bacteria in insects: Their diversity and culturability. *Microbes Environment, 24,* 195–204.

Okamoto, N., & Inouye, I. (2005). A secondary symbiosis in progress? *Science, 310,* 287.

von Dohlen, C. D., Kohler, S., Alsop, S. T., & McManus, W. R. (1990). Mealybug β-proteobacterial endosymbionts contain γ-proteobacterial symbionts. *Nature, 412,* 433–436.

Whitfield, J. B. (1990). Parasitoids, polydnaviruses and endosymbiosis. *Parasitology Today, 6,* 381–384.

Die ersten Eukaryoten

El Albani, A., Bengtson, S., Canfield, D. E., Bekker, A., Macchiarelli, R., et al. (2010). Large colonial organisms with coordinated growth in oxygenated environments 2.1 Gyr ago. *Nature, 466,* 100–104.

Margulis, L. (1971). *Origin of eukaryotic cells* (S. 371). Connecticut: Yale University Press.

Zhu, S., Zhu, M., Knoll, A. H., Yin, Z., Zhao, F., Sun, S., et al. (2016). Decimetrescale multicellular eukaryotes from the 1.56-billion-year-old Gaoyuzhuang Formation in North China. *Nature Communications, 7,* 11500. https://doi.org/10.1038/ncomms11500.

7

Sex: Eine neue Art, sich zu vermehren

Wenn Menschen meinen, Sex sei wichtig, haben sie vermutlich Recht. Aber wenn Biologen über die Vermehrung durch Sex sprechen, meinen sie nicht den Spaß und die Intimität, von denen Teenager fürchten, dass ihn ihre Eltern immer noch haben. Das ist ziemlich nebensächlich. Bei der sexuellen Reproduktion geht es darum, wie zwei Individuen ihre Gene vermischen und so ein neues Individuum erzeugen. Fast alle Eukaryoten können sich durch Sex vermehren, wobei die Chromosomen verdoppelt werden und dann ein komplexer Mechanismus dafür sorgt, dass jede Tochterzelle genau eine Kopie des gesamten Chromosomensatzes erhält. Das ist ein beängstigend komplexer Vorgang und mit Gefahren für beide Eltern verbunden. Trotzdem scheint jeder Eukaryot (mit einigen interessanten Ausnahmen, die wir später erwähnen werden) ihn zu betreiben. Warum? Und ist das einer der entscheidenden Schritte auf dem Weg zum komplexen Leben?

7.1 Die Geografie der Gene

Um Sex zu begreifen, müssen wir einen Schritt zurückgehen und verstehen, wie die Gene in eukaryotischen Zellen angeordnet sind. Unsere Gene sind DNA-Segmente. Die DNA in einem Organismus besteht bei einfachen Bakterien aus einigen Hunderttausend und bei Menschen aus etwa 3 Mrd. Basen. In manchen Arten sind es sogar noch mehr. Könnte man ein 3 Mrd. Basen langes DNA-Molekül zu einem festen Strang ausziehen, wäre es etwa 45 cm lang; dies würde natürlich nicht in eine nur wenige Mikrometer große

© Springer-Verlag GmbH Deutschland, ein Teil von Springer Nature 2019
D. Schulze-Makuch und W. Bains, *Das lebendige Universum*,
https://doi.org/10.1007/978-3-662-58430-9_7

Zelle passen. Deshalb ist die DNA in engen Spulen um Proteine gefaltet, und diese Spulen wiederum sind in größere Strukturen verpackt, sodass die DNA in eine einzige Zelle passt. Dies ist bei allen Lebensformen so.

In Eukaryoten werden die Proteine Histone genannt, und die Spulen haben eine ganz besondere und gleichförmige Struktur. Sie sind in weitere Strukturen verpackt, die, wie wir in Kap. 9 genauer besprechen werden, der Schlüssel zur Arbeitsweise von Genen sind. Hier geht es uns aber darum, wie Gene weitervererbt werden, was durch die Tatsache verkompliziert wird, dass diese 3 Mrd. DNA-Basen bei Menschen nicht in einem Molekül, sondern in 23 Molekülen stecken, den sogenannten *Chromosomen*. Sie sind linear und haben ganz spezifische Mitten und Enden. Alle Eukaryoten besitzen diese Anordnung, doch die Zahl der Chromosomen variiert von nur einem in den Männchen der Jack-Jumper-Ameise *(Myrmecia pilosula)* bis zu 134 in Schmetterlingen der in der Arktis lebenden Gattung *Agrodiaetus*. Die Enden sind tatsächlich ein Problem, denn die Enzyme, die die DNA kopieren, können die Enden von Molekülen nicht kopieren. Wenn es also keinen speziellen Reparaturmechanismus für die Enden gäbe, würde immer, wenn eine Kopie eines Chromosoms erstellt wird, ein wenig davon verloren gehen. Nach einigen Vervielfältigungen würde das Chromosom beginnen, wichtige Gene zu verlieren, und das wäre fatal. Deshalb haben Eukaryoten spezielle Strukturen am Ende der Chromosomen entwickelt, die Telomere, und eine entsprechende Menge von Enzymen, die sie ersetzen. Interessanterweise ist dieser Mechanismus in Vielzellern, wie wir es sind, nicht perfekt, und dafür könnte es einen Grund geben, auf den wir in Kap. 8 eingehen werden.

Bakterien haben in der Regel eine einfache Lösung. Ihre Chromosomen haben normalerweise keine Enden, weil ihre DNA kreisförmig ist. Deshalb kann das Enzym, das die DNA kopiert, an einer speziellen Stelle anfangen und um das ganze Molekül laufen, bis es wieder am Startpunkt angekommen ist, ohne je an ein Ende zu kommen. (Manche Bakterien haben auch lineare Chromosomen, daher ist der Aspekt linearer Chromosomen in unserer Genetik nicht ganz so einzigartig.)

Es gibt zwei Probleme mit der Anordnung der Gene in Eukaryoten, die aus der Zellteilung (Mitose) entstehen. Wenn sich eine Zelle in zwei teilt, benötigen beide eine Kopie aller Gene der Originalzelle. Wenn man nur ein langes DNA-Molekül hat, muss sichergestellt werden, dass jede Zelle eine Kopie davon bekommt. Doch wenn man (wie bei den Menschen) 23 Moleküle hat, müssen nicht nur alle kopiert werden, sondern es muss auch dafür gesorgt werden, dass in jeder Tochterzelle die richtige Kopie landet. Eukaryotische Zellen besitzen eine Reihe komplexer molekularer Mechanismen, die dafür zuständig sind. Das bedeutet, dass die Zelle mit einem Chromosomensatz beginnt, ihn dupliziert, sodass sie dann die doppelte Anzahl besitzt und diese dann gleichmäßig auf zwei neue Zellen verteilt. Das passiert natürlich auch bei Bakterien, doch normalerweise nur mit einem Chromosom und entsprechend mit einem weit weniger komplexen Mechanismus. Eukaryoten haben ein viel ausgeklügelteres System entwickelt, die *sexuelle Reproduktion.* Sie verwenden zwei Zellen mit jeweils einem Chromosomensatz, die *haploiden Zellen.* Dann verschmelzen sie diese, sodass Zellen mit einem doppelten Chromosomensatz entstehen, die *diploiden Zellen.* Diese diploiden Zellen durchlaufen dann zwei Teilungsrunden, sodass vier Zellen entstehen. Bei der ersten tun sich die Chromosomen zusammen und tauschen Segmente aus, sodass jeweils zwei eines neuen Satzes von Chromosomenpaaren entstehen. Es gibt einen komplexen Satz von Enzymen, die darauf spezialisiert sind und deren Entstehung ein entscheidender Schritt in der Entwicklung von Sex war. Die Zelle teilt sich dann noch einmal, doch ohne die Chromosomen zu duplizieren. Damit landet man bei vier Tochterzellen, von denen jede einen Chromosomensatz besitzt, doch dieser ist von zwei Elternteilen abgeleitet. Den Vorgang, von diploiden Zellen auszugehen, Chromosomensegmente auszutauschen und sie dann zu teilen, um wieder haploide Zellen zu erhalten, nennt man *Reifeteilung (Meiose).* Dieser Haploid-Diploid-Zyklus läuft bei fast allen Eukaryoten ab.

7.2   Der Generationenwechsel

Wir haben angenommen, dass die „normale" Zelle haploid ist und dass die diploide ein kurzes Zwischenspiel in ihrem Leben darstellt. Bei einigen Lebensformen – ziemlich vielen Pilzen, vielen Protisten und Moosen – stimmt das. Doch es gibt keinen Grund, warum diploide Zellen nicht als eigenständige Einzellebewesen überleben könnten. Sie hätten alle Gene, die sie benötigen – zwei Kopien sogar –, weshalb sie die Chromosomenpaare duplizieren und dann zwei Kopien davon an jeder Tochterzelle weitergeben könnten. Wie passiert es also? Ist die haploide oder die diploide Zelle die „normale" Form?

Das hängt vom Organismus ab, aber in den meisten komplexen Organismen ist die diploide Form die dominante. Bei der Beschreibung der menschlichen Zelle haben wir etwas geschummelt. Menschliche Zellen besitzen 23 Chromosomenpaare – menschliche Zellen sind diploid. Wenn sie sich teilen, verdoppeln die Zellen die Paare und geben während der Zellteilung einen Satz von Paaren an jede Tochterzelle weiter. Wir erzeugen zwar haploide Zellen, doch diese sind klein, spezialisiert und nicht in der Lage, selbstständig zu leben. Es handelt sich um die Sperma- und Eizellen, die zusammengenommen Keimzellen *(Gameten)* heißen. Sie sind der Grund, warum wir so viel Zeit auf Social-Media-Seiten und Partys verbringen, sodass wir sie zusammenbringen können, damit sie diploide Zellen bilden können. Auch Landpflanzen sind diploid, und ihre haploiden Teile sind die Pollen und Eizellen, die verschmelzen, um eine neue Pflanze zu bilden, ohne jemals unabhängig zu leben. Doch Moose sind haploid. Sie bilden haploide Zellen, die verschmelzen, um einen winzigen diploiden Organismus zu bilden, den sogenannten *Sporophyten,* der dann zu einem neuen Platz schwimmen kann, um sich dort wieder in haploide Zellen zu teilen und eine neue Pflanze wachsen zu lassen. Auch Seegras und die meisten Pilze sind haploid.

Die meisten Organismen nutzen für die Reproduktion spezielle Zellen, und schon ganz früh in ihrer Entwicklung legen sie einen Satz Zellen beiseite, aus denen beim erwachsenen Tier oder der ausgewachsenen Pflanze die Zellen für die Vermehrung werden sollen. Der berühmte deutsche Zoologe August Weismann nannte dies die Trennung der Keimbahn und des Soma. Die Keimbahnzellen sind diejenigen, aus denen später die haploiden Zellen entstehen und damit die nächste Generation, und das Soma ist alles andere. Richard Dawkins bemerkte, dass der Grund für die Existenz des Soma nur darin liegt, dass sie den Keimbahnzellen und damit den darin enthaltenen Genen ermöglicht, sich zu vermehren; uns, das diploide Soma, gibt es also nur, damit die Keimbahnzellen und die Gene in ihnen zusammenkommen können, um die nächste Generation hervorzubringen. Aber während Keimbahn und Soma in höheren Tieren streng getrennt sind, ist das bei den meisten anderen komplexen Organismen nicht der Fall, nicht einmal in komplexen Pflanzen, die aus Ablegern oder Wurzelresten gezogen werden können, sodass neue Pflanzen wachsen können, die Blumen für neue Samen hervorbringen.

7.3   Warum sollte man also Sex haben?

Sex entwickelte sich sehr früh in der Geschichte der Eukaryoten, möglicherweise gleichzeitig mit den Eukaryoten selbst. Sex entwickelte sich nur einmal, aber es wird unter Evolutionsbiologen immer noch darüber diskutiert, warum sich Eukaryoten mit Sex herumschlagen, denn Sex birgt eine erhebliche Gefahr. Eine andere Zelle muss gefunden werden, mit der man verschmelzen kann, und um all seine Gene mit dieser Zelle teilen. Was ist, wenn sie Parasiten beherbergt? Und am Ende bekommt man Tochterzellen, die nur die Hälfte der eigenen Zellen besitzen. Hätte man sich einfach zweigeteilt, hätten die Tochterzellen alle Gene – ginge es nur um die Gene, wäre das ganz bestimmt besser. Es gibt eine Reihe von Argumenten, welche Vorteile der Sex hat, aber die Wissenschaftler sind sich noch nicht einig, welche richtig sind.

7.3.1 Der Turbo für die Evolution

Stellen Sie sich vor, sie haben nur einen Elternteil, dieser Elternteil hat auch nur einen Elternteil und so weiter bis zurück in die Zeiten der Dinosaurier. Dies ist eine Vermehrung durch Klonen. Gäbe es keine Mutationen, wäre man ein identisches Abbild seines Elternteils, und das gliche seinem Elternteil usw. Wenn sich die Umwelt verändert, muss ein Art seine Gene verändern, um sich daran anzupassen. Das könnte geschehen, indem sich geeignete Mutationen häufen, doch wäre das ein sehr langsamer Vorgang. Außerdem sind die meisten Mutationen eher schlecht für den betroffenen Organismus, weshalb es eine Balance zwischen gewollten Mutationen und deren Vermeidung gibt.

Mikrobielle Lebensformen haben eine Möglichkeit entwickelt, dies zu umgehen, indem sie DNA austauschen. Wenn ein Bakterium zum Beispiel einen Satz von Genen besitzt, der es resistent gegen Antibiotika macht, und ein anderes einen Satz von Genen, der es für unser Immunsystem unsichtbar macht, dann wäre ein neues Bakterium, das entsteht, indem beide diese Gene ausgetauscht haben, der perfekte Superbazillus, der seine neue Umgebung – Menschen – kolonisieren könnte. Bakterien können das auf vielerlei Arten und unabhängig davon, wie groß ihre DNA ist. Das Genom von Bakterien ist ein Flickenteppich von Segmenten, die während ihrer evolutionären Vergangenheit von anderen Organismen auf sie übertragen worden sind. Dabei handelt es sich um horizontalen Gentransfer (Box 4.4). Doch dieser ist unstrukturiert und riskant, außerdem profitiert nur der Empfänger der DNA.

Früher argumentierte man, dass Sex ein besserer Mechanismus für diesen Genaustausch sei, denn er erlaubt komplexen Organismen eine schnellere Anpassung an neue Umweltbedingungen. Er ermöglicht es der Lebensform, die besten Mutationen in einer Zelle zu sammeln, indem die Chromosomen umgeordnet und genetisches Material ausgetauscht werden. Außerdem können zwei Kopien eines Gens in einer Zelle existieren. Eine davon kann verändert werden, ohne dass die Zelle die genetische Funktion verliert, während die andere Kopie da ist, um die Aufgabe zu übernehmen. Dies könnte der erste Schritt bei der Genverdopplung sein, die wir in Kap. 5 erwähnt haben. Doch in letzter Zeit wurden diese Ansichten revidiert. Nun erkennt man den Sex als eine Möglichkeit an, die der haploiden Zelle in guten Zeiten eine höhere Flexibilität bietet. In schlechten Zeiten, gibt es dagegen in der diploiden Zelle die DNA-Sicherung durch die beiden Kopien jedes Chromosoms, zum Beispiel, wenn die Zelle von der Sonne ausgetrocknet wird oder starker UV-Bestrahlung ausgesetzt ist.

Eine weitere Hypothese ist, dass Sex die genetischen Veränderungen ermöglicht, die man für die Gene des sich nur langsam verändernden Zellkerns braucht, damit diese mit den schneller mutierenden Genen in den Mitochondrien mithalten können. Sex erzeugt auch neue Genkombinationen, die eine schnellere Anpassung an neue Umgebungen erlauben.

Es gibt zwei Probleme bei diesen Argumenten. Erstens ist nicht klar, ob die Vorteile bei der Anpassungsfähigkeit die Nachteile, die sich durch den Sex ergeben, ausgleichen. Zweitens, was schwerwiegender ist, handelt es sich um ein Langzeitargument, und die Evolution agiert nicht vorausschauend, sondern nur bei dieser Generation. Es gibt keine „führende Hand", die die Zukunft plant. Doch das evolutionäre Argument bezieht sich auf die Zukunft, nicht auf das Heute.

7.3.2 Vermeidung von Mutationen

In dieselbe Richtung geht die Vorstellung, dass durch Sex Schäden aufgrund von Mutationen vermieden werden können, ohne Mutationen ganz auszuschließen. Man möchte ja nicht alle Mutationen vermeiden, denn das würde die Evolution vollständig stoppen, sodass die Art letztlich aussterben würde. (Außerdem ist es chemisch unmöglich, alle Mutationen zu verhindern, denn das DNA-Molekül in einer aktiven Zelle, in der viele chemische Reaktionen ablaufen, kann nicht gegen jede Beschädigung geschützt werden.) Doch die meisten Mutationen sind schädlich. Daher ist Sex eine Möglichkeit, die Kopie eines Chromosoms, auf der eine Mutation sein könnte, mit einer Kopie, auf der das nicht der Fall ist, zu mischen. Dieser Mischvorgang (die Rekombination) kann einige der Beschädigungen auf der DNA korrigieren, indem fehlende Genbestandteile ergänzt oder Gensegmente verschoben werden. Das Ergebnis ist ein Genom, auf dem Mutationen sowohl repariert als auch zwischen Individuen ausgetauscht werden.

Das Problem an dieser Erklärung ist wieder, dass Bakterien über denselben Enzymmechanismus verfügen, um Mutationen zu reparieren. Manche können das weit besser als Eukaryoten. Das Bakterium *Deinococcus radiodurans* kann Strahlendosen aushalten, die das Genom eines Eukaryoten vollständig zerstören würden, weil seine Reparaturmechanismen so viel effizienter sind (es ist so zäh, dass es den Spitznamen „Conan, das Bakterium" trägt). Sex ist also nicht die einzige Möglichkeit, Mutationen in den Griff zu bekommen.

7.3.3 Vermeidung von Parasitenbefall

Eine weitere Sichtweise ist, dass Sex nicht dazu da ist, Gutes zu entwickeln, sondern Schlechtes zu vermeiden. Die Überlegung ist folgende: Je größer und komplexer eine Lebensform ist, und je mehr Energie sie in ihre Gesundheit steckt, desto mehr ist sie das Ziel von Parasiten. Wenn sich ein Organismus als Klon vermehrt und seine Nachkommen genetisch identisch sind, dann kann jeder Parasit, der das Elternteil angreifen kann, auch die Nachkommen angreifen. Sobald sich ein Parasit entwickelt hat, der perfekt daran angepasst ist, das Elternteil anzugreifen, kann er die gesamte Familie, ja die ganze Art ausrotten. Wenn jedoch die Nachkommen ein wenig anders sind als die Eltern und die Geschwister, können Parasiten nur einige davon angreifen, und die Familie kann ihre Gene an die nächste Generation weitergeben. Ganze Genklassen widmen sich in Säugetieren der Aufgabe, unsere Zellen verschieden aussehen zu lassen. (Ein Nebeneffekt davon ist, dass man Blut oder Gewebe nicht einfach zwischen Menschen austauschen kann; es muss zusammenpassen.) Diese Gene werden bei der sexuellen Fortpflanzung ausgetauscht, sodass es für Parasiten – ob das nun Viren, Bakterien, Protozoen oder Insekten sind – schwieriger wird, uns anzugreifen. Diese ständige Neuvermischung dieser Gene macht uns also widerstandsfähiger gegen Parasiten. Das Problem bei diesem Argument ist wieder, dass auch Bakterien Mechanismen ohne Sex dafür entwickelt haben. Auch sie können Gene austauschen (wie oben beschrieben) und besitzen daneben innere Mechanismen, um sich gegen Viren zu schützen.

Das vor Kurzem entdeckte CRISPR-System ist ein weitverbreiteter Mechanismus, der Teile eines eindringenden Virus nimmt, ihn in die DNA des Bakteriums einbaut und dann diese neue genetische Information verwendet, um das Virus in Zukunft zu identifizieren und es zu zerstören, sobald es in die Bakterienzelle gelangt. Das funktioniert wie unser Immunsystem, wird außerdem aber noch von einem Bakterium auf das nächste vererbt. Es gibt weitere Mechanismen – der Malariaerreger (eine Eukaryote) kann seine Gene in sich selbst vermischen, um seine Oberflächenchemie zu verändern und so unser Immunsystem zu überlisten. Dazu benötigt er keinen Sex. Es haben sich also viele andere Möglichkeiten entwickelt, um Parasitenbefall zu verhindern. Warum also Sex?

Es gibt viele weitere Theorien, beispielsweise dass Sex dazu da ist, Mutationen zu beseitigen, die sich in Mitochondrien ansammeln (die DNA von Mitochondrien mutiert schneller als die DNA in unseren Zellkernen).

Sex könnte also manchmal nützlich sein, doch das Leben hat andere Strategien entwickelt, um all das zu tun, was Sex kann. Das Seltsame ist, dass fast alle Vielzeller sich sexuell vermehren. Pflanzen können über Stecklinge asexuell vermehrt werden, und manche breiten sich ohne sexuelle Reproduktion aus. Viele Gräser, Erdbeeren und Sumachgewächse breiten sich über Wurzeln oder Ausläufer aus, aus denen neue identische Pflanzen entstehen. Doch man kann beobachten, dass Pflanzen, die als Klone wachsen – also als Gruppe von Organismen, die genetisch identisch sind, weil sie sich ohne Sex vermehrt haben – letztlich aussterben. Manche Tiere, wie Blattläuse, können sich asexuell vermehren, doch sie machen das nur für eine begrenzte Zeit im Jahr und kommen im Herbst wieder darauf zurück, sich sexuell zu vermehren. Kürzlich hat man beobachtet, dass sich die Abgott- bzw. Königsschlange *(Boa constrictor)* ohne Männchen vermehren kann (diese eingeschlechtliche Reproduktion wird *Parthenogenese* genannt), obwohl der genetische Mechanismus dahinter vielleicht trotzdem die Zellmechanismen von Sex nutzen könnte (d. h. die Vermischung von Chromosomen), nur eben ausschließlich im Weibchen. Ob die Boas das über mehrere Generationen können ist nicht bekannt, doch aus den vorliegenden Fällen lässt sich schließen, dass sie darauf nur im Notfall, d. h., wenn es zu wenige Männchen gibt, zurückgreifen.

Es scheint also ein fast festgeschriebenes Gesetz, dass das komplexe Leben Sex benötigt und auf diesen nur im größten Notfall, und wenn dann nur für wenige Generationen verzichtet. Bedeutet das, dass sich der komplexe Apparat der Chromosomenpaarung, des Chromosomenaustauschs und der Chromosomentrennung erst entwickeln muss, bevor komplexe Organismen entstehen können? Falls ja, ist das dann ein Random-Walk-Ereignis?

Wir glauben, dass Sex nicht so einzigartig und einschränkend ist, und haben dafür drei Gründe, die wir im nächsten Abschnitt erläutern wollen.

7.4 Enthaltsame Komplexität

Zuerst einmal gibt es vielzellige, eukaryotische Organismen, die ohne Sex auskommen. Sie sind so selten, dass der Evolutionsbiologe John Maynard-Shmith sie „einen evolutionären Skandal" genannt hat. Doch sie zeigen, dass für die Komplexität Sex nicht zwingend notwendig ist.

Das bekannteste Beispiel sind die *Bdelloid*-Rädertierchen, mikroskopische Räuber, die auf der ganzen Welt in Süßwasser leben, in Teichen und Flüssen bis hin zu den Wasserfilmen um Bodenteilchen. Die *Bdelloid*-Rädertierchen besitzen Gene, die vollkommen inkompatibel mit dem Paarungs-und-Trennungs-Tanz der Meiose sind, und sie zeigen, dass sie sich ohne Sex mindestens während der letzten 10 Mio. Jahre entwickeln konnten. Sie sind echte Vielzeller mit komplexer Anatomie und Verhalten. Wie werden sie mit den Problemen fertig, die Sex angeblich löst?

Wissenschaftler glauben, dass Sex notwendig ist, um evolutionäre Neuerungen zu beschleunigen. Dies ist für diese Rädertierchen wohl nicht so wichtig, denn es gibt erstaunlich viele von ihnen: Ein Kubikmeter an Teichwasser kann mehr Rädertierchen enthalten, als Menschen in Peking oder Karatschi leben. Wenn es so viele davon gibt, benötigen Rädertierchen wohl keinen zusätzlichen evolutionären Schub, den ihnen der Sex verleihen könnte.

Dies ist eine Erweiterung einer bekannten Beobachtung bei Pflanzen, die sich asexuell ausbreiten. Es sind in der Regel eher kleine unkrautartige Pflanzen, die sehr schnell neue Umgebungen erobern können, wie Löwenzahn oder Torfgras. Ihre Genome sind optimal an die neue Umgebung angepasst, und deshalb haben sie keine Vorteile von einem evolutionären Schub, den ihnen Sex verleihen würde. Für ihren Lebensstil ist es wichtig, dass sie schnell wachsen, ohne darauf warten zu müssen, dass Samen befruchtet wird, bevor die nächste Generation loslegen kann. Doch anders als die *Bdelloid*-Rädertierchen brauchen sie alle zehn bis 100 Generationen Sex, um nicht auszusterben.

Ein weiterer Grund, der für Sex vorgetragen wird, besteht darin, Schäden durch Mutationen zu beseitigen und neue Eigenschaften, die wichtig für das Überleben sind, zu bilden. Die *Bdelloid*-Rädertierchen umgehen dies mit einer ungewöhnlichen Strategie. Scheinbar können sie wie Bakterien zu neuer DNA gelangen; sie nehmen kleine Segmente davon von ganz unterschiedlichen Organismen auf. Ihr Genom ist ein Flickenteppich von DNA, der offensichtlich teilweise von verschiedenen einzelnen Rädertierchen stammt und teilweise von anderen Organismen, sogar von Bakterien. Wie sie zu dieser fremden DNA kommen, ist immer noch ein Rätsel, doch offensichtlich nicht über Sex.

Bdelloid-Rädertierchen sind nicht die einzigen Organismen, die ohne Sex auskommen. Muschelkrebse sind winzige Krustentiere (sie gehören der gleichen Familie an wie Krabben und Hummer), die überall auf der Welt in Süßwasser leben. Darwinulid-Ostrakoden entstanden im Karbon vor 359–299 Mio. Jahren (Abb. 1.2), und vielleicht sind manche davon seitdem ohne Sex ausgekommen. Sie haben einen ungewöhnlich anpassungsfähigen

Gensatz, weshalb sie vielleicht mehr Schäden an ihren Genen überstehen können als die meisten Tiere. Sie führen auch Genkonversion durch; dabei wird ein Gen verwendet, um ungewöhnlich schnell die Sequenz eines anderen zu „korrigieren". Dieser Prozess ähnelt dem Genaustausch mit darauffolgender Rekombination, der in der Meiose geschieht, doch es passiert zwischen den Chromosomen in einer normalen diploiden Zelle. Prinzipiell ermöglicht dies den Muschelkrebsen, Mutationen sehr effektiv zu korrigieren.

Hornmilben sind eine weitere Art. Sie entstanden im Silur vor 443–416 Mio. Jahren. Es sind winzige Tiere, die im Boden leben und die es wieder in fast allen Teilen der Erde gibt. Sie können sich weiterentwickeln – seit dem Silur sind aus einer Spezies ungefähr 10.000 unterschiedliche Arten entstanden, alle scheinbar ohne Sex. Sie besitzen aber den Mechanismus für die Meiose.

Viele einfachere Pflanzen und manche Pilze scheinen sich auch unendlich oft ohne Sex vermehren zu können. Aus all dem lernen wir also zwei Dinge: Zum einen können sich komplexe vielzellige Tiere entwickeln, die ohne Sex auskommen, und das gilt auch für eine Reihe einfacher Organismen. Zum anderen scheinen bei diesen Organismen für alle der vorgeschlagenen Gründe für Sex auch andere Ansätze zu funktionieren.

Ein dritter Punkt gilt eher indirekt, doch wir halten ihn für wichtig. Die Mechanismen der Meiose sind wichtig für die sexuelle Vermehrung, und trotzdem gibt es zwischen den Arten sehr unterschiedliche Formen. Zum Beispiel haben sich die Proteine und DNA-Sequenzen, die die Chromosomen mit dem Zellskelett verbinden, um bei der Teilung die neuen Chromosomen in die Tochterzellen zu bringen, sehr schnell entwickelt (in evolutionären Begriffen), woraus sich schließen lässt, dass die Details, wie sie arbeiten, sehr einfach verändert werden können.

Deshalb betrachten wir Sex nicht als entscheidende Neuerung, sondern als einen besonderen Mechanismus, der einen regelmäßigen genetischen Austausch zwischen Eltern sicherstellt, wenn sie Nachkommen hervorbringen, doch es ist nur einer von vielen möglichen derartigen Mechanismen und deshalb das Ergebnis eines Viele-Wege-Prozesses.

7.5 Partnersuche

Bevor wir das Thema Sex verlassen, müssen wir noch auf kurz auf die anatomischen Besonderheiten und die Verhaltensweisen eingehen, die komplexe Lebensformen entwickelt haben, um eine Keimzelle dazu zu bringen, mit einer anderen zu verschmelzen und somit ein neues Individuum hervorzubringen.

Blumen duften und stellen ihre Farben zur Schau, und bei Tieren wird eine große Bandbreite an Körpermerkmalen und Verhaltensweisen verwendet, um einen geeigneten Partner anzuziehen. Größere Säugetiere scheinen einen großen Teil mit nichts anderem zu verbringen. Nachdem der Mechanismus für den Haploid-diploid-Zyklus erst einmal entstanden war, haben Organismen eine Vielzahl von Möglichkeiten gefunden, zwei Zellen zusammenzubringen. Die Evolution dieses Aspekts, wie Sex ausgeführt wird, war sicherlich ein Viele-Wege-Prozess.

Die sexuelle Fortpflanzung ist nicht so genau festgelegt, wie ein Beobachter, der selbst zu den Säugern zählt, vielleicht vermuten könnte. Die Pilze zeigen eine außerordentliche Bandbreite von Gestaltungsmöglichkeiten für die sexuelle Reproduktion, wobei es Arten gibt, die zwischen einem und zwölf Partnertypen („Geschlechter") haben können. Wichtig dabei sind starke Hinweise darauf, dass sich verschiedene Paarungsarten schnell weiterentwickeln und es bei einigen Arten möglich ist, zwischen Reproduktionsstrategien zu wechseln. Bei uns Säugetieren ist der Sex durch das Chromosomenpaar X und Y festgelegt – die einzigen beiden von 23 Chromosomenpaaren des Menschen, die keine genauen Kopien voneinander sind. Wenn Sie XX sind, dann sind Sie anatomisch eine Frau, mit XY ein Mann. Doch bei Vögeln ist es genau andersherum – die Chromosomen werden Z und W genannt statt X und Y, aber die Anordnung ZW ist weiblich, und ZZ ist männlich. Manche Reptilien haben das XY-System von Säugetieren, doch mit welchem Geschlecht sie aufwachsen, hängt von der Temperatur ab. Aus all dem kann man Folgendes schließen: Sobald ein komplexes System von Genaustausch entstanden war, haben sich alle Mechanismen, die dafür sorgen, dass man einen Partner findet und Nachkommen zeugt, sehr oft entwickelt; somit war auch dies ein Viele-Wege-Prozess.

7.6   Ist groß sexy?

Wir können es noch nicht ganz dabei belassen. Alle Beispiele für asexuelle Tiere waren kleine, verbreitete Organismen. Alle Beispiele für asexuelle Pflanzen und Pilze sind ziemlich einfach. Könnte es sein, dass Sex – nicht nur der genetische Austausch, sondern der komplexe Tanz der Chromosomen bei der Meiose – notwendig ist, um große komplizierte Tiere hervorzubringen? Es gibt eine gewaltige Zahl von *Bdelloid*-Rädertierchen auf der Erde, also könnte ein ziemlich ineffizientes genetisches Korrektursystem durch die schiere Anzahl ausgeglichen werden. Diese Logik kann auf Elefanten, Mammutbäume oder gar Menschen, die im Vergleich zu Rädertierchen oder Bodenmilben sehr selten sind, nicht angewandt werden. Solange wir nicht gänzlich verstanden haben, warum sich Sex entwickelt hat und warum fast alle Tiere und die meisten Pflanzen davon abzuhängen scheinen, können wir die obige Frage nicht beantworten. Bis dahin bevorzugen wir das Argument, dass die besonderen Mechanismen des Sex – der Tanz der Chromosomen, der Paarungstanz – sich nur einmal entwickelt haben, doch die Abläufe, wie man einen Partner findet, um genetisches Material mit ihm auszutauschen, ist ein Viele-Wege-Prozess.

Weiterführende Literatur

Das evolutionäre Problem des Sex

Albu, M., Kermany, A. R., & Hickey, D. A. (2012). Recombination reshuffles the genotypic deck, thus accelerating evolution. In R. S. Singh et al. (Hrsg.), *Rapidly evolving genes and genetic systems* (S. 23–30). Oxford: Oxford University Press.

Cavalier-Smith, T. (2002). Origins of the machinery of recombination and sex. *Heredity, 88,* 125–141.

Gouyon, P.-H., de Vienne, D., & Giraud, T. (2015). Sex and evolution. In T. Heams et al. (Hrsg.), *Handbook of evolutionary thinking in the sciences* (S. 499–507). Heidelberg: Springer.

Havird, J. C., Hall, M. D., & Dowling, D. K. (2015). The evolution of sex: A new hypothesis based on mitochondrial mutational erosion. *BioEssays, 37,* 951–958.

Smith, J. M. (1978). *The evolution of sex.* Cambridge: Cambridge University Press.

Speijer, D., Lukeš, J., & Eliáš, M. (2015). Sex is a ubiquitous, ancient, and inherent attribute of eukaryotic life. *Proceedings of the National Academy of Sciences, 112,* 8827–8834.

Mechanismen des Sex

Cortez, D., Marin, R., Toledo-Flores, D., Froidevaux, L., Liechti, A., Waters, P. D., et al. (2014). Origins and functional evolution of Y chromosomes across mammals. *Nature, 508,* 488–493.

James, T. Y. (2012). Ancient yet fast: Rapid evolution of mating genes and mating systems in fungi. In R. S. Singh et al. (Hrsg.), *Rapidly evolving genes and genetic systems* (S. 187–200). Oxford: Oxford University Press.

Marin, I., & Baker, B. S. (1998). The evolutionary dynamics of sex determination. *Science, 281,* 1990–1994.

Leben ohne Sex

Booth, W., Johnson, D. G., Moore, S., Schal, C., & Vargo, E. L. (2011). Evidence for viable, non-clonal but fatherless Boa constrictors. *Biology Letters, 7,* 253–256.

Niklas, K. J., & Kutschera, U. (2010). The evolution of the land plant life cycle. *New Phytologist, 185,* 27–41.

Schön, I., Martens, K., & van Dijk, P. (Hrsg.). (2009). *Lost sex: The evolutionary biology of parthenogenesis.* Heidelberg: Springer.

8

Die ersten Vielzeller

8.1 Mehrzelligkeit: Eine neue Strategie des Lebens

Alles Leben besteht aus Zellen. Einzellige Organismen bestehen, wie der Namen schon sagt, aus nur einer Zelle, auch wenn diese Zelle außerordentlich komplex sein kann. Vielzeller verfügen nicht nur über viele Zellen, sondern auch zahlreiche unterschiedliche. Sie stammen zwar von einer einzigen Zelle ab, doch sie entwickeln sich in verschiedene Zellarten mit unterschiedlichen Funktionen. Diese Spezialisierung erlaubt es vielzelligen Organismen, komplexe Strukturen aufzubauen, wie Blätter, Augen und Gehirne. Deshalb haben G. Bell und A. Mooers 1997 folgende Definition vorgeschlagen: Vielzellige Organismen sind Klone von Zellen, die verschiedene Erscheinungsformen (Phänotypen) hervorbringen, obwohl sie das gleiche Erbgut (Genotyp) haben. Der Phänotyp sind also die körperlichen Eigenschaften einer Zelle oder eines Organismus, die durch die Gene vorgegeben sind. So haben z. B. in Menschen Leber-, Gehirn- und Muskelzellen alle den gleichen Gensatz und leiten sich alle von einer befruchteten Eizelle ab, doch sie sind trotzdem ganz unterschiedlich. Diese Definition fängt die charakteristischste Eigenschaft von vielzelligen Organismen ein. Die Ausdifferenzierung und schließlich Spezialisierung innerhalb einer Gruppe von Zellen mit dem gleichen Genom führt zur höheren Komplexität, die wir mit Vielzellern in Verbindung bringen. Es besitzen zwar alle Zellen in einem einzelnen Organismus die gleichen Gene, doch in verschiedenen Zellen dieses Organismus sind unterschiedliche Gensätze aktiv. Das Einzige, was wir

© Springer-Verlag GmbH Deutschland, ein Teil von Springer Nature 2019
D. Schulze-Makuch und W. Bains, *Das lebendige Universum*,
https://doi.org/10.1007/978-3-662-58430-9_8

zu der auf den Punkt gebrachten Definition von Bell und Mooers klärend ergänzen wollen, ist, dass diese Differenzierung kooperativer und nicht konkurrierender Natur sein muss.

Damit diese Ansammlung von Zellen funktioniert, müssen sie zusammenarbeiten, was dreierlei bedeutet:

1. Die Zellen müssen miteinander kommunizieren und zusammenhalten. Selbst im Fadenwurm *Caenorhabditis elegans* sind bis zu 2000 Gene für den Zusammenhalt und den Informationsaustausch zwischen Zellen verantwortlich.
2. Die Zellen müssen ihre Gene zu unterschiedlichen Zeiten und Orten aktivieren, es muss also ein kompliziertes Steuersystem für die Gene geben, den sogenannten genetischen Regelkreis. Je komplexer der Organismus ist, desto komplexer sind auch die Regelkreise. So hat eine *Helix-loop-helix-Familie* genannte Proteingruppe, eine von vielen Familien, die festlegt, wie Gene in allen Eukaryoten arbeiten, bei *C. elegans* 41, bei der Fruchtfliege *Drosophila* 84 und beim Menschen 131 Mitglieder, während es in der einzelligen Hefe nur sieben sind. Dies spiegelt die relative Komplexität dieser Organismen wieder.
3. Die Zellen müssen bereit sein zusammenzuarbeiten und auf einige ihrer Fähigkeiten verzichten, damit sie sich auf ihre Hauptfunktion spezialisieren können. Die soziale Zusammenarbeit innerhalb eines vielzelligen Organismus ist so eng und verwickelt, dass sie sogar bis zur Selbstaufopferung der Körperzelle zugunsten der Keimzelle reicht, damit die Art überlebt.

Bei einzelligen Organismen ist das ganz anders, denn dort gilt das Prinzip des Überlebens des Stärkeren oder, genauer, des Überlebens derer, die stark genug sind. Auch bei einem Vielzeller ist dies das Leitprinzip für den ganzen Organismus, aber nicht für die einzelne Körperzelle. Letztlich sind alle Körperzellen dafür bestimmt zu sterben. Der Grund für diese Strategie ist, dass die Zellen in einem vielzelligen Organismus Klone voneinander sind; deshalb geben die Keimzellen die Gene sowohl der Körperzellen als auch ihre eigenen an die nächste Generation weiter – eine wahrhaft erfolgreiche Strategie, wenn man den Erfolg der Vielzeller auf der Erde betrachtet.

Natürlich ist das System nicht perfekt. Sehr selten kommt es vor, dass eine Zelle in einem vielzelligen Organismus mutiert und ihre soziale Kontrolle verliert. Sie beginnt, sich ohne Rücksicht auf die Bedürfnisse des Organismus zu teilen. Dies ist ein Problem für den vielzelligen Organismus als Ganzem, da er sehr viele Zellen hat, ganz gleich, ob es sich um eine Maus oder einen Menschen handelt. Ein erwachsener Mensch besteht aus mindestens 10 Billionen Zellen. Die meisten davon werden in einem Zeitraum von Monaten ersetzt, weil sie abgenutzt oder beschädigt sind. Im Laufe seines Lebens wachsen in einem Menschen also etwa 20.000 Billionen Zellen. Jede davon muss sich entsprechend der ihr im Gesamtkörper zugewiesenen Rolle verhalten. Wenn in einer Bakterienkolonie ein Bakterium schneller wachsen kann als die anderen, dann werden seine Nachkommen schließlich die ganze Kolonie beherrschen. In einem vielzelligen Organismus muss das verhindert werden. Sobald eine Zelle so mutiert, dass sie schneller oder dort, wo sie nicht sein soll, wächst, entsteht Krebs, der den ganzen Organismus töten wird. Wie schafft es also ein Vielzeller, die Kontrolle über all diese Billionen von Zellen zu behalten?

Die Antwort ist, dass der Organismus über noch mehr Möglichkeiten verfügen muss, das Verhalten der Zellen zu kontrollieren, inklusive einiger Sicherungssysteme. Es gibt einige Mechanismen, die dafür sorgen, dass Zellen nur eine bestimmte Zeit wachsen können und dann absterben. Damit eine Krebszelle wachsen kann, muss sie nicht nur ihre üblichen Verhaltensweisen ablegen, sondern auch noch den „Stirb-jetzt-Mechanismus" umgehen, der in ihre DNA einprogrammiert ist. Einer davon ist der Abbau der Telomere, die wir im vorhergehenden Kapitel erwähnt haben – Zellen gehen die Telomere aus, wenn sie lang genug wachsen, und sie müssen auf eine ganz spezielle Weise mutieren, um diese wiederzuerlangen. Es gibt auch andere Signale von anderen Zellen, die den Zelltod auslösen können und Krebszellen müssen eine Möglichkeit entwickeln, diese zu überlisten. Natürlich ist das System nicht perfekt, sonst wäre Krebs eine sehr seltene Krankheit. Doch es funktioniert gut genug, um fast alle der etwa 20.000 Billionen Zellen zugunsten des Gesamtorganismus arbeiten zu lassen.

Obwohl es vom Begriff her eine klare Unterscheidung zwischen einer einzelligen und einer vielzelligen Lebensform gibt, ist die Unterscheidung in der Natur nicht ganz so klar. Manche Organismen, wie Myxobakterien (auf deren faszinierende Biologie wir später eingehen werden), können zwischen einzelligen und vielzelligen Lebensstadien hin und herwechseln. Viele Einzeller kooperieren in ihrer natürlichen Umgebung bis zu einem bestimmten Grad miteinander, selbst wenn es sich um verschiedene Arten handelt. Manche verklumpen, bilden Kolonien, symbiotische Beziehungen oder eine andere Form von Zusammenarbeit. Es gibt also Abstufungen von Mehrzelligkeit, angefangen bei einfachen einzelnen Zellen, die auf sich gestellt in Gemeinschaften leben, über Ansammlungen und Organismen, die zwischen einem einzelligen und vielzelligen Stadium wechseln können, bis hin zu unserer eigenen Lebensform.

Die Organismen, die wechseln können, sind besonders faszinierend. Handelt es sich um Einzeller oder Vielzeller? Man nennt sie fakultativ mehrzellige Organismen; diese bilden eine eigene Gruppe, weil man sie so von Vielzellern unterscheiden kann, die ihren Lebensstil nicht zu dem eines Einzellers ändern können. Letztere werden obligat mehrzellige Organismen genannt. Fakultativ mehrzellige Organismen sind flexibler. Die Zellen arbeiten nur so lange eng zusammen, wie es nötig oder angesichts der Umgebung erforderlich ist. Eine Einzelzelle eines obligat mehrzelligen Organismus kann sich nicht vermehren oder allein überleben, d. h., sie muss zusammenarbeiten, wenn sie überleben will. Diese festgeschriebene Kooperation kann viele Vorteile bringen; sie macht es möglich, dass die Zelle größer werden und sich mehr spezialisieren kann. Doch es sind auch Risiken damit verbunden, weil nur das ganze Zellkollektiv leben oder sterben kann.

Umweltbelastungen können für die Entwicklung der Mehrzelligkeit förderlich sein. In einer unter Druck stehenden, abnehmenden Population breiten sich vorteilhafte Mutationen schnell aus. Es gibt zwei Möglichkeiten: Zusammenarbeit oder Konkurrenz. Normalerweise betont man zwar den Konkurrenzkampf als den dominanten biologischen Vorgang, was im Mantra „Überleben des Stärkeren" zum Ausdruck kommt, doch die Kooperation wird damit unterschätzt. Es gibt in der Biologie viele Beispiele für Zusammenarbeit, angefangen bei Ansammlungen von Zellen, Biofilmen, kolonialen Lebensformen und Symbiose bis hin zur Mehrzelligkeit als der Krone der Kooperation zwischen Zellen.

Der große Vorteil der Mehrzelligkeit ist, dass der Energieverbrauch eines einzelnen Organismus optimiert werden kann. Mehrzellige Organismen können tatsächlich im Verhältnis zu ihrer Biomasse mehr Energie umsetzen als einzellige Organismen. Wenn Organismen zusammenarbeiten, können sie außerdem den Energie- und Materialaufwand, den sie sonst für den Konkurrenzkampf bräuchten, reduzieren. Die Barrieren zwischen den Individuen fallen also am wahrscheinlichsten, wenn aufgrund der Umweltbedingungen die Ressourcen knapp sind und Organismen jedes bisschen Energie benötigen, um zu überleben. Die engere Kooperation eröffnet einen Weg dazu. Eines der besten Beispiele ist *Ectocarpus siliculosus*, eine mehrzellige Braunalge, die meist in Gezeitenzonen lebt. Diese ökologische Nische ist aufgrund der Veränderungen durch die Gezeiten sowie die dichte Flora und Fauna berüchtigt für die ständige starke Belastung der belebten und unbelebten Welt.

Obwohl der evolutionäre Schritt von einer Einzelzelle hin zu einem vielzelligen Organismus im Allgemeinen als einer der entscheidensten auf dem Weg des Lebens in Richtung einer höheren Komplexität und als

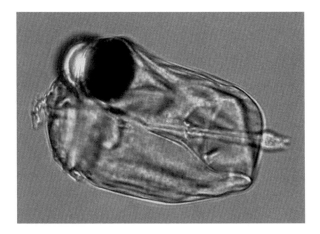

Abb. 8.1 *Erythropsidinium*, ein einzelliger Dinoflagellat, mit einer augenähnlichen Struktur, dem Ocelloid. (Mit freundlicher Genehmigung von Fernando Gómez)

wichtiger Übergang für unsere Hypothese eines lebendigen Universums gesehen werden kann, hat nur ein geringer Bruchteil von Organismen den Weg zur Mehrzelligkeit gewählt. Das Leben auf der Erde wird immer noch von Einzellern beherrscht, sowohl in Bezug auf deren Zahl als auch auf die Gesamtbiomasse. Außerdem erreichen nicht alle vielzelligen Organismen eine höheren Grad an Komplexität als einzellige, was *Erythropsidinium* sehr schön zeigt, ein einzelliger Dinoflagellat, der sehr oft in Plankton vorkommt (Abb. 8.1). Dieser Einzeller hat eine Geißel, um sich zu bewegen, eine Nematozyste – eine spezielle Struktur, mit der er seine Beute aufspießt –, einen Darm und sogar ein Auge. In mancherlei Hinsicht ist er komplexer als ein Schwamm oder eine Koralle, die sich beide nicht bewegen können und kein Auge haben. Könnte es noch komplexere einzellige Organismen geben? Ist die Mehrzelligkeit der einzige Weg, um einen wirklich komplexen Organismus zu erreichen? Gibt es vielzellige Bakterien?

8.2   Mehrzelligkeit und die verschiedenen Lebensformen

Es gibt drei Grundformen des Lebens: Archaeen, Bakterien und Eukaryoten (Box 1.1). Alle drei haben ein erstaunliches Niveau an Komplexität erreicht, wobei manche evolutionären Errungenschaften vergleichbar mit denen der Mehrzelligkeit sind, doch nur aus Eukaryoten sind echte Vielzeller geworden, wobei wir hier zwingende, obligate Mehrzelligkeit meinen.

Manche vertreten die Ansicht, dass bestimmte Bakteriengruppen wie Cyanobakterien, Actinobakterien und Proteobakterien eigentlich Vielzeller sind, und tatsächlich sind manche davon fakultativ mehrzellig, doch sie bilden keine obligate Mehrzelligkeit aus. Manche Arten von Cyanobakterien haben lange Filamente, die spezialisierte Zellen enthalten, um Stickstoff zu binden oder um Sporen zu bilden. Sie tun also das, was auch Vielzeller machen – verschiedene Zelltypen aus einem einzigen Genom formen. Aber sie bringen nur eine sehr begrenzte Anzahl von Zelltypen hervor und können diese Fähigkeit an- und ausschalten, je nach Umweltbedingungen. Sie leben auch ganz gut als Einzeller. Es handelt sich also um eine nicht sehr komplexe fakultative Mehrzelligkeit.

Ein faszinierenderes Beispiel sind die Myxobakterien. Sie gehören wie beispielsweise die berühmten Krankheitserreger *E. coli* und *Salmonella* zur Gruppe der Proteobakterien. Myxobakterien sind stabförmig, leben im Boden überall auf der Erde und ernähren sich von unlöslichen organischen Verbindungen. Sie sondern, wenn sie sich bewegen wollen, einen zuckerhaltigen Schleim ab, auf dem sie gleiten, weshalb man sie auch Schleimbakterien nennt. Myxobakterien leben unter sauerstoffreichen Bedingungen und können bewegliche räuberische Schwärme („Wolfsrudel") ausbilden, was die Effizienz ihrer Nahrungsaufnahme steigert. Wenn sie jedoch von Hunger bedroht sind, kann eine große Zahl dieser Schwarmzellen Aggregate bilden und ihr Verhalten als Einzellebewesen aufgeben. Viele dieser Zellen haften dann fest aneinander, und 60 bis 95 % der Zellen in dieser Masse werden durch ihre eigenen Enzyme zerstört. Schließlich bildet der unstrukturierte Zellhaufen eine organisierte Form aus, den Fruchtkörper, mit genau festgelegten Strukturelementen, wie einer Grundplatte, einem Stamm und einer Wand mit Sporen (Abb. 8.2). Sobald die Entwicklung zur Mehrzelligkeit angestoßen wird, passiert sie innerhalb mehrerer Stunden, woraus man schließen kann, dass die Myxobakterien einen festgelegten Entwicklungsplan in sich tragen. Dann werden die Sporen freigesetzt und in der Luft oder im Wasser verteilt. Die Sporen sind inaktive Formen einer Zelle, die in der Lage sind, hohe UV-Bestrahlung, Austrocknung und andere Bedingungen zu überstehen, die normale Bakterienzellen töten würden. Sobald die Sporen wieder in eine nährstoffreiche Umgebung kommen, keimen sie und bilden einzelne vegetative Zellen, die wieder in Schwärmen „jagen" können.

Doch die Myxobakterien sind nicht obligat mehrzellig, denn das Vielzellerstadium ist nicht unbedingt notwendig für ihr dauerhaftes Überleben (die Einzelzelle kann sich auch durch einfache Zellteilung vermehren). Die Mehrzelligkeit wird durch einen Reiz aus der Umwelt ausgelöst, genau wie

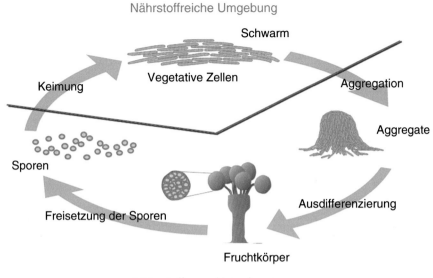

Nährstoffreiche Umgebung

Schwarm

Keimung   Vegetative Zellen   Aggregation

Aggregate

Sporen

Freisetzung der Sporen   Ausdifferenzierung

Fruchtkörper

Nährstoffarme Umgebung

Abb. 8.2 Der Lebenszyklus der Myxobakterien

die Differenzierung der mit Filamenten versehenen Cyanobakterien. Myxobakterien stellen ein beeindruckendes Beispiel für einen möglichen Schritt auf dem Weg zur obligaten Mehrzelligkeit dar, doch sie haben sie noch nicht ganz erreicht, weil das mehrzellige Stadium vorübergehend ist. Bei der obligaten Mehrzelligkeit hat der Organismus dagegen keine andere Chance, als mehrzellig zu sein.

Selbst dieses Niveau an Komplexität erfordert einen Plan und damit verbunden mehr Gene. Interessanterweise haben die Myxobakterien und die mit Filamenten ausgestatteten Cyanobakterien die größten Genome aller Bakterien, nämlich 9 bis 10 Mio. Basen (ein normales Bakteriengenom hingegen besteht aus 1 bis 5 Mio. Basen). Doch scheint das die Grenze für Bakterien zu sein. Auf die vermutlichen Gründe dafür werden wir im nächsten Kapitel zu sprechen kommen.

Wenn es auch ungewöhnlich ist, dass Myxobakterien selbstständig große, genetisch vorprogrammierte Strukturen bilden, so ist gemeinschaftliches Verhalten bei Bakterien und Archaeen nicht ungewöhnlich. Bei Archaeen wurden Strukturen entdeckt, die Eigenschaften wie Vielzeller ausweisen. Sehr bekannt sind die Zusammenschlüsse von Archaeen und Bakterien in sauerstoffarmen Meeressedimenten, die zu zwei verschiedenen Lebensformen gehören. Sie erinnern aber mehr an symbiotische Beziehungen als an Mehrzelligkeit. Das Gleiche kann man über Biofilme sagen, die von einigen

Archaeen und vielen Bakterien gebildet werden, wenn sie Belastungen aus ihrer Umwelt ausgesetzt sind. Die abgeschiedenen Biofilme bestehen aus Proteinen, Zucker, Metallionen und Salzen und dienen als schützende Barriere und Nährstoffreserve. In diesem Sinne stellen sie eine gemeinsame Antwort auf Belastungen dar, was auch bei vielen anderen Bakterien zu beobachten ist. Doch in diesen Filmen gibt es keine Spezialisierung; deshalb handelt es sich nicht um Mehrzelligkeit.

Es wurden noch keine Bakterien gefunden, die eine obligate Mehrzelligkeit zeigen, d. h., in der Zellen in einer vielzelligen Einheit verschiedene Erscheinungsformen (Phänotypen) haben *müssen,* obwohl sie dasselbe Erbgut besitzen. Obligate Mehrzelligkeit beobachtet man nur bei Eukaryoten, und zwar in vielen verschiedenen Zweigen der eukaryotischen Domäne. In manchen Zweigen sind alle Mitglieder Vielzeller, etwa bei den Gefäßpflanzen und Tieren. Doch es gibt auch Entwicklungslinien der Eukaryoten, die alle einzellig sind, wie die Microsporidia (ein Gruppe parasitärer Pilze) und Nucleariida (eine Gruppe von Amöben).

Außerdem gibt es Zweige in der Familie der Eukaryoten, zu denen sowohl einzellige wie auch vielzellige Arten gehören. Erstaunlicherweise passiert dies nicht nur auf der Ebene der Stämme, wie bei Pilzen, sondern auch auf viel tieferen hierarchischen Ebenen, wie bei den Saccharomycetaceae, einer Familie von Hefen, die sich durch Knospung vermehren. Zu der Familie gehört auch der bekannte Pilz *Saccharomyces cerevisiae,* den wir gemeinhin Back- oder Bierhefe nennen, weil er zur Herstellung von Brot, Bier und Wein verwendet wird (allerdings gibt es viele verschiedene Arten von Hefen). Backhefe ist ganz offensichtlich einzellig, während der nahverwandte fadenförmige Schimmelpilz *Eremothecium gossypii* ein obligat vielzelliger Organismus ist. Zur gleichen Familie gehört auch der Pilz *Candida albicans,* der im Mund und im Genitalbereich von Menschen Infektionen hervorruft und in der Lage ist, sehr schnell und reversibel zwischen einzellig und vielzellig zu wechseln.

Candida albicans ist ein fakultativ vielzelliger Organismus, dessen Komplexität mit der Mehrzelligkeit verglichen werden kann, die von vielen Bakterien, etwa Myxobakterien, erreicht werden kann. Reize aus der Umwelt lösen das Umschalten zwischen den Lebensweisen aus, was ein Hinweis darauf sein könnte, dass das, was die meisten von uns normalerweise als monumentalen Entwicklungsschritt zur Komplexität interpretieren, zumindest auf einer funktionalen Basis relativ einfach durch diese Lebensformen erreicht werden konnte.

8.3 Welchen Weg nahm die Evolution der Mehrzelligkeit?

Es gab also in der mikrobiellen Welt verschiedene Abstufungen an Zusammenarbeit, angefangen bei einer lockeren Kooperation von Zellen bis zu einem sehr engen Miteinander wie bei Myxobakterien, die so intensiv zusammenwirken, dass man sie während eines Teils ihres Lebenszyklus als Vielzeller betrachten kann. Wie so oft in der Biologie gibt es so viele verschiedene Formen, sowohl an Organismen als auch Lebenszyklen, dass die Identifikation der kritischen Schritte nicht unbedingt einfach ist. Deshalb sind sich die Wissenschaftler auch noch nicht einig darüber, was der entscheidende Schritt bei diesem Übergang tatsächlich war. Wir sind der Ansicht, dass der ausschlaggebende Schritt ziemlich klar ist: das Erreichen der obligaten Mehrzelligkeit. Sobald dieser getan war, waren die vielzelligen Organismen in einem Zustand gefangen, in dem sie keine Wahl mehr zwischen einzelliger und mehrzelliger Lebensweise hatten. Dies ist eine konzeptionell grundlegende Veränderung in der Lebensstrategie, denn die Arbeitsteilung zwischen den Zellen wurde fest in das genetische Programm des Organismus eingebunden. Die Rückkehr zu einer einzelligen Lebensweise war nicht mehr möglich. Nun hieß es bedingungslos zusammenarbeiten oder sterben. Jetzt konnten die Organismen Zellen, wie die Nervenzellen von Tieren oder die Bastzellen (Phloem) von Pflanzen, entwickeln, die so hoch spezialisiert sind, dass sie niemals allein überleben könnten, die aber die Entwicklung komplexer Organismen erst möglich machten.

Aber darüber, wie die obligate Mehrzelligkeit entstand, streiten sich die Wissenschaftler noch. Es scheint, dass es mindestens drei verschiedene Wege für die Entstehung eines echten vielzelligen Organismus gab: durch enge Kooperation in Kolonien, unvollständige Zellteilung oder genetische Teilung.

Viele Wissenschaftler vertreten die Ansicht, dass der Weg zu vollwertigen Mehrzelligkeit durch enge Kooperation in Kolonien beschritten wurde (Abb. 8.3) – eine vernünftige Annahme, weil es viele Arten von oft nahe verwandten Einzellern gibt, die Agglomerationen bilden und im Fall von Umweltbelastungen oder Hunger ihre Überlebensstrategie koordinieren. Die Bildung dieser Haufen von Organismen erhöht dessen Überlebenschancen im Vergleich zu denen eines Individuums – ähnlich der Strategie eines Vogel- oder Fischschwarms. Wenn die Umweltbelastungen nachlassen, lösen sich auch die Agglomerationen wieder auf, doch bis dahin hat sich die Ansammlung zu mehr als einer einfachen Anhäufung entwickelt. Ein Beispiel sind die Fruchtkörperstrukturen, in denen die Zellen innerhalb der

Abb. 8.3 Kolonienbildende Organismen (Mikrobialite) im Pavilion Lake, Kanada. Sie bilden Strukturen und haben funktionale Eigenschaften, die an Schwämme erinnern. (Mit freundlicher Genehmigung von Donnie Reid, © 2017)

Kolonie spezielle Funktionen entwickeln und so das Niveau eines fakultativ vielzelligen Organismus erreichen. Der Lebensstil des Organismus wechselt also je nach Umweltbedingungen zwischen Ein- und Mehrzelligkeit; dabei erhöht sich die Wahrscheinlichkeit, dass sich ein genetisches Programm für beide Lebenslagen entwickelt. Wenn die Umweltbelastungen lang anhalten, dann wäre es, so wird vermutet, energetisch für den Organismus günstig, das Einzellerstadium zu unterdrücken, zu überspringen oder ganz fallenzulassen und einfach mit dem Programm für das Leben als Vielzeller weiterzumachen. Wenn es erst einmal immer im Zustand des Vielzellers lebt, können Mutationen auftreten, die verhindern, dass die Zellen je wieder als Einzelzellen überleben können. Sobald dieser unumkehrbare Schritt getan wurde, ist eine obligat vielzellige Art entstanden.

Durch die Kragengeißeltierchen (Choanoflagellata) hat die Kolonientheorie für den Ursprung der Mehrzelligkeit bei Tieren besonderen Aufschwung erhalten. Es handelt sich bei den Choanoflagellaten um eine Gruppe von im Wasser lebenden Eukaryoten, die Bakterien als Beute haben. Alle der mehr als 125 Kragengeißeltierchenarten wurden bisher als einzellig beschrieben, wobei einige davon kolonienbildende Organismen sind. Bis heute wurde kein vielzelliges Kragengeißeltierchen gefunden, doch viele Wissenschaftler halten sie für den nächsten einzelligen Vorfahren der Tiere. Angenommen wird diese enge Verbindung zu den Tieren aufgrund von Gensequenzierungen und weil sie bei der Verklumpung Signalproteine verwenden, die sonst nur Tiere besitzen. Da einige der Kragengeißeltierchen in Kolonien leben, könnte man schließen, dass der Weg zur Mehrzelligkeit über diese Zellen verlief, die Kolonien bilden. Tatsächlich ähneln Kragengeißeltierchen stark den *Choanozyten,* Zellen, die die Deckschichten von Schwämmen bilden, die man aber auch in manchen anderen Tieren, z. B. Schnurwürmern, findet.

Kragengeißeltierchen besitzen sogar p53, das Gen, das bei Menschen Krebszellen bekämpft, und den damit verknüpften Transkriptionsfaktoren, für die es in diesen Organismen keine naheliegende Verwendung gibt. p53 hängt bei Tieren eng mit dem Programm zusammen, das Zellen mit DNA-Defekten dazu bringt, sich selbst ordnungsgemäß zu zerstören, statt zu riskieren, dass sich der DNA-Fehler fortpflanzt und die Zellen zu Krebs verwandelt. Bei einem einzelligen Organismus und selbst bei einer Kolonie ist so ein Programm nicht sinnvoll, woraus man schließen könnte, dass Kragengeißeltierchen enger zusammenarbeiten und näher an wahrer Mehrzelligkeit liegen als es auf den ersten Blick aussieht (Allerdings gibt es alternative Erklärungen, in denen p53 eine andere Rolle innehat). Dies ist ein weiterer Hinweis darauf, dass der Weg zur Mehrzelligkeit wahrscheinlich durch eine enge Zusammenarbeit in kolonienbildenden Organismen geführt hat.

Ein anderer Weg zur Mehrzelligkeit könnte über die unvollständige Zellteilung geführt haben, die in der Biologie ziemlich oft passiert: Zwei Zellen teilen sich, trennen sich aber nicht vollständig voneinander, und so bleiben Mutter- und Tochterzelle aneinander hängen. Da sie ja verwandt sind (genetisch identisch sogar), lohnt es sich für sie zusammenzuarbeiten. Je mehr sie das tun, desto wahrscheinlicher überleben sie ihre unbeabsichtigte Verbindung. Dies könnte dazu führen, dass sie sich Aufgaben teilen. Wenn es einen genetischen Grund für die physische Verbindung gab und wenn dieser an Nachfolgegenerationen übermittelt und verstärkt werden kann, dann führt das zu einem obligat vielzelligen Organismus. Die Aufgabenteilung könnte schon vor der unvollständigen Zellteilung oder auch erst danach passiert sein. Wie dem auch sei, wenn Zellen bei ihrer Entwicklung in dieser Art von Kooperation miteinander verbunden sind, werden ihre Klone weniger gut in der Lage sein, zu entkommen und auf sich selbst gestellt zu überleben. Dies würde die Vorteile bei zukünftigen Mutationen verstärken, die den geklonten Zellen noch deutlichere Spezialisierung und Kooperation verleihen.

Diese beiden Wege gingen davon aus, dass es zuerst zwei (und dann mehr) Zellen gegeben hat, aus denen dann ein Organismus wurde. Beim dritten geht es anders herum – ein einzelliger Organismus wird zu einem Vielzeller. Manche der Mikroorganismen, die man am Übergang vom Ein- zum Vielzeller sieht, können uns Hinweise darauf geben, wie letztendlich echte Mehrzelligkeit erreicht wurde. Da gibt es erstens die Wimperntierchen (Ciliaten), zu denen auch die Pantoffeltierchen *(Paramecium)* gehören – sie werden oft in der Schule und Laboratorien verwendet, um biologische Vorgänge zu lehren (Abb. 6.1). Pantoffeltierchen sind ein erstklassiges Beispiel dafür, wie komplex ein einzelliger Organismus werden kann. Sie haben, wie andere Wimperntierchen auch, zwei Kerne in einer Zelle – einen Mikrozellkern, der wichtig für die Reproduktion ist, und einen viel größeren Makrozellkern, der nicht für die Reproduktion zuständige Zellfunktionen steuert, etwa den Stoffwechsel. Würde sich eine Zellwand zwischen den beiden Kernen bilden, wäre es absolut gerechtfertigt, das Pantoffeltierchen als einen obligat mehrzelligen Organismus zu klassifizieren, weil beide Zellen verschiedene Funktionen hätten – es gäbe im Wimperntierchen eine Trennung zwischen Keimbahn und Soma. Angesichts der gegenseitigen Abhängigkeit beider Kerne würde eine Trennungsschicht in der Praxis die Kommunikation allerdings unterbrechen und einen totalen Zusammenbruch des Organismus verursachen. Deshalb wird eine derartige Trennungsschicht beim Wimperntierchen wohl kaum auftreten. Trotzdem könnte der Organismus unter bestimmten Umständen eine Trennung im Inneren überleben, sich daran anpassen und die Neuerung an die nächste Generation weitergeben. Wenn das passieren würde, würde der entstehende Organismus vergleichbar dem eines Schwammes sein oder sogar noch komplexer, denn in einigen Schwämmen gibt es nur zwei verschiedene Zelltypen.

Wenn diese Schritte der Evolution zur Mehrzelligkeit so einfach sind, können wir sie dann auch heute noch beobachten? Ja, und zwar auf ziemlich spektakuläre Art und Weise in Laborexperimenten. Während der Übergang zur komplexen obligaten Mehrzelligkeit mit ganz klar differenzierten Zellarten über Millionen von Jahren hinweg passierte, können die ersten kritischen Schritte in der Entwicklung von der Ein- zur Mehrzelligkeit in sehr kurzer Zeit erfolgen. William Ratcliff von der University of Minnesota und seine Kollegen zeigten, dass die kritischen Schritte zum Vielzeller innerhalb von 15 Generationen ablaufen können. Sie belegten dies, indem sie in der Hefe *Saccharomyces cerevisiae* ein einziges Gen veränderten, und zwar das Gen, das die Trennung von durch Zellteilung entstandenen Zellen steuert. Die Hefezellen verklumpten und bildeten eine Struktur, die einer Schneeflocke ähnelte. Da diese Schneeflockenstruktur an den einzelnen Zweigen weiterwuchs, blieben spätere Mutationen nur auf diese Zweige beschränkt. Die Hefe durchlief also eine Evolution wie ein vielzelliger Organismus, nicht wie eine einfache Zelle.

Matt Herron experimentierte mit den Grünalgen der Spezies *Chlamydomonas reinhardtii*, die keine mehrzelligen Vorfahren besitzt, und fand heraus, dass diese innerhalb von 600 Generationen Eigenschaften von Mehrzellern entwickelt, wenn man sie einem natürlichen Räuber aussetzt, der nur von einzelligen, aber nicht von vielzelligen Algen lebt. Zu diesen Vielzellereigenschaften gehört auch eine runde Form, die typisch für vielzellige Algen ist. Aufgrund dieser Experimente vertrat er die Meinung, dass der Übergang zum vielzelligen Leben nicht nur von der Natur des einzelligen Vorfahren abhängt, sondern auch vom spezifischen Evolutionsdruck, der diesen Übergang antreibt. Zwar konnte keines dieser Experimente die Entwicklung der Arbeitsteilung in vollständig mehrzelligen Organismen zeigen, doch es wird erwartet, dass diese schließlich allmählich durch natürliche Selektion entsteht.

8.4 Mehrzelligkeit auf der Erde und anderen Planeten

Wir haben gesehen, dass die Entwicklung der Mehrzelligkeit offensichtlich kein Einzelschritt war, sondern eher ein gewundener Weg zu einer höheren Komplexität. Mit welcher Wahrscheinlichkeit konnte dies geschehen? Nur Eukaryoten können obligat mehrzellig sein. In Kap. 6 über die ersten Eukaroyten sind wir zu dem Ergebnis gekommen, dass das Auftauchen komplexer Zellen durch Endosymbiose oder innere Teilung ein Viele-Wege-Prozess war. In diesem Kapitel haben wir gezeigt, dass die Schritte auf dem Weg zur Vielzelligkeit offensichtlich ziemlich einfach waren, was nicht bedeutet, dass irgendeiner dieser Schritte „leicht" war – jeder erforderte die Anhäufung genetischer Veränderungen. Doch es gibt auch viele Genkombinationen, viele Wege, die zum gleichen Endpunkt führen, und so war es angesichts der ausreichenden Zeit wahrscheinlich, dass Mehrzelligkeit erreicht wurde.

Angesichts dieser beiden Einsichten können wir mit großer Zuversicht behaupten, dass vielzelliges Leben weitverbreitet, ja fast unumgänglich ist, denn es hat sich sehr oft entwickelt. Wenn dem so ist, dann müsste sich die Vielzelligkeit auf der Erde entwickelt haben. Und genau das ist ja auch passiert.

Viele entfernt verwandte Zweige des eukaryotischen Baumes des Lebens enthalten vielzellige Lebensformen. Insbesondere gehören Opisthokonta und Pflanzen dazu. Opisthokonta sind eine vielfältige Gruppe von Organismen, zu denen auch Tiere gehören, die alle Vielzeller sind, ein- und mehrzellige Pilze, einzellige Microsporidia (auch eine Art von Pilz) und Kragengeißeltierchen (Choanoflagellaten). Es ist klar, dass sich innerhalb der Ophistokonta die Mehrzelligkeit mindestens zweimal entwickelt hat, nämlich in den Vorfahren der Pilze und der Tiere. Aus genetischen Daten kann man schließen, dass diese beiden alten Entwicklungslinien (fachlich die Holomycota (zu denen die Pilze gehören) und die Holozoa (zu denen die Tiere gehören) sich lange getrennt haben, bevor es irgendwelche Hinweise auf vielzelliges Leben auf der Erde gegeben hat. Folglich waren die Organismen, die an Verzweigungen der evolutionären Abstammungsäste von Pilzen und Tieren lagen, mit an Sicherheit grenzender Wahrscheinlichkeit einzellig, sodass sich die Mehrzelligkeit bei Pilzen und Tieren unabhängig voneinander entwickelt hat. Auch in Pflanzen entstand es unabhängig von den beiden anderen Zweigen, denn deren Vorfahren spalteten sich von den Ophistokonta ab, kurz nachdem die ersten Eukaryoten entstanden sind. Und Wissenschaftler glauben, dass sich die Mehrzelligkeit bei Landpflanzen und Algen unabhängig voneinander entwickelt hat. Die Gruppen der Pflanzen und der Pilze enthalten Arten, die einzellig sind, andere die fakultativ mehrzellig sind und leicht zwischen Ein- und Mehrzelligkeit umschalten können, und auch die echten obligat vielzelligen Organismen.

Aus unserem Wissen über das Leben auf der Erde kann man daher schließen, dass der Übergang vom Ein- zum Vielzeller auch anderswo unvermeidlich auftreten wird, wenn der Evolutionsdruck vergleichbar ist. Die Evolution von Verbrauchern (Organismen, die andere fressen, z. B. Tiere) scheint unvermeidlich, sobald eine genügend große Zahl von primären Erzeugern (wie Pflanzen) in einem Ökosystem vorhanden ist. Die Gesamtbiomasse wird dann größer und immer komplexer. Ein Verbraucher hat den Vorteil, dass er Energie unmittelbar aus organischen Bausteinen bezieht, statt zuerst Energie aus der unbelebten Umgebung umwandeln zu müssen. Die Steigerung seiner Größe bringt einem Organismus einen entscheidenden Vorteil: für einen Erzeuger (Beute), weil er damit vermeiden kann, aufgefressen zu werden, für einen Verbraucher (Räuber), weil er in der Lage ist, den Erzeuger zu fressen, und für beide, weil sie spezialisierteres Gewebe und Organe zur Nahrungsaufnahme, für die Wahrnehmung, zum Bewegen, Verteidigen und zur Fortpflanzung hervorbringen können. Die einfachste Möglichkeit für die ersten Verbraucher, die Erzeuger zu fressen, war, sie sich einfach als Nahrung einzuverleiben; dabei war die Größe entscheidend (vgl. auch Kap. 6). Mit der Evolution eines Verbrauchers auf einer höheren Ebene, der auch in der Lage war, andere Verbraucher zu fressen, entstand ein schieres Wettrüsten, das den natürlichen Selektionsdruck in Bezug auf die Größe weiter steigerte.

Dieselben Kräfte würden auch auf jedem anderen Planeten wirken, sofern genug Zeit und geeignete Umweltbedingungen vorliegen, die die Entwicklung von komplexen Ökosystemen erlauben. Hunger wäre immer eine Herausforderung. Das Beute-Räuber-Verhältnis und der Evolutionsdruck größer zu werden würden auch auf anderen Planeten eine Rolle spielen, wenn es genug Biodiversität und Biomasse gibt.

Der Übergang von der Ein- zur Vielzelligkeit geschah auf der Erde sehr oft, und viele Übergangsformen finden sich noch überall um uns herum, angefangen bei kolonienbildenden Organismen, wie den Mikrobialiten (Abb. 8.3), bis hin zu fakultativ vielzelligen Organismen wie Myxobakterien (Abb. 8.2) und zu vollständig vielzelligen Organismen wie Schwämmen (Abb. 10.4). Dieser Übergang ist auf der Erde nicht nur mehrmals passiert, sondern die Innovation der Mehrzelligkeit hat sich wiederholt in entfernt verwandten Arten entwickelt. Deshalb muss der Übergang zur Vielzelligkeit ein Viele-Wege-Prozess sein, der unweigerlich passiert, sobald genug Zeit und die geeigneten Umweltbedingungen vorhanden sind.

Weiterführende Literatur

Organismen am Scheidepunkt zwischen Ein- und Mehrzelligkeit

Dawid, W. (2000). Biology and global distribution of myxobacteria in soils. *FEMS Microbiology Reviews, 24,* 403–427.

King, N., Westbrook, M. J., Young, S. L., Kuo, A., Abedin, M., et al. (2008). The genome of the choanoflagellate Monosiga brevicollis and the origin of the metazoans. *Nature, 451,* 783–788.

Was ist Vielzelligkeit?

Bell, G., & Mooers, A. O. (1997). Size and complexity among multicellular organisms. *Biological Journal of the Linnean Society, 60,* 345–363.

Resendes de Sousa Antonio, M., & Schulze-Makuch, D. (2012). Toward a new understanding of multicellularity. *Hypotheses in the Life Sciences, 2,* 4–14.

Die Entwicklung der Mehrzelligkeit

Irwin, L. N., & Schulze-Makuch, D. (2011). *Cosmic biology: How life could evolve on other worlds.* Heidelberg: Springer.

Michod, R. E. (2007). Evolution of individuality during the transition from unicellular to multicellular life. *Proceedings of the National Academy of Sciences (USA), 104,* 8613–8618. https://doi.org/10.1073/pnas.0701489104.

Ratcliff, W. C., Denison, R. F., Borrello, M., & Travisario, M. (2011). Experimental evolution of multicellularity. *Proceedings of the National Academy of Sciences (USA), 109,* 1595–1600. https://doi.org/10.1073/pnas.1115323109.

Der Hunger nach Sauerstoff

Bryant, C. (1991). *Metazoan life without oxygen.* London: Chapman and Hall.

Catling, D. C., Glein, C. R., Zahnle, K. J., & McKay, C. P. (2005). Why O_2 is required by complex life on habitable planets and the concept of planetary "oxygenation time". *Astrobiology, 5,* 415–438.

9

Der Aufstieg komplexer Tiere und Pflanzen

Wir hoffen, dass wir bisher überzeugend darlegen konnten, dass viele der Dinge, die komplexe Organismen wie wir besitzen – eukaryotische Zellen, Mehrzelligkeit, Sex – und andere, von denen wir abhängig sind, wie Sauerstoff, wahrscheinliche Folgen des Lebens sind, nachdem es sich auf der Erde vor 3,5 Mrd. Jahren entwickelt hatte. Aber das Auftauchen großer Organismen haben wir bisher kaum erwähnt. Wie sieht es mit Krebsen, Dinosauriern und Bäumen aus?

9.1   Die Steigerung von Größe und Komplexität

Der Weg zur Mehrzelligkeit, den wir im vorhergehenden Kapitel besprochen haben, hängt auch mit der Größe zusammen. Vielzellige Organismen werden in der Regel größer, weil das eine Reihe von Vorteilen hat. Bei Einzellern gibt es physikalische Grenzen für die Größe, denn je größer eine Zelle wird, desto weiter sind die Entfernungen für die Diffusion von Nährstoffen von der Zellmembran bis zum Zentrum. Außerdem fällt das Oberflächen-zu-Volumen-Verhältnis dramatisch. Beide Einschränkungen machen es für die Zelle immer schwieriger, Nährstoffe aufzunehmen, Abfallprodukte loszuwerden und die verschiedenen Funktionen zu koordinieren, die ein lebender Organismus ausführen muss. Wenn die Zelle trotzdem größer werden wollte, konnte sie diese physikalischen Einschränkungen aufgrund der Zellgröße nur umgehen, indem sie zum Mehrzeller wurde, wobei die Transportwege dann zwischen den Zellen verliefen.

© Springer-Verlag GmbH Deutschland, ein Teil von Springer Nature 2019
D. Schulze-Makuch und W. Bains, *Das lebendige Universum,*
https://doi.org/10.1007/978-3-662-58430-9_9

Die Steigerung der Größe machte es den Zellen auch möglich, der Grenzschicht des ruhenden Wassers zu entkommen. Das Wasser an einer Oberfläche ist immer ziemlich ruhig, selbst wenn der Großteil des Wassers in einem Fluss in Bewegung ist. Ein kleiner Organismus wie ein Bakterium an einer Oberfläche benötigt Diffusion, die neue Nährstoffe zu seiner Zelloberfläche bringt. Wenn es aus dieser Grenzschicht herausragen kann, etwa einen ganzen Millimeter in den fließenden Strom hinein, dann werden neue Nährstoffe viel schneller daran vorbeigespült. Das Bakterium wird so wesentlich besser mit Nährstoffen versorgt, was vor allem wichtig ist, wenn diese knapp sind. Richtig große Organismen wie Insekten oder Elefanten verfügen außerdem über einen Temperaturpuffer. Ein großer Organismus kann eine spezielle Außenhaut oder Schale gegen Dehydrierung, UV-Strahlung und natürlich Angriffe von anderen Organismen entwickeln. Organismen mit mehr Zellen können mehr spezialisierte Zelltypen besitzen, von denen manche effektiver auf ihre Umwelt antworten können. Daraus lässt sich schließen, dass es bei den größeren Organismen, die unterschiedlich groß sein können, eine höhere Spezialisierung gibt.

Es gibt nicht sehr viele Organismen, die mehrzellig sind und die ihre Größe und ihren Spezialisierungsgrad verändern können. Doch kolonienbildende Algen, etwa die Gattung *Volvox,* die verschiedene Lebensbereiche im Süßwasser bewohnt, sind dazu in der Lage. Sie bildet kugelförmige Kolonien mit bis zu 50.000 Zellen. Sie kann sich sexuell und asexuell vermehren und weist Unterschiede in Soma- und Keimzellen auf, was eine klare Eigenschaft von vielzelligen Lebensformen ist. Es wurde gezeigt, dass bei der Art *Volvox carteri* diese Ausdifferenzierung von der Größe bestimmt wird. Wenn die Zelle kleiner als 8 μm ist, wird das Somaprogramm eingeleitet; sobald sie größer wird, werden Keimzellen produziert. Ein Anstieg in der Größe ist mit einer höheren Spezialisierung verbunden.

Sobald es viele verschiedene Zellsorten gibt, kann die gesteigerte Größe selbst dabei helfen, dass die Zellen flexibler in ihrer Funktionsweise werden. Sowohl im Immunsystem als auch im Gehirn von Säugetieren gibt es Zellen, die sich auf bestimmte Funktionen spezialisiert haben, und (grob gesagt) je mehr Zellen sie haben, desto leistungsfähiger sind diese. Organismen, die sich nicht bewegen, können sich mithilfe großer Zellen in neue Gebiete ausdehnen und dort Nährstoffe aufnehmen, ohne ihren angestammten Platz verlassen zu müssen.

Natürlich sind nicht alle diese Eigenschaften für alle Organismen von Vorteil. Mehrzelligkeit und Größe sind eine spezielle und ökologische Taktik unter vielen. Die meisten Eukaryoten sind Einzeller, und natürlich sind auch Bakterien und Archaeen einzellig. Aber für manche ist die Größe ein

Selektionsvorteil. Doch um bei Pflanzen und Tieren, also auch bei uns Erfolg zu haben, ist mehr als nur Größe erforderlich. Der entscheidende Parameter ist die Komplexität. Eine Maus hat ungefähr die gleiche Komplexität wie ein Elefant, obwohl sie viel kleiner ist, doch riesige Korallen sind nicht komplexer als Pflanzen. Wie können wir also Komplexität messen? Ein Ansatz ist, die Zahl der verschiedenen Zelltypen zu bestimmen. Zum Beispiel haben einige Schwämme nur zwei unterschiedliche Typen, in einem Menschen dagegen gibt es etwa 200. Ein anderer Ansatz, für den wir später noch gute Gründe nennen werden, ist die Zahl der Entwicklungsschritte im genetischen Programm als Maß zu nehmen. Doch zuvor wollen wir uns dem Abschnitt der Erdgeschichte zuwenden, in dem die Diversität von Körperbauplänen sowie Formen der Tiere und Pflanzen explodierte – sie begann vor etwa 540 Mio. Jahren und wird die kambrische Explosion genannt.

9.2 Die (langsam ablaufende) kambrische Explosion

Eine der bemerkenswertesten Übergänge des Lebens auf der Erde war vom menschlichen Standpunkt aus gesehen die *kambrische Explosion*. Diesen Begriff prägte der Paläontologe Stephen J. Gould, um das erste, in Fossilien nachweisbare Auftreten von Tieren zu bezeichnen, das vor 541 Mio. Jahren begann. Für die Fossiliensucher des Viktorianischen Zeitalters bis zum Zweiten Weltkrieg stammten die ersten bekannten Fossilien aus dem Kabrium vor 541 bis 485 Mio. Jahren (Abb. 1.1). Mit dem Beginn des Kambriums tauchte eine ganze Reihe von Fossilien in den Felsen auf, auch die Vorfahren vieler Tiere, die heute leben, aber auch solcher, die ausgestorben sind, wie Trilobiten und die sonderbaren Tiere, die im Burgess-Schiefer gefunden wurden. Vor dem Kambrium: nichts! Es sieht so aus, als sei aus einem verborgenen Anfang das Leben auf dem Planeten explosionsartig entstanden.

Tatsächlich ist es nicht ganz so einfach. Wir wissen heute, dass diese „Explosion" 10 bis 20 Mio. Jahre benötigte. Und schon mindestens 60 Mio. Jahre vor der kambrischen Explosion war die Welt von den seltsamen Weichtieren des Ediacariums besiedelt (Abb. 9.1). Diese einfachen Kreaturen sind mit nichts vergleichbar, was heute lebt. Es handelte sich um flache scheiben- oder farnwedelförmige und kohlartige Wesen, von denen sich einige langsam über den Meeresboden bewegen konnten und die Bakterien und Algen fraßen, die dort wuchsen. Aber sie besaßen keine

Abb. 9.1 Die Ediacaria-Fauna. Weichtiere, die vor dem Zeitalter des Kambriums vor etwa 600 Mio. Jahren lebten. (Mit freundlicher Genehmigung des Department of Paleobiology, National Museum of Natural History, Smithsonian Institution)

Schalen oder Skelette, und daher sind ihre Fossilien sehr schwer zu entdecken – erst seit 1946 verzeichnet man sie als echte Tiere. Inzwischen haben Wissenschaftler herausgefunden, dass es sie vor 635 Mio. Jahren auf der Erde gab, vielleicht auch schon früher. Im Kambrium verschwanden sie aus dem Gesichtsfeld, vielleicht weil sie im Wettstreit mit nachfolgenden Organismen, die Beine, Schalen und Zähne hatten, unterlagen. An manchen Orten blieben aber noch bis zum Ordovizium, vor 488 bis 444 Mio. Jahren, Spuren von ihnen erhalten. Die Tiere des Ediacariums haben etwa 120 Mio. Jahre auf der Erde gelebt, was doppelt so lang wie der Zeitraum ist, der uns von den Dinosauriern trennt (Abb. 1.1).

Vor 635 Mio. Jahren begann also etwas, das sich am Anfang des Kambriums vor 541 Mio. Jahren zu einer Explosion neuer Tierarten entwickelte. Was war das? Und – entscheidend für die Frage, die wir uns stellen – war es ein unwahrscheinliches Ereignis oder etwas, das wieder passieren würde, wenn wir den Film der Erde noch einmal abspielen würden. Um dies zu beantworten, müssen wir erst verstehen, was notwendig ist, um ein Tier hervorzubringen.

9.3 Wie konstruiert man ein Tier (oder eine Pflanze)?

Es sind zwei Dinge erforderlich, um einen komplexen Organismus wie ein Tier oder eine Pflanze hervorzubringen. Das Erste und Grundlegendste ist, dass der Organismus in der Lage sein muss, zu wachsen und sich zu vermehren. Bei Zellen, die auf sich allein gestellt überleben, wie Bakterienzellen, ist die Vermehrung einfach – die Zellen teilen sich, und die Tochterzellen können selbstständig überleben. Aber bei komplexeren Organismen, wie Quallen oder Meeresalgen, können die Zellen nicht allein überleben. Einzelne Organe oder Gewebe sind dazu nicht in der Lage. Alle Zellen müssen hervorgebracht und in der richtigen Reihenfolge zu einem Organismus zusammengebaut werden, bevor er in die Welt entlassen werden kann. Es ist keine gute Idee, die Wandzellen des Darms zu erzeugen, bevor die Grundstruktur des Darms an Ort und Stelle ist. Die Nerven, die das Auge mit dem Nervensystem verbinden, müssen gleichzeitig mit Gehirn und Auge entstehen, sonst finden sie nichts, was sie verbinden können. Das Entwicklungsprogramm für einen komplexen Organismus muss also beschreiben, wie man viele Zellarten baut – ein Dutzend davon im Falle eines Baumes, Hunderte im Falle von Säugetieren – und wie man das am richtigen Ort und zur richtigen Zeit macht.

Zellen müssen sich auch zur richtigen Zeit bewegen, wachsen und sterben können. Im Laufe ihrer Entwicklung wandern Zellen viel herum, sie wirken aufeinander ein, teilen sich und sterben, und alles wird genau kontrolliert. Letztlich stecken die Informationen dazu in den Genen. Die Untersuchung der Gene, in denen die Entwicklung und deren Ablauf gespeichert sind, ist ein ziemlich neues Gebiet der evolutionären Entwicklungsbiologie (kurz Evo-Devo vom englischen *evolutionary developmental biology*).

Wir wenden uns also den Genen zu, um eine Erklärung für die kambrische Explosion zu finden. Es wurden bereits viele Gene entdeckt, die an der Entwicklung eines komplexen Organismus beteiligt sind. Meist beginnen die Untersuchungen bei den Mutationen der Fruchtfliegenart *Drosophila melanogaster* (Schwarzbäuchige Taufliege). Genetiker haben viele Mutationen gefunden, die dazu führen, dass sich die Fliegen anormal entwickeln. Zum Beispiel entwickeln sie nicht die richtige Zahl an Segmenten in ihrem Brustkorb (Thorax, also dem mittleren Bereich, wo die Flügel wachsen), haben verkrüppelte Körperteile oder die Beine wachsen dort, wo die Fühler sein sollten. Eine Gruppe dieser Gene werden Hox-Gene genannt. Sie sind für alle Arten der Programmierung der richtigen Reihenfolge des Körperbaus von vorn bis hinten verantwortlich. Mutationen in ihnen führen dazu, dass Teile des Körpers (wie die Flügel oder Beine) missgebildet sind oder an der falschen Stelle sitzen. Hox-Gene helfen dabei, das allgemeine Muster der Körperteile in allen Bilateria festzulegen. Bilateria sind Tiere, deren linke Körperhälfte spiegelsymmetrisch zur rechten ist, die aber von vorn nach hinten und von oben nach unten verschiedene Muster aufweisen. Wir selbst gehören zur Gruppe der Bilateria, genau wie alle anderen Wirbeltiere, Insekten, Plattwürmer, Fadenwürmer und viele andere. Quallen sind keine Bilateria, denn sie haben zwar eine festgelegte Mittelachse von oben nach unten, aber keine klare rechte und linke Seite. Dasselbe gilt für Schwämme.

Jedoch gibt es diese Hox-Gene auch in Schwämmen und Quallen. Tatsächlich hat jedes bisher untersuchte Tier eine Version dieser Gene, woraus man schließen kann, dass ihr Ursprung vor dem gemeinsamen Vorfahren von Menschen und Quallen vor 600 Mio. Jahren liegt. Natürlich steuern die Hox-Gene in Quallen nicht die Entwicklung von Beinen und Fühlern – Quallen haben keine Beine. Sie müssen für etwas anderes verantwortlich sein, und ihre Aufgabe in derartigen primitiven Tieren wird immer noch intensiv erforscht. Um was es uns hier aber geht, ist, dass es sich um eine sehr alte Genfamilie handeln muss, die sich in komplexen Organismen so entwickelt hat, dass sie dem sich bildenden Embryo sagen kann, wo von vorn nach hinten er seine Teile wachsen lassen soll.

Wissenschaftler konnten zeigen, dass es noch ältere Genfamilien für die Entwicklung gibt. Vielleicht reichen sie bis in die Zeit zurück, bevor sich überhaupt mehrzellige Tiere entwickelt haben, woraus sich dann eine seltsame Frage ergibt. Wenn ein Gen die Funktion hat, die Entwicklung eines komplexen vielzelligen Organismus zu steuern, was macht es dann in einem einzelligen Organismus? Die nicht ganz zufriedenstellende Antwort lautet: „etwas anderes", doch das ist eine wichtige Erkenntnis. Der Molekularbiologe Francois Jacob bemerkte einmal, die Evolution sei ein Bastler. Neue Funktionen werden nicht entworfen, sondern aus Teilen zusammengesetzt, die bereits da sind. Das gesamte Entwicklungsprogramm besteht aus Genen, die aus anderen Funktionen vereinnahmt wurden. Normalerweise passiert dies durch Genverdopplung, einen Vorgang, auf den wir schon gestoßen sind, als wir darüber gesprochen haben, wie die Photosynthese entstanden ist. Ein Fehler beim Kopieren der DNA – eine Mutation – erzeugt zwei Kopien eines Gens, und die darauffolgende Evolution macht es möglich, dass es sich verändert und eine neue Funktion übernimmt. Das alte kann weiterhin die übliche Funktion ausführen. Dies führt zur Bildung von Gruppen eng verwandter

Gene, den *Genfamilien*. Die Hox-Genfamilie in den Menschen hat 39 Mitglieder, die alle wichtig für unsere Entwicklung und durch Verdoppelung und nachfolgende Mutation vor mindestens 600 Mio. Jahren von einem weit entfernten Vorfahren abgeleitet sind. Dies ist sehr oft in vielen verschiedenen Genfamilien passiert. Offensichtlich ist es für evolutionäre Neuerungen eine verbreitete Möglichkeit und daher ein Viele-Wege-Prozess.

Der Entwicklungsvorgang, der sich daraus ergibt, kann seltsam erscheinen. Zum Beispiel beginnen die Glieder der Landwirbeltiere (ihre Arme oder Beine) als kleine Zellansammlungen auf der Seite des frühen Embryos, den sogenannten Beinansätzen (Gemmae membrorum). Wo sich diese Ansammlungen befinden und welche Art von Gliedern daraus entstehen soll, wird von den Genen bestimmt, die feststellen, wie weit unten eine Zelle im Körper des Embryos sitzt. Die Zellen in den Beinansätzen wachsen zu einem langen Fortsatz heran. Beim Wachsen bestimmen andere Gene, wie weit unten sich im wachsenden Glied eine Zelle befindet und damit, ob sich daraus schließlich eine Hand, ein Ellenbogen oder eine Schulter bilden soll. Andere legen fest, ob eine Zelle vorn oder hinten ist. (Wenn man störend in die Signalmuster zwischen den Zellen eingreift, die diese Unterscheidung von vorn und hinten ermöglichen, ist das Ergebnis ein missgebildetes Glied, das so aussieht, als ob es versuche, zwei Daumen zu entwickeln, weil sowohl Zellen vorn als auch hinten sich so verhalten, als wären sie vorn.) Wenn sich das Glied weiterentwickelt, bilden sich am weitesten vom Körper entfernten Teil Ausbuchtungen, aus denen die fünf Finger werden, die charakteristisch für alle Landwirbeltiere sind.

Und was ist mit Landwirbeltieren wie Pferden, die keine fünf Zehen an jedem Fuß besitzen? Bei ihnen läuft das gleiche Programm ab, doch schon bald in der Entwicklung sterben die Zellen ab, aus denen die unerwünschten Zehen werden sollten. Anstatt von Grund auf ein einteiliges Glied für den Huf zu bilden, hat die Evolution also ein fünfzehiges Glied eingebaut, um dann wieder vier Teile davon zu entfernen. Ähnliches passiert auch bei der Bildung der fünf Finger. Bei dieser Extremität des Wirbeltieres sterben Zellen entlang den Bändern an den wachsenden Gliedern ab, sodass fünf Fortsätze zurückbleiben, aus denen Finger oder Zehen oder Hufe werden. Der Tanz der Gene und Zellen während der Entwicklung kann also außerordentlich kompliziert sein, und ist nicht so geradlinig, wie ein Ingenieur es entworfen hätte. Doch es funktioniert, Gene wie die Hox und Tausende anderer machen die richtigen Zellen am richtigen Platz zur passenden Zeit.

Daraus schließen wir, dass zu der Geschichte mehr gehört als nur die Gene selbst. Es geht auch darum, wie sie angewandt werden.

9.4 Die genetische Blaupause von Evo-Devo

Eine der Überraschungen beim Humangenomprojekt war, dass Menschen nur wenig mehr Gene haben, die Proteine erzeugen, als *Drosophila* und nur fünfmal so viele wie Kolibakterien. Dieser Schock für unsere Selbstachtung wurde im letzten Jahrzehnt etwas von der Erkenntnis abgemildert, dass ein Großteil der DNA in komplexen Organismen damit zu tun hat, wie Gene gesteuert werden, und nicht damit, wie sie Proteine herstellen. Man dachte lange Zeit, dass ein Großteil des Genoms von Säugetieren „Junk-DNA" (DNA ohne Funktion) sei. Doch inzwischen weiß man, dass manches, vielleicht sogar vieles, dieses „Mülls" tatsächlich wichtig für die Steuerung der Gene ist und wir dies nur noch nicht verstanden haben.

Warum ist die Gensteuerung so wichtig für Evo-Devo? Sicher sind doch die wichtigen Moleküle die Proteine, die die Form und die Funktion der Zelle bestimmen, und die DNA ist bestimmt wichtig, weil sie den Code für diese Proteine enthält? Ja und nein. Ja, weil eine einzige Veränderung bei einer Base der DNA eine Fehlfunktion eines Proteins verursachen und somit einen Organismus kaputtmachen kann. Doch damit diese Proteine in den richtigen Zellen, im richtigen Gewebe zur passenden Zeit hergestellt werden, ist ein komplexes Steuerungssystem notwendig. Und es hat sich gezeigt, dass genau dafür ein Großteil unserer DNA gut ist. Dieses komplexe Steuerungssystem macht es möglich, dass das Ei das Programm enthält, das im Laufe von 20 Jahren einen vollständigen Menschen hervorbringt.

Damit soll nicht behauptet werden, dass nicht auch Umwelteinflüsse sehr wichtig sein können. Gene steuern Zellen so, dass sie Antworten auf ihre Umgebung geben können, und diese bestehen nicht nur aus anderen Zellen. Wenn sich die Umwelt ändert, dann verändert sich auch das Verhalten der Gene. Wenn sich die Umwelt so stark verändert, dass die Gene durch die Evolution nicht mehr dafür geeignet sind, dann bricht das System zusammen. Das passiert zum Beispiel beim fetalen Alkoholsyndrom. Die Gene waren nie dafür gedacht, dass ein wachsender Embryo mit viel Alkohol in Berührung kommt. Doch solange sich die Umgebung nicht zu sehr von der unterscheidet, für die die Gene programmiert wurden, dann wird ein neues gesundes Individuum entstehen.

Folglich war das komplexere genetische Steuerungssystem der Eukaryoten entscheidend dafür, dass sich manche von ihnen zu mehrzelligen Organismen entwickeln konnten. Wir sollten betonen, dass die meisten Eukaryotenarten nicht vielzellig sind. Viele sind Einzeller, etwa die Protozoen, wie Antonie van Leeuwenhoek feststellte, als er zum ersten Mal ein Mikroskop für einen Tropfen Teichwasser benutzte. Wie wir bereits gesehen haben, können Protozoen (genauer Protisten) außerordentlich komplizierte Zellen besitzen und dafür auch komplizierte genetische Mechanismen nutzen, doch sie sind Einzeller. In diesem Buch wollen wir uns aber auf den Weg zu komplexem vielzelligem Leben und uns deshalb auf diese Richtung der Evolution konzentrieren.

Heute wird das Erreichen genetischer Komplexität als entscheidender Schritt auf dem Weg zu komplexem Leben angesehen. Aber wie wahrscheinlich war das?

9.5 Genregulation in Eukaryoten

Eukaryoten besitzen ein weit ausgefeilteres Genregulationssystem als Prokaryoten. Wie bereits erwähnt liegen die Chromosomen in prokaryotischen Zellen als kreisförmige DNA vor. Normalerweise ist das gesamte Genom ein einziger Kreis. In allen Zellen ist die DNA mithilfe von Proteinen in kompakten Päckchen aufgewickelt, und dafür gibt es einen ganz praktischen Grund. Das kreisförmige Chromosom des Darmbakteriums *Escherichia coli* ist 4,6 Mio. Basen lang und wäre als Kreis etwa 1,4 mm groß. Das müsste in eine Zelle passen, die nur ungefähr ein Tausendstel dieser Größe besitzt. Der doppelte Chromosomensatz in menschlichen Zellen wäre ausgezogen ca. 2 m lang und müsste in Zellen passen, die durchschnittlich nur 10 bis 20 μm groß sind. Würde man die gesamte DNA in unserem Körper Ende an Ende aneinandergereiht und ausgestreckt aneinanderlegen, würde sie 17-mal zum Pluto reichen. Ganz offensichtlich muss das verpackt werden. In Bakterien wird die DNA durch DNA-bindende Proteine in Schleifen verpackt und diese dann im Nukleoid in einem Teil der Zelle aufbewahrt. Dieser Teil ist aber nicht vom Rest der Zelle durch eine Kernmembran abgetrennt wie bei eukaryotischen Zellen. Auch in Eukaryoten wird das DNA-Molekül um Proteine – die *Histone* – gepackt, sodass sie weniger Platz benötigen. Diese wiederum sind mit weiteren Proteinen verpackt, und alles ist in einer Doppelmembran gelagert, die den Zellkern bildet.

Gene werden gesteuert, indem Enzyme ein- und ausgeschaltet werden, die aus der DNA-Vorlage RNA herstellen. Es gibt verschiedene Möglichkeiten, wie die Genaktivität in Eukaryoten gesteuert wird, die sich außerdem überschneiden. Die verschiedenen Steuerungsfunktionen haben sich sehr oft entwickelt, wobei in verschiedenen Organismen dieselbe Aufgabe eines Gens oft über unterschiedliche chemische Vorgänge ausgeführt wird. Viele Arten von chemischen Steuerungsvorgängen haben Vorläufer in Bakterien oder Archaea. So sind z. B. kleine RNA-Moleküle in allen Domänen des

Lebens an der Steuerung von Genen beteiligt und haben sich unabhängig voneinander mindestens zweimal in Eukaryoten weiterentwickelt. Doch natürlich unterscheiden sich die genauen Mechanismen und Moleküle; deshalb sind die spezifischen Moleküle, die in Eukaryoten hergestellt werden, einzigartig. So gibt es in Eukaryoten einen Satz kleiner RNA-Moleküle, die Piwi-Interacting RNA (piRNA), die mit einigen Proteinen, den Piwi-Proteinen, zusammenarbeiten, um wiederum andere Proteine zu spezifischen Stellen in der DNA zu führen und die DNA chemisch zu verändern. Diese komplexen Vorgänge laufen nur in Eukaryoten ab.

Aber das allgemeine Prinzip, dass die chemische Zusammensetzung der DNA verändert wird, um verschiedene Aktivitäten zu steuern, findet man in allen Domänen des Lebens, und es entwickelte sich in ihnen unabhängig von den anderen. Die grundlegenden chemischen Vorgänge, bei denen ein kleines Stück RNA und eine Reihe von Proteinen genutzt werden, welche auf die DNA einwirken, ist weitverbreitet, und auch diese sind mehrmals entstanden. Während also die Details der Arbeitsweise der piRNA einzigartig sind, ist das für das Gesamtprinzip anders – es handelt sich um einen Viele-Wege-Prozess. Wir haben uns nun sehr intensiv mit dem Thema Steuerungssysteme beschäftigt und für viele Beispiele dieser Art von Schaltern, aus denen die komplexe Steuerung von Eukaryoten besteht, gezeigt, dass in Prokaryoten Analogien existieren. Oft haben sich die eukaryotischen Schalter mehr als einmal unabhängig entwickelt. All diese Beispiele zeigen, dass verschiedene Substanzen verwendet werden können, um zum gleichen funktionalen Ergebnis zu kommen; deshalb haben sich diese Wege wahrscheinlich getrennt voneinander in den verschiedenen Organismen entwickelt. Daher stellen sie einen evolutionären Viele-Wege-Prozess dar.

Eukaryoten können also viel komplexere genetische Steuermechanismen besitzen als Prokaryoten, und trotzdem dieselbe Art von chemischer Funktion. Warum also gibt es keine komplexen Prokaryoten? Ist an den Eukaryoten etwas Einzigartiges, was wir noch nicht entdeckt haben und dessen Entwicklung etwas Besonderes war, ein unwahrscheinliches Random-Walk-Ereignis?

Wir glauben, dass es da eine grundlegende Eigenschaft in den eukaryotischen Genen geben muss, die diese Komplexität ermöglicht, sie in Prokaryoten aber verhindert. Erinnern Sie sich daran, dass die DNA mit Proteinen in Komplexe eingepackt ist. Diese Proteine und die Art, wie sie die DNA falten, ist bei allen Lebensformen ein Schlüssel zur Kontrolle der DNA. Doch wie das funktioniert, unterscheidet sich in Prokaryoten und Eukaryoten ein wenig, nicht aufgrund der Chemie, sondern aufgrund der Anordnung. Genregulationssysteme sind kein Computercode, selbst wenn man in der Sprache der Molekularbiologen von „genetischen Schaltern" und „genetischem Programm" redet. Wären die Schaltkreise eines einfachen Hefegenoms in konventioneller Computersprache programmiert, würden sie „Spaghetticode" ergeben, ein abfälliger Begriff, den Programmierer verwenden um einen Code zu beschreiben, der keine ordentlich nachvollziehbare Struktur hat, sondern aus einem Wirrwarr von Anweisungen besteht, bei denen es fast unmöglich ist herauszufinden, was eine Veränderung im Code bewirken würde. Die verschiedenen Arten und Ebenen der Steuerung im Genom wechselwirken willkürlich miteinander und bringen chaotische Ergebnisse hervor. Aber natürlich funktionieren sie durchaus, sonst wäre der Organismus tot. Aber warum sie funktionieren, ist eine der schwierigsten Fragen, die die Biologie gerne klären möchte. Wenn wir uns ansehen, wie all die Proteine und Gene in einer Zelle miteinander interagieren, statt nur ein Protein oder Gen auf einmal zu betrachten, finden wir heraus, dass jedes beschriebene Kontrollsystem mit jedem anderen wechselwirkt.

Das ist eine allgemeine Eigenschaft des Lebens, nicht nur bei Eukaryoten, und Thema eines neuen Forschungsgebiets, der Systembiologie. Dieser Ansatz erkennt an, dass es keinen einfachen linearen Weg vom Gen über das Protein zur Funktion gibt. Das Leben ist grundsätzlich komplex – ein Netz aus Wechselwirkungen, was der Physiologe Denis Noble die „Musik des Lebens" nennt. Auf der Ebene der Gene bedeutet dies, dass die Komplexität der Gensteuerung nicht nur eine Funktion der Zahl der Gene und der Steuerungsmoleküle ist, sondern auch der Zahl der Möglichkeiten, wie sie miteinander wechselwirken können, und diese ist viel größer. Das sind gute Nachrichten für die sich entwickelnden Eukaryoten, zumindest, wenn sie herausfinden können, wie diese Gene, Regel-RNAs und Proteine zusammenarbeiten. Und genau das ist das Kernproblem, das die Eukaryoten lösten, die Prokaryoten aber nicht.

Nehmen wir an, wir wollen eine neue Zelle schaffen, wobei ein Satz neuer Gene an der Aktivität dieser Zelle beteiligt sein soll. Es ist eine aus der Frühzeit der Molekulargenetik wohlbekannte Beobachtung, dass die meisten Gene sowohl in vielzelligen als auch in einzelligen Körpern in den meisten Zellen fast die ganze Zeit inaktiv sind. Wenn wir also eine neue Zelle mit neuen Genen erschaffen wollen, benötigen wir nicht nur eine Reihe genetischer Kontrollen, die diese neuen Gene in unserer neuen Zelle einschalten, sondern auch solche, die all die Gene, die wir in der Zelle nicht wollen, ausschalten. Auch in allen anderen Zellen müssen diese neuen Gene ausgeschaltet bleiben. Wir wollen ja nicht, dass eine Hautzelle Proteine für die Augenlinse hervorbringt oder eine Nervenzelle Hämoglobin.

Der entscheidende Unterschied zwischen Bakterien und Archaeen auf der einen Seite und Eukaryoten auf der anderen liegt nicht darin, dass Gene eingeschaltet werden, sondern vielmehr darin, wie sie ausgeschaltet werden. In Prokaryoten liegen die Gene immer in einem „startbereiten" Zustand vor. Ihre Standardeinstellung ist „ein". Deshalb ist es einfach, neue Gene hinzuzufügen. Neue DNA, die man in eine Bakterienzelle einschleust, wird normalerweise sofort funktionieren. Im Gegensatz dazu kann man davon ausgehen, dass die Gene in einer eukaryotischen Zelle ausgeschaltet sind. Es sind ziemlich große Stoffwechselanstrengungen notwendig, um sie einzuschalten. Es ist also schwieriger, ein neues Gen hinzuzufügen, aber es ist bereits sichergestellt, dass es sich nicht in einer Zelle einschaltet, in der es das nicht soll. Je komplizierter das Genom ist und je spezialisierter die Zellen sind, desto vorteilhafter ist es, wenn die Gene „aus" als Standardeinstellung haben statt „an". In unserer Veröffentlichung von 2015 sind wir deshalb zu dem Schluss gekommen, dass die Entwicklung eines Genoms, in dem die Standardeinstellung „aus" war, den entscheidenden Schritt darstellte, der die Entstehung genetischer Komplexität und damit die Evolution vielzelliger Organismen möglich machte. Dies war der Übergang, der es Eukaryoten erlaubte, zu den komplexen Systemen zu werden, die wir heute sehen, nicht die Entstehung eines bestimmten Kontrollsystems an sich. Diese Modifikation in der Art, wie der Gencode ausgedrückt wird, war ein entscheidender Vorteil für die weitere Evolution in Richtung höherer Komplexität.

War das ein Viele-Wege-Ereignis? Wir wissen es nicht. Wie der Ursprung des Lebens selbst, bleibt dies in unserer Hypothese ein unbekannter Parameter. Doch als dies erreicht war, war der Aufstieg der vielzelligen Organismen und dann der von Organismen mit komplexen Entwicklungsprogrammen unvermeidlich.

9.6   Sauerstoff und das aktive Tier

Wir haben vorher erwähnt, dass komplexe vielzellige Tiere zwei Dinge benötigen, doch bisher haben wir nur von einem gesprochen, dem genetischen Steuerungssystem, das das Programm für die Entwicklung komplexen Lebens ermöglichte. Doch dies war wohl nicht das Einzige, was die kambrische Explosion ausgelöst hat. Dass Gene grundsätzlich ausgeschaltet waren, geht wahrscheinlich bis auf den Ursprung der Eukaryoten vor mindestens 1 Mrd. Jahre zurück, doch die plötzliche massenhafte Einlagerung von Fossilien im Gestein des Kambriums geschah erst 450 Mio. Jahre später.

Was hat diese kambrische Explosion also ausgelöst? Viele glauben, dass der Grund in einem Wort zusammengefasst werden kann: *Sauerstoff.*

Heute benötigen Tiere, vor allem große, komplexe Tiere wie wir, Sauerstoff für ihren hochenergetischen Stoffwechsel. Die Reaktionen von Zucker und Fetten mit Sauerstoff liefert dem Leben mehr Energie als jede andere Chemie. Ein Beispiel zeigt, wie vorteilhaft Sauerstoff ist. Bierhefen können mit oder ohne Sauerstoff leben. Wenn kein Sauerstoff vorhanden ist, nimmt die Hefe Glukose und bricht sie herunter zu Alkohol; dabei entstehen zwei Moleküle des Energieträgermoleküls ATP. Wenn Sauerstoff vorhanden ist, bringt sie Zucker dazu, mit Sauerstoff zu reagieren, wobei Kohlendioxid entsteht, und aus jedem Glukosemolekül entstehen bis zu 36 ATP-Moleküle; der Prozess ist also 18-mal effizienter.

Hefen sind kleine Organismen, die durch Diffusion sehr schnell zu Nährstoffen aus dem sie umgebenden Medium kommen. Wenn nur wenig Sauerstoff vorhanden ist, fahren sie einfach ihren Stoffwechsel herunter. Komplexe vielzellige Tiere können ihre Nahrung nicht über Diffusion erhalten. Sie müssen aktiv nach Futter suchen, entweder durch energieverbrauchende molekulare „Pumpen" auf einer unterzellulären Ebene oder mit Zähnen und Beinen oder Flossen, um danach zu jagen. Für all das benötigen sie Energie. Sie brauchen ein Kreislaufsystem, das Nährstoffe über weite Strecken zum Gewebe bringt, und ein Steuerungssystem, das alles am Laufen hält. Auch dafür ist Energie notwendig. Aus diesem Grund hat David Catling von der University of Washington behauptet, dass Sauerstoff dringend erforderlich für komplexes Leben ist. Und besonders komplexe Tiere tauchten erst auf, als der Sauerstoffgehalt in der Atmosphäre auf ein Niveau anstieg, wie wir es in der präkambrischen Periode vor 600 bis 541 Mio. Jahren finden.

Die kambrische Explosion passierte zur selben Zeit wie der dramatische Anstieg des Sauerstoffniveaus in der Atmosphäre. Während des Proterozoikums, das 1 Mrd. bis 542 Mio. Jahre vor unserer Zeitrechnung andauerte, machte Sauerstoff nur 1 % allen Gases in der Atmosphäre aus. Das war genug für Hefe, doch zu wenig, um ein Säugetier am Leben zu erhalten. Vor 600 Mio. Jahren begann der Sauerstoffgehalt dann anzusteigen, und ab dem Kambrium lag er zwischen 15 und 30 % (heute sind es 21 %). Aus Gründen, die wir im nächsten Abschnitt besprechen werden und in Kap. 2 schon zusammengefasst haben, ist es schwierig zu verstehen, wie die Sauerstoffanreicherung in der Atmosphäre auf irgendeinem erdähnlichen Planeten in weniger als 1 Mrd. Jahre möglich gewesen sein könnte. Natürlich müssen wir vorsichtig sein, um nicht kategorisch jede mögliche Abkürzung für den erforderlichen Zeitraum auszuschließen, doch unsere Erwartung wäre, dass

ein Planet sehr lange bewohnt sein musste, bevor ein derart hoher Sauerstoffgehalt erreicht werden kann. Wenn Sauerstoff unbedingt notwendig für
komplexes Leben ist, dann muss es auf jedem Planeten oder Mond irgendwo
im Universum einen ähnlich langen Zeitraum des Wartens geben, bevor
komplexes Leben entstehen kann.

Wir glauben, dass dieses Argument allzu einfach ist. Auch heute gibt es
komplexe Tiere, die problemlos mit 2 % Sauerstoff oder weniger leben können (d. h. mit ungefähr 10 % des heutigen Niveaus). Manche Tiere, wie die
Karausche (eine Fischart aus der Familie der Karpfenfische), kann Monate
lang in Umgebungen mit extrem wenig Sauerstoff überleben. Es wurde
gezeigt, dass manche Schwämme bei nur 1 % des heutigen Sauerstoffgehalts
überleben, Stoffwechsel betreiben und sogar wachsen können. Es wurde
sogar behauptet, dass manche Mitglieder des Stamms der Korsetttierchen,
einer Art von mikroskopischen Tieren, die zwischen Kieseln und Schlamm
am Meeresboden leben, überhaupt keinen Sauerstoff benötigen. Sie wurden
scheinbar lebend und stoffwechseltreibend in sauerstofffreiem Bodensedi-
ment des Mittelmeeres entdeckt. (Dies ist noch umstritten, denn vor Kurzem wurde die Ansicht vertreten, dass die Exemplare dieser eingesammelten
Art tot waren und aus höher gelegenen sauerstoffreichen Wasserschichten
herabgefallen waren. Eine Idee, die die ursprünglichen Autoren bestritten.)
Trotzdem ist klar, dass selbst nach mehr als einer halben Milliarde Jahre
Anpassung auf Sauerstoffgehalte zwischen 15 und 30 % tierisches Leben mit
viel weniger Sauerstoff auskommen kann, als heute in der Luft ist, die wir
einatmen.

Vielzellige Pilze können ohne Sauerstoff leben, und natürlich leben auch
Pflanzen, ohne Sauerstoff zu verbrauchen, wenn sie diesen herstellen (jedenfalls verbrauchen sie ihn tagsüber nicht – in der Nacht verbrauchen sie
Sauerstoff genauso wie wir, doch viel weniger). Landpflanzen können sich
bewegen (ziemlich schnell im Falle von Pflanzen wie Mimosen und Venus-
fliegenfallen), verfügen über Sinne, die so schnell und kompliziert sind wie
die von Quallen oder Schwämmen, haben eine komplizierte Genetik für
ihre Entwicklung und – was ganz wichtig ist – entstanden nicht während
der kambrischen Explosion.

Aber ob der Sauerstoff die kambrische Explosion erst ermöglicht hat oder
nicht, ist nicht so wichtig für die Geschichte, denn der Sauerstoff selbst ist
wahrscheinlich das Produkt eines Viele-Wege-Prozesses, wie wir in Kap. 2
schon erwähnt haben. Die Gründe dafür werden wir im nächsten Abschnitt
liefern.

9.7   Rosten in Richtung tierisches Leben

Wenn die oxygene Photosynthese vor mehr als 2,4 Mrd. Jahren entstand, warum passierte die kambrische Explosion nicht schon damals? Dies ist so, weil ein Unterschied zwischen der Herstellung von Sauerstoff und der Anreicherung in der Atmosphäre besteht. Dafür gibt es zwei Gründe:

Die ursprüngliche Oberfläche der Erde war voller Mineralien, die mit Sauerstoff reagieren konnten, wodurch feste unlösliche Oxide entstanden. Zu den meistverbreiteten gehören Eisenmineralien. Sobald Sauerstoff hergestellt wurde, reagierte er mit dem Eisen und verwandelte es im Wesentlichen in Rost. Wir können dies aus den geologischen Befunden sehen. Auf der ganzen Erde gibt es dicke Schichten von sogenannten Bändererzen, die im frühen und mittleren Proterozoikum (vor 2,6 bis 1 Mrd. Jahren) abgelagert wurden und ein Abbild der allmählichen Oxidation des Eisens in der Kruste sind. Natürlich brachten die Erosion und vulkanische Tätigkeiten mehr Eisen in die Meere, und das bedeutete mehr Eisen, das mit dem Sauerstoff reagieren konnte. Es dauerte fast 2 Mrd. Jahre, bis alles Eisen in der Erdkruste oxidiert war. Danach konnte sich der Sauerstoff, der von Cyanobakterien oder Pflanzen erzeugt wurde, langsam in der Atmosphäre anreichern. Vulkane spuckten reduzierte Gase, wie Wasserstoff und Schwefelwasserstoff, in die Atmosphäre, und auch diese reagierten mit dem Sauerstoff. Es gibt die Hypothese, dass der Vulkanismus auf der Erde langsam mit der Zeit abnahm und Vulkane vor etwa 600 Mio. Jahren erstmals weniger sauerstoffverbrauchende Gase an die Oberfläche brachten, als Cyanobakterien und Algen Sauerstoff produzierten. Dies passierte am Anfang des Ediacariums. Es entwickelte sich die Ediacaria-Fauna, und der Pfad für die viel Energie verbrauchende Lebensformen der kambrischen Explosion war gelegt.

Dieser Vorgang, die Oxidation der Kruste, war kein Random-Walk- oder Viele-Wege-Prozess. Es ist ein Kritischer-Weg-Vorgang. Wenn auf einem Planeten Sauerstoff entsteht, dann wird seine Oberfläche am Ende vollständig oxidiert sein. Dabei spielt der Zufall keine Rolle, und der Zeitrahmen wird nur durch das Verhältnis von der Gesteinsmenge zur Sauerstoffproduktionsrate festgelegt.

Wir wissen das teilweise, weil es schon einmal passiert ist. Der Mars war eine Welt mit flüssigem Wasser an seiner Oberfläche, wahrscheinlich sogar mit ganzen Ozeanen. Doch das Fehlen eines geomagnetischen Feldes, das die Atmosphäre vor Erosion schützte, und seine geringe Gravitationsanziehung führten dazu, dass das Wasser bis in die höchsten Schichten der Atmosphäre gelangen konnte, wo es durch UV-Strahlung in Wasserstoff und

Sauerstoff gespalten wurde. Die leichten Wasserstoffmoleküle entkamen in den Weltraum, Teile des Sauerstoffs blieben zurück und oxidierten die Oberfläche. Das ist der Grund, warum die Marsoberfläche rot ist; sie ist rostrot vom oxidierten Eisen und das vermutlich schon seit mehr als 3 Mrd. Jahren. Dies ist ein Beispiel für einen anderen Weg oder Mechanismus, wie Sauerstoff erzeugt werden kann. Im Falle des Mars war er vollständig geologisch, und Leben spielte dabei keine Rolle, doch das Ergebnis ist vordergründig überraschend ähnlich zu der Bildung der Bändererze auf der Erde.

9.8   Kopf, Schultern, Knie und Zehen

Bisher haben wir die Entwicklung komplexer Tier und Pflanzen in Bezug auf die allgemeine Genetik und der Versorgung mit Energie betrachtet, aber noch keine der wunderbar komplexen Strukturen erwähnt, die wir heute bei Tieren beobachten. Wenn wir verstehen wollen, ob ein Tier, das so kompliziert aufgebaut ist wie ein Elefant, ein Hai oder eine Kakerlake, sich auch auf einer anderen Welt entwickeln könnte, dann denken wir an die komplexe Anatomie und das Verhalten, nicht aber an die abstrakte Frage der dahinterstehenden Genetik. Wie steht es mit dem Herzen, dem Auge oder dem Immunsystem? Wie mit den Flügeln oder Flossen?

Tatsächlich gibt es nur wenige Beispiele für komplexe Funktionen bei Tieren, die sich nicht mehrmals entwickelt haben. Das Sehvermögen ist unabhängig voneinander in Weichtieren, Insekten, Gliederfüßern, Trilobiten, Kopffüßern und Wirbeltieren entstanden. Wir wissen, dass es sich dabei um unabhängige Wege der Evolution handelte, weil die Anatomie der Augen unterschiedlich ist. Beine haben sich unabhängig in einem Dutzend verschiedener Abstammungslinien entwickelt. Die Fähigkeit zu fliegen ist bei Insekten, Vögeln, Flugsauriern und Fledermäusen ziemlich unabhängig voneinander entstanden. Spezielle Aspekte bestimmter Funktionen scheinen sich mehrmals entwickelt zu haben. Die Echoortung ist bei Fledermäusen, Walen, Fettschwalmen und Borstenigeln, kleinen mausähnlichen Tieren aus Madagaskar, einer Unterfamilie der Tenreks *(Tenrecidae),* unabhängig voneinander entstanden. Die Fähigkeit herauszufinden, wo ein Geräusch herkommt, um zu erkennen, ob sich ein Auto von links oder rechts nähert, beobachtet man bei Vögeln und Säugetieren, doch offensichtlich verwenden beide unterschiedliche neuronale Systeme dafür, weshalb auch sie sich unabhängig voneinander entwickelt haben müssen. Mehrmals entwickelt haben sich auch die Sinne, um elektrische Ströme wahrzunehmen, etwa bei Fischen (vermutlich mehrmals), beim Schnabeltier, bei Bienen und Kakerlaken. Lange Beine, die das Springen möglich machen, sind bei Fröschen, Wüstenspringmäusen und Kängurus entstanden. Die stromlinienförmige Form von Meeresräubern entwickelte sich unabhängig in Haien, Walen und Plesiosauriern. Die Liste könnte man lange weiterführen.

Dabei handelt es sich nicht nur um die Feinabstimmung eines einzigen Entwicklungsprogramms. Moderne molekulare Analysen deuten darauf hin, dass mehrere Grundkomponenten des Körpers ebenso mehrmals entstanden sind. Quergestreifte Muskeln (die Art, aus denen Ihr Bizeps und Quadrizeps besteht), entwickelten sich mindestens zweimal, einmal in den Vorfahren der Nesseltiere, zu denen die Quallen gehören, und einmal in den Vorfahren der Bilateria, also den Tieren, zu denen Insekten und Wirbeltiere gehören. Harte Körperteile sind mehrmals entstanden. Dafür wurden auch verschiedene Materialien genutzt: Chitin beim Außenskelett von Insekten, Kalziumphosphat in unseren Knochen, Kalziumkarbonat in Schalentieren und Schwämmen (mit großer Wahrscheinlich unabhängig voneinander). Das Immunsystem besteht aus Zellen, die den Körper vor eindringenden Krankheitserregern schützen sollen, und ist in der Lage, sich an Krankheitserreger, die es schon einmal gesehen hat, zu erinnern und so beim nächsten Mal heftiger zu reagieren. Das Immunsystem der Wirbeltiere verfügt über umfangreiche, komplexe und einzigartige Eigenschaften, doch funktional hat sich ein gleichwertiges System aus vollkommen anderen Komponenten in Quallen und noch ein weiteres in Insekten entwickelt.

Wir könnten so weitermachen, doch der Punkt ist klar. Sobald die Fähigkeit, große Mengen an Energie aufzunehmen und für Wachstum und Bewegung zu nutzen, entstanden ist und es genetisch möglich war, die Entwicklung komplexer Körperteile zu programmieren, konnten sich auch Tiere mit einer riesigen Bandbreite von Funktionen entwickeln. Dies war ein sehr wahrscheinlicher Viele-Wege-Prozess. Alles was notwendig war, waren eine freie ökologische Nische und Zeit.

Die Folgerung ist, dass zwei Dinge passieren mussten, damit sich komplexes Tierleben entwickeln konnte: der Anstieg des Sauerstoffgehalts und die Erfindung der als Standard ausgeschalteten Gene. Sobald beides der Fall war ist offenbar komplexes tierisches Leben mehrmals unabhängig voneinander entstanden. Der Anstieg des Sauerstoffgehalts scheint nach der Erfindung der oxygenen Photosynthese unvermeidlich gewesen zu sein (Kap. 5) und verhinderte den Aufstieg der beiden anderen komplexen Organismengruppen, den der Pflanzen und Pilze, nicht. Das Auftreten der als Standard ausgeschalteten Gene ist mysteriöser und geht auf die Ursprünge der Eukaryoten selbst zurück. Doch sobald diese Teile des Puzzles da waren, war eine Explosion der Fähigkeiten der Tiere unvermeidlich. Und wieder war es ein Viele-Wege-Prozess.

Weiterführende Literatur

Die kambrische Explosion

Graham, L. E., Cook, M. R., & Busse, J. S. (2000). The origin of plants: Body plan changes contributing to a major evolutionary radiation. *Proceedings of the National Academy of Sciences, 97,* 4535–4540.

Levinton, J. S. (1993). Die explosive Entfaltung der Tierwelt im Kambrium. *Spektrum der Wissenschaft, 1,* 54.

Levinton, J. S. (2008). The Explosion in Cambrian: How do we use the evidence. *BioScience, 58,* 855–864.

Morris, S. C. (1993). The fossil record and the early evolution of the Metazoa. *Nature, 361,* 219–225.

Präkambrische Tiere

Ivantsov, Y. (2013). Trace fossils of Precambrian metazoans "Vendobionta" and "Mollusks". *Stratigraphy and Geological Correlation, 21,* 252–264.

Narbonne, G. M. (2005). The Ediacara biota: Neoproterozoic origin of animals and their ecosystems. *Annual Review of Earth and Planetary Sciences, 33,* 421–442.

Die Evolution der Genetik komplexer Organismen

Parfrey, L. W., Lahr, D. J. G., Knoll, A. H., & Katz, L. A. (2011). Estimating the timing of early eukaryotic diversification with multigene molecular clocks. *Proceedings of the National Academy of Sciences, 108,* 13624–13629.

Richter, D. J., & King, N. (2013). The genomic and cellular foundations of animal origins. *Annual Review of Genetics, 47,* 509–537.

Wilkins, A. (2002). *The evolution of developmental pathways.* Sunderland: Sinauer Associates.

Die Entstehung spezifischer Organe und Gewebe

Barlow, P. W. (2008). Reflections on ‚plant neurobiology'. *BioSystems, 92,* 132–147.

Dickinson, M. H., Farley, C. T., Full, R. J., Koehl, M. A. R., Kram, R., & Lehman, S. (2000). How animals move: An integrative view. *Science, 288,* 100–106.

Hejnol, A. (2012). Muscle's dual origins. *Nature, 487,* 181–182.

Land, M. F., & Nilsson, D.-E. (2012). *Animal eyes* (2. Aufl.). Oxford: Oxford University Press.

Moroz, L. L., Kocot, K. M., Citarella, M. R., Dosung, S., Norekian, T. P., et al. (2014). The ctenophore genome and the evolutionary origins of neural systems. *Nature, 510,* 109–114.

Simon, P. (1992). *The action plant: Movement and nervous behaviour in plants.* Oxford: Blackwell.

Steinmetz, P. R. H., Kraus, J. E. M., Larroux, C., Hammel, J. U., Amon-Hassenzahl, A., Houliston, E., et al. (2012). Independent evolution of striated muscles in cnidarians and bilaterians. *Nature, 487,* 231–23.

10

Intelligenz – ein neues Konzept?

Menschen, oder zumindest die Menschen, die dieses Buch lesen, sind oft stolz auf ihre Intelligenz. Die Menschen haben die fortschrittlichste materielle Kultur und das komplizierteste und flexibelste Kommunikationssystem aller Wesen auf der Erde. Doch auch viele Tiere haben Fähigkeiten, die auf ein erhebliches Maß an Intelligenz schließen lassen. Was also ist Intelligenz, und wie wahrscheinlich ist es, dass sie entsteht?

10.1 Was ist Intelligenz?

Es gibt viele Definitionen für Intelligenz, vermutlich fast so viele wie für Leben. Je nach Autor wird der Schwerpunkt der Definition auf das Lösen von Problemen, Kreativität, Logik, Verständnis, abstraktes Denken, Gedächtnis oder emotionales Wissen gelegt. Es werden verschiedene Definitionen verwendet, je nachdem, ob ein Mensch mit einem anderen, mit anderen menschlichen Teilgruppen oder mit dem anderen Geschlecht verglichen werden soll. Gleiches gilt, wenn man über künstliche Intelligenz nachdenkt oder verschiedene Spezies vergleicht. Für unseren Fall muss eine geeignete Definition so breitgefächert wie möglich sein, sodass sie sich auf alle Spezies oder zumindest auf alle bekannten intelligenten Organismen anwenden lässt. Walter Bingham definierte Intelligenz als die Fähigkeit eines Organismus, neue Probleme zu lösen, während Walter F. Dearborn sie als das Vermögen auffasste, zu lernen oder von Erfahrungen zu profitieren. Pei Wang definierte Intelligenz als die Fähigkeit eines informationsverarbeitenden Systems, sich mit zu wenig Wissen und kaum Ressourcen

© Springer-Verlag GmbH Deutschland, ein Teil von Springer Nature 2019
D. Schulze-Makuch und W. Bains, *Das lebendige Universum,*
https://doi.org/10.1007/978-3-662-58430-9_10

an seine Umgebung anzupassen. Eine neuere Definition stammt von Louis Irwin und Dirk Schulze-Makuch, die Intelligenz in ihrem 2010 erschienenen Buch *Cosmic Biology* als die Fähigkeit definierten, Erfahrungen in die Zukunftserwartungen einzubinden und so Handlungen entsprechend zu planen. In all diesen Definitionen gibt es übereinstimmende Punkte.

Wir sollten unterscheiden zwischen Kreaturen, die „kluges" Verhalten zeigen, weil sie intelligent sind und darüber nachgedacht haben, und Kreaturen, die sich komplex und zweckdienlich verhalten, weil sie vorprogrammiert sind. Bakterien verändern ihren Stoffwechsel, um Enzyme zu produzieren, die die Nahrung verdauen können, auf die sie gerade treffen. Wie sie das anstellen wurde durch eine Reihe von bekannten Experimenten herausgefunden, die den französischen Biologen Francois Jacob, Jacques Monod und André Lwoff 1965 den Nobelpreis eingebracht haben. Doch bei diesem Vorgang spielt „Gedächtnis" kaum eine Rolle. Die Bakterien können niemals lernen, dass sie z. B. immer, wenn sie auf Laktose treffen, eine Stunde später Milchsäure finden werden. Sogar die klügsten Wesen haben vorprogrammierte Verhaltensweisen. Wenn jemand in Ihre Augen bläst, werden Sie blinzeln. Dazu müssen Sie nicht nachdenken. Wir nennen dies *instinktives Verhalten,* doch es bedeutet nur, dass es spezielle Nervenschaltkreise gibt, die die Sinneszellen in Ihrer Hornhaut mit den Muskeln Ihres Augenlides verbinden, ohne davor das Gehirn einzuschalten. Es ist klug, das Auge davor zu schützen, dass etwas hineinfliegt, doch das ist vorprogrammiert, keine Intelligenz. Im Gegensatz dazu ist es intelligent, wenn Sie lernen, auf die Bremse zu treten, wenn Sie eine rote Ampel sehen. Wenn auf einer anderen Welt ein grünes Licht „Stopp" bedeuten würde, dann würde Ihr Verhalten ganz anders sein. Beachten Sie, dass wir bisher nirgends die Sprache oder Technologie erwähnt haben. Diese speziell menschlichen Eigenschaften werden wir im nächsten Kapitel besprechen. Hier beschäftigen wir uns mit der Intelligenz auf eine allgemeinere Weise.

10.2 Intelligenz feststellen

Eine der herausforderndsten Aufgaben für Lehrkräfte ist es, bei Schülern überdurchschnittliche Intelligenz festzustellen; und dasselbe gilt, um Intelligenz in Tieren festzustellen. In der Natur findet man Intelligenz, indem man komplexes anpassungsfähiges Verhalten in der natürlichen Umgebung der Spezies beobachtet, vor allem, wenn diese sich so verhält, dass sie Zukünftiges antizipiert, oder indem sie komplexe Handlungen vollzieht, die Planung voraussetzen, etwa eine koordinierte Jagd, die nicht vorprogrammiert sein kann. Doch woher wissen wir, dass sie nicht vorprogrammiert ist? Das ist eines der Hauptprobleme. Die Intelligenz eines Organismus lässt sich in der künstlichen Umgebung eines Labors testen. Dort kann festgestellt werden, ob er fähig ist, komplexes nichtnatürliches Verhalten zu erlernen. Da kein Tier genetisch darauf programmiert ist, einen Hebel zu drücken oder durch ein künstliches Labyrinth zu laufen, ist es, wenn die Aufgabe richtig geplant wurde, weniger wahrscheinlich, dass die Handlung das Ergebnis instinktiven Verhaltens ist. Bei den üblichen Tests wird die Fähigkeit geprüft, Werkzeuge zu verwenden, aus speziellen Erfahrungen zu verallgemeinern oder das Verhalten anderer Tiere vorherzusehen (im Labor ist das andere Tier meist der Experimentator). Manche dieser Experimente wurden kritisiert, weil es sich meist um Prüfungen handelt, bei denen wir Menschen gut abschneiden würden. Wir verlassen uns sehr stark auf unseren Sehsinn und verwenden kaum unseren Geruchs- oder Geschmackssinn, um Pläne zu schmieden oder die Welt zu verstehen. Außerdem sind Bewegungen für uns wichtig. Das macht schon unsere Sprache deutlich. Wir sagen viel häufiger: „Ich habe gesehen, dass …" und nicht „Ich habe gerochen, dass …". Deshalb müssten die Tests die geeigneten Sinne des zu überprüfenden Organismus einbeziehen.

Es scheint offensichtlich zu sein, dass Intelligenz für uns Menschen einen selektiven Vorteil darstellt. Während der Großteil des Lebens auf der Erde „primitiv" blieb (aus unserem höchst anthropozentrischen Blickwinkel), wurden die meisten komplexen Organismen, die auf dem Planeten leben, im Laufe der Evolution immer intelligenter. Deshalb weisen Quallen ein vielfältigeres Verhalten auf als Schwämme, Fische lernen besser als Quallen, Reptilien verhalten sich differenzierter als Amphibien, und Primaten können anspruchsvolle Aufgaben besser meistern als jeder andere Insektenfresser der Gruppe, aus denen sie sich entwickelt haben.

Doch ein hohes Intelligenzniveau findet man nur in wenigen Mitgliedern jeder Gruppe. Manche Kopffüßer z. B. sind sehr klug (z. B. Oktopusse, wir werden später noch über sie sprechen), doch die meisten Mollusken, die Übergruppe, zu denen die Kopffüßer gehören, sind so dumm, wie man es von Schalentieren erwartet. Und ein überwiegender Großteil des Lebens auf der Erde besteht aus Pflanzen und Mikroben, denen alles fehlt, was wir mit Intelligenz assoziieren. Der Grund ist, dass Intelligenz eine teure evolutionäre Entwicklung ist. Um Informationen aufzunehmen, sie zu verarbeiten, sich daran zu erinnern und dann sein Verhalten zu verändern, wird ein komplexes Informationsverarbeitungssystem benötigt. Für Tiere bedeutet das ein großes zentrales Nervensystem (wie groß, ist eine interessante Frage, auf die wir später zurückkommen werden). Es kostet Energie, dieses aufzubauen und am Laufen zu halten. Damit es sich lohnt, müssen sich daraus Vorteile ergeben. Es ist für einen Baum nicht sinnvoll, ein Informationsverarbeitungssystem vergleichbar zu einem Gehirn zu haben. Der Baum würde damit zwar erkennen, dass ein Elefant oder ein Holzfäller gerade dabei ist, ihn zu zerstören, doch er könnte nichts dagegen tun. Intelligenz ist nur für bestimmte Lebensformen nützlich, für andere weniger. Intelligenz ist also nicht universell wertvoll.

Die Intelligenz hat auch einen Nachteil. Manchmal kann es eine wirklich schlechte Idee sein, Pause zu machen, um über etwas nachzudenken, sich an Vergangenes zu erinnern und die Optionen abzuwägen. Aus diesem Grund lässt unser Blinzelreflex unser Gehirn außen vor. Man muss auf etwas, das sich dem Auge nähert, in Millisekunden reagieren, nicht erst nach Sekunden. Intelligenz würde hier nur stören. Viele unserer Handlungen müssen zu schnell passieren, als dass wir darüber nachdenken könnten. Wir könnten nicht laufen, wenn wir uns jeden Schritt überlegen müssten: „Also, welcher Fuß ist jetzt dran? Der rechte oder der linke?" Fliegen müssen auch nicht darüber nachdenken abzuheben, wenn Ihre Hand auf sie zukommt, um sie zu erschlagen. Es funktioniert automatisch. Vorprogrammierte Antworten sind schneller, und sie erfordern schnellere Nervenzellen als die flexiblen intelligenten Versionen. Intelligenz ist also nur in manchen Situationen von Nutzen.

Trotzdem kann Intelligenz ganz offensichtlich von Vorteil sein. Das beste Beispiel ist unsere Spezies, die dank ihrer Intelligenz ihre Umgebung an ihre Bedürfnisse angepasst, und fast jedes bewohnbare Stück Land auf unserem Planeten besiedelt, Tiere domestiziert hat und auf eine Bevölkerung von mehreren Milliarden Individuen angewachsen ist. Wie wahrscheinlich ist es, dass sich Intelligenz entwickelt? Darauf gibt es zwei Arten von Antworten. Die Grundlage für die erste ist die Beobachtung von intelligentem Verhalten bei verschiedenen Tieren, für die zweite überlegen wir uns, wie es zu Intelligenz kommen kann und welche Anatomie notwendig ist und suchen dann nach den evolutionären Spuren für diese Anatomie. Aus beiden werden wir schließen, dass es sehr wahrscheinlich ist, dass sich Intelligenz entwickelt und dass ihre Entstehung ein Viele-Wege-Prozess ist.

10.3 Intelligenz messen

Da es keine allgemein akzeptierte Definition von Intelligenz gibt, ist es noch umstrittener, wie man Intelligenz praktisch misst. Wie soll man auch etwas messen, das nur diffus definiert ist? Die Wissenschaft umgeht dieses Problem ein wenig, indem sie verschiedene Messarten erfunden hat, je nachdem, ob es um die Individuen der gleichen Spezies, vor allem um Menschen, geht oder ob unterschiedliche Spezies verglichen werden sollen.

Es gibt viele Tests, die die Intelligenz von Menschen bestimmen sollen. Sie werden meist ziemlich ungenau als „IQ-Tests" bezeichnet. Üblicherweise ist der IQ ein numerischer Wert für die allgemeine Intelligenz (genannt g) und so definiert, dass der Mittelwert der Bevölkerung bei 100 liegt. Wer bei solchen Tests gut abschneidet, wird in der westlichen Welt oft als jemand angesehen, der wissenschaftlich oder beruflich viel leisten kann, doch es ist umstritten, inwieweit man derartige Untersuchungen verwenden kann, um Menschen im Westen mit solchen zu vergleichen, die nicht in der westlichen Welt leben. Für viele der Aufgaben benötigt man Wissen über die europäische oder amerikanische Welt, und selbst die, die nur ziemlich abstrakte Begriffe verwenden, wie der Ravens Matrizentest (Abb. 10.1), sind

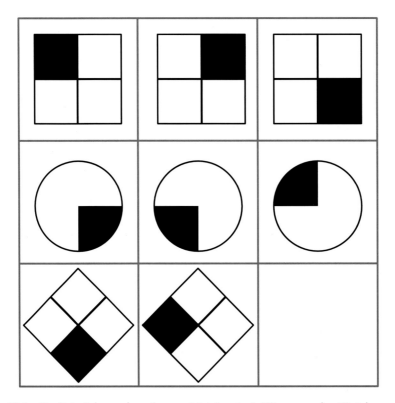

Abb. 10.1 Ein Beispiel aus dem Ravens Matrizentest. Wie muss das Kästchen unten rechts ausgefüllt werden? Beachten Sie, dass dies zwar wie ein kulturell neutraler Test zum Nachdenken aussieht, es aber nicht ist. Menschen, die meist auf traditionelle Zifferblätter schauen, wird er vermutlich leichter fallen als solchen, die nur Digitaluhren verwenden

auf Menschen abgestimmt, die ständig einfache abstrakte Bilder um sich herum sehen, etwa auf PC-Bildschirmen, Straßenschildern, Postern, Geräteknöpfen usw., und diese jeden Tag tausendmal vergleichen. Menschen, die nicht jede Woche ein gleichschenkliges Dreieck sehen, sind bei solchen Prüfungen klar im Nachteil. Die Tests untersuchen auch nur bestimmte Aspekte der Intelligenz, doch welcher ist der wichtigste? Ein gutes Gedächtnis? Kreativität? Abstraktes Denken? Logik? Wie soll man es gewichten, wenn man eine Mischung verschiedener Parameter untersucht. Wenn es also schon so schwierig ist, zwei Menschen zu vergleichen, wie viel schwieriger ist es, zwei verschiedene Spezies zu vergleichen? Und dabei geht es nur um den Vergleich. Wir können ganz leicht das Gewicht oder die Größe eines Tieres messen, aber ein absolutes Maß für seine Intelligenz haben wir nicht. Wie sollen wir z. B. die verschiedenen Aspekte der Intelligenz in dieser Spezies gewichten? Um das herauszufinden, müssen wir nach speziellen Verhaltensweisen suchen, die wir für intelligent halten.

10.4 Kluge Tiere und die Verteilung von Intelligenz

Bedenkt man, wie viele Tiere es auf der Erde gibt, sind solche, die intelligentes Verhalten zeigen, relativ selten. Sie sind darüber hinaus über die verschiedenen Zweige des evolutionären Baums verteilt, woraus man schließen kann, dass sich Intelligenz ziemlich leicht entwickeln kann, wenn die Umweltbedingungen dafür passen.

10.4.1 Landsäugetiere

Am naheliegendsten ist es für Menschen, wenn sie nach Intelligenz suchen, dies bei ihren nächsten Verwandten, den Primaten, die von Vorfahren abstammen, die in Wäldern lebten, zu tun. Affen und Menschenaffen trennten sich von anderen Primaten vor etwa 40 Mio. Jahren und begannen, größere Gehirne auszubilden. Vor etwa 16 Mio. Jahren trennten sich die Menschenaffen von den Meerkatzenartigen. Zu den Menschenaffen gehören zwei Familien: die kleinen Menschenaffen und Gibbons und die Menschenaffen (Hominidae). Zu letzteren gehören die Orang-Utans, Gorillas, Schimpansen und Bonobos. Sie verfügen über erstaunliche Fähigkeiten miteinander zu kommunizieren, Emotionen wahrzunehmen und sich längere Zeit an Dinge zu erinnern. Menschenaffen können auch lügen. Dies mag nicht als besonders große intellektuelle Meisterleistung erscheinen, doch dazu sind mehrere ziemlich komplizierte Fähigkeiten notwendig – nämlich sich die Welt so vorzustellen, wie man sie gerne hätte, nicht, wie sie ist (eine, in der ich eine Banane habe), zu verstehen, was andere Affen denken (dass sie eine Banane gesehen haben und sie auch wollen), und die Fähigkeit zu verstehen, welche Handlungen ausgeführt werden muss, damit der andere Affe ein falsches Bild von der Welt bekommt (Oh, da ist ja doch keine Banane). Und bei all dem versteht der Affe auch noch, dass der andere Affe auch lügen könnte. Das ist eine ebenso komplexe kognitive Aufgabe wie das Erlernen einer neuen Version eines Computerbetriebssystems.

Alle Menschenaffen, aber auch Gibbons, Kapuzineraffen und einige andere Primaten können Werkzeuge verwenden. Diese Fähigkeit lernen sie, indem sie andere beobachten. Sie ist keine Instinkthandlung. Schimpansen sind am geschicktesten beim Gebrauch von Werkzeugen, sie stellen sogar einfache her. Umstrittener ist, ob die Menschenaffen eine Kultur oder eine Sprache besitzen. Über die Idee einer Affenkultur wurde viele Jahrzehnte lang gestritten, doch sorgfältige Beobachtungen haben nun zweifelsfrei ergeben, dass Schimpansen, Bonobos und Kapuzineraffen Verhaltensweisen besitzen, die sich zwischen einzelnen Gruppen unterscheiden und in der Gruppe voneinander erlernt wurden. Dazu gehören ganz praktische Fähigkeiten wie die Anwendung von Werkzeugen und ausschließlich soziales Verhalten wie die Fellpflege bei einem Freund. Dies entspricht den kulturellen Unterschieden beim Menschen, etwa ob man bei einer Hochzeit Weiß oder Rot trägt oder man auf der rechten oder linken Fahrbahnseite fährt.

Die Verwendung von Sprache bei Tieren ist noch umstrittener. Einigen Menschenaffen wurde ein Wortschatz von Dutzenden, in manchen Fällen auch über 100 Symbolen auf einer tastaturähnlichen Anordnung beigebracht, sodass sie mit Menschen kommunizieren konnten. Aber noch ist umstritten, ob sie vielleicht nicht nur lernten, dass der Mensch beim Drücken einer bestimmten Taste so reagiert, wie sie wollen. Vor allem der Harvard-Professor Stephen Pinker sagt, dass sie bei der Verwendung der Symbole keinerlei Grammatik nutzen. Sowohl „Koko will Banane" als auch „Banane will Koko" werden benutzt, wenn Koko eine Banane haben möchte. Die Struktur der menschlichen Sprache, also die Art und Weise, wie Wörter miteinander in Beziehung gebracht werden, bringt neue Bedeutungen hervor und ist damit wichtig. Ohne Grammatik ist ein Satz nur ein Haufen Wörter, z. B. „Ein Grammatik ein Haufen ist Satz nur Wörter ohne". Unserer Ansicht nach gibt es keine Tiere, die eine Art von Sprache haben, die der des Menschen auch nur im Geringsten ähnelt.

Abgesehen von Primaten gibt es bei mehreren Landsäugetieren Hinweise auf Intelligenz. Elefanten, die mit Waltieren (Walen und Delfinen) verwandt sind, haben die größten Gehirne aller Landtiere. Die Leistungsfähigkeit von Elefanten bei kurzzeitigen Intelligenztests, wozu auch die Fähigkeit gehört, Ursache und Wirkung zu erkennen, ist nicht sonderlich beeindruckend. Dagegen können sie sich hervorragend daran erinnern, wo Dinge in Raum und Zeit angeordnet sind, und sie sind in der Lage, komplizierte soziale Beziehungen zu meistern. Außerdem verwenden sie sehr geschickt Werkzeuge. In Thailand sind Elefanten, die Bilder malen, eine Touristenattraktion. Dies könnte zwar reines auswendig gelerntes Verhalten sein, immerhin aber sehr komplexes, und weil sich keine zwei Bilder gleichen, zeigt es auch Elemente von Originalität. Es wurde auch beobachtet, dass Elefanten Steine nach Tieren werfen, die sie angreifen wollen, aber nicht erreichen können (vor allem menschliche Besucher in Zoos).

Schweine können lernen, Spiegel zu verwenden, um um die Ecke zu schauen (auch einige Affen sind dazu in der Lage), herauszufinden, was andere Schweine denken (Hey, dieses Schwein muss herausgefunden haben, wo das Futter versteckt ist), und sie können „lügen"; so machen sie Dinge, um andere Schweine absichtlich auf die falsche Fährte zu führen. Im Gegensatz zu dem, was Hundebesitzer auf der ganzen Welt glauben, sind Hunde nicht so klug wie Schweine, selbst wenn einige Hunde lernen können, Türen zu öffnen.

10.4.2 Wale

Zu der Gattung der walartigen Tiere gehören die Wale, Delfine und Schweinswale. Sie trennten sich von den Landtieren vermutlich vor fast 65 Mio. Jahren, lebten zunächst in Uferbereichen und wurden dann ganz zu Meerestieren, wo sie sich dank des Auftriebs zu den größten Tieren entwickeln konnten, die jemals auf der Erde gelebt haben. Einige Wale besitzen ein sehr großes Gehirn; so ist z. B. das Gehirn des Blauwals fast zehnmal so schwer wie das eines Menschen. Schon vor etwa 20 Mio. Jahren hatte das Gehirn der Wale und Delfine seine heutige Größe erreicht. Besonders bemerkenswert ist die Vergrößerung des Neokortex, also des Gehirnbereichs, der beim Menschen mit den „höheren Funktionen" in Verbindung gebracht wird – dem komplexen Denken, sozialen Wechselbeziehungen und Lernaufgaben (die Mechanik des eigentlichen Gedächtnisses liegt in tieferen, primitiveren Regionen). Dass sich die Wale so stark auf ihr Gehör verlassen können, entwickelte sich ziemlich bald, nachdem sie ihr Lebensumfeld von Land ins Wasser gewechselt hatten. Dazu kamen weitere anatomische Veränderungen, die ihnen die Erzeugung von Tönen für die Echoortung und die Kommunikation erlaubten. Die Kommunikationsmethoden von Walen und Delfinen sind immer noch nicht vollständig verstanden. Ihre Tonerzeugung ist ziemlich komplex. Wale und Delfine sind ziemlich gut darin, verschiedene Töne zu lernen und nachzuahmen, und sie scheinen in der Lage zu sein, sich gegenseitig als Individuen zu erkennen und anzusprechen. Sie sind außerdem verspielt und vorausschauend. Es gibt viele Beispiele für die sehr soziale und altruistische Wesensart besonders der Delfine. Aufgrund von Feldstudien bei Delfinen glauben manche Wissenschaftler sogar an die Weitergabe von Kultur.

10.4.3 Vögel

Vögel zeigen wie die Säugetiere eine große Bandbreite an Intelligenz, wobei einige Vögel sehr klug sind. Papageien, Kakadus und Aras gehören zur Ordnung der Papageienvögel (Psittaciformes), einer Ordnung, die auf einen gemeinsamen Vorfahren zurückgeht, der vor 70 Mio. Jahren gelebt hat. Seitdem haben sich Papageien unabhängig voneinander auf mehreren Kontinenten entwickelt. Sie sind dafür bekannt, dass sie komplizierte Aufgaben lösen und Objekte in ihrer Umgebung nutzen können. Manche Wissenschaftler vertreten die Ansicht, dass sie so intelligent wie einige nichtmenschliche Primaten sind. Die meisten Papageien sind sehr sozial. Der afrikanische Graupapagei ist in der Lage, mehrere Hundert Wörter in verschiedenen Dialekten zu lernen. Es sieht so aus, als können manche Mitglieder dieser Spezies Wörter mit ihrer Bedeutung in Verbindung bringen. Selbst wenn das nur kluge Nachahmung sein sollte (vermutlich ist es das), so zeigt es doch ihre beeindruckende Fähigkeit zu lernen und Dinge miteinander zu assoziieren.

Auch die geselligen Krähenvögel, zu denen Raben, Krähen und Häher gehören, sind für ihre Intelligenz bekannt. Krähen wurden dabei beobachtet, wie sie den Automobilverkehr nutzen, um Nüsse zu knacken, und öffentliche Wasserspender verwenden – ein Verhalten, das sie gelernt haben müssen. Bei den Krähen finden sich auch Belege für logisches Denken, Vorstellungskraft, Flexibilität und Planung, die mit Schimpansen vergleichbar ist. Vor allem die Neukaledonienkrähe ist besonders einfallsreich und kann in der Wildnis Werkzeuge aus Zweigen oder, in Gefangenschaft, aus Drähten herstellen. Vor Kurzem wurden auch hawaiianische Krähen (die mehr als 6000 km von den Neukaledonienkrähen weg leben) dabei beobachtet, dass sie Werkzeuge herstellen und verwenden.

10.4.4 Kopffüßer

Zu den Kopffüßern (Cephalopoden) gehören die Kalmare, Oktopusse und Sepia. Es sind wirbellose Tiere, die nur einen gemeinsamen Vorfahren mit den Säugetieren und Vögeln haben, der vor dem Kambrium gelebt haben muss. Doch auch sie haben einen beeindruckenden Grad an Intelligenz entwickelt. Im Zeitalter des Ordovizium (Abb. 1.1) entwickelten sich sehr viele verschiedene Arten von Kopffüßern, doch sie wurden während des großen Massenaussterbens am Ende des Perm vor 250 Mio. Jahren fast vollständig ausgelöscht. Nur die Kalmare, Oktopusse, Sepia und die Perlboote (eine Nautiloidenfamilie) überlebten bis heute. Die Überlebenden waren aktive Wildbeuter am Meeresboden, die einen sehr genauen Seh- und Tastsinn und ein sehr komplexes Nervensystem entwickelten, mit dem sie ihre acht bis zehn Tentakeln und ihre einzigartige Rückstoßfortbewegung steuern. Für all das benötigen sie erhebliche Intelligenz. Kopffüßer zeigen zwar kein komplexes Sozialverhalten, doch bei Intelligenztests schneiden sie oft besser ab als Wirbeltiere. Man hat in der freien Natur beobachtet, dass sie Objekte als Werkzeuge verwenden, und in der Gefangenschaft sind Oktopusse berüchtigt dafür herauszufinden, wie sie aus ihren Behältern entkommen. Außerdem lernen sie sehr schnell. Forscher haben Oktopusse bekannten Tests unterzogen, sie etwa einen Weg durch eine Art Labyrinth suchen lassen, das man auch bei Ratten oder Mäusen verwendet. Dabei schnitten sie ziemlich schlecht ab, denn sie lösten das Problem zwar viel schneller als Ratten, langweilten sich dann aber ziemlich bald, hörten auf zu suchen und „spielten nicht mehr mit". Während die Ratten immer noch lernten, versuchten es die Oktopusse gar nicht mehr. Wir sind auch nicht ganz sicher, was „Intelligenz" für ein Wesen bedeutet, das sich so stark von uns unterscheidet, und werden vielleicht herausfinden, dass Kopffüßer in mehrerlei Hinsicht intelligent sind, sobald wir ein besseres Verständnis für das haben, was Intelligenz ist.

Also hat sich die Intelligenz bei den großen, komplexen Tieren mehrmals entwickelt (Abb. 10.2). Diese Tiere haben alle gemein, dass sie über ein recht großes Gehirn verfügen. Deshalb stellt sich die Frage, ob es möglich ist, ohne ein großes Gehirn eine komplexe, problemlösende Intelligenz zu entwickeln. Die staatenbildenden Insekten bieten da ein interessantes Studienobjekt.

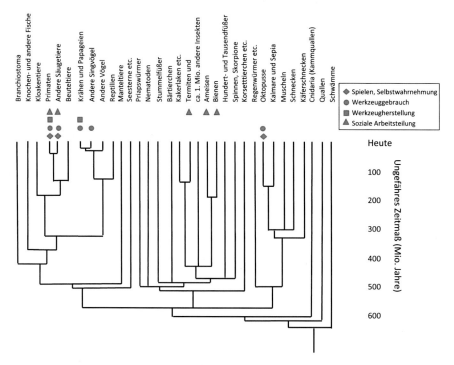

Abb. 10.2 Intelligenz auf dem Baum des Tierlebens. Beachten Sie, dass diese Darstellung vereinfacht ist und viele Äste, die nicht zu intelligentem Leben führen, zusammenfasst – deshalb sind die Insekten, eine riesige und vielfältige Tiergruppe, in einem Zweig dargestellt, sodass der Baum lesbar bleibt. Ausgestorbene Gruppen sind nicht dargestellt. Die Beschriftung der Zweige zeigt, ob die Organismengruppe Tiere enthält, die Werkzeuge verwenden, sie herstellen oder ein anderes komplexes Verhalten zeigen (wie spielen oder sich selbst erkennen) und ob es eine komplexe Arbeitsteilung zwischen sozialen Gruppen gibt

10.5 Staatenbildende Insekten – ein anderer Ansatz für Intelligenz?

Viele Insekten leben in stark geregelten sozialen Gruppen, wobei verschiedene Mitglieder einer komplexen Gesellschaft unterschiedliche Aufgaben übernehmen. Termiten, manche Ameisenarten und Bienen bilden vielschichtige Gesellschaften. Die Leistungen, die staatenbildende Insekten vollbringen können, sind beeindruckend. So sind z. B. Ameisen in der Lage, Pilze zu züchten und andere Spezies mithilfe starker Chemikalien zu versklaven und Termiten in Gefangenschaft zu halten wie wir Rinder oder Geflügel. Bienen kommunizieren miteinander und weisen dabei andere genau auf eine gute Futterquelle hin. Beim Bienentanz ist die übermittelte Information codiert, sodass sie vom Empfänger erst übersetzt werden muss – das bedeutet, es geht nicht nur darum, den anderen Bienen zu zeigen, wo sich das Futter befindet, sondern es wird beschrieben, wo es ist. Termiten sind in der Lage, ihre Umgebung umzugestalten und Strukturen zu bauen, die – im Verhältnis zu ihrer Größe – so hoch sind wie die Wolkenkratzer von Menschen. Dazu bauen sie sogar ein passives Belüftungssystem ähnlich unseren Klimaanlagen ein.

Fast alle staatenbildenden Insekten – Ameisen, Wespen und Bienen – gehören zur Ordnung der Hautflügler. Während die Insekten im Ordovizium vor ungefähr 400 Mio. Jahren aus einer Gruppe von Krustentieren entstanden sind, tauchten die staatenbildenden Insekten erst vor etwa 150 Mio. Jahren auf. Ameisen entwickelten sich in der Kreidezeit vor etwa 99 Mio. Jahren aus wespenähnlichen Vorfahren und teilten sich nach dem Entstehen von blühenden Pflanzen weiter auf. Allen staatenbildenden Insekten ist eine erstaunlich gut organisierte Sozialstruktur gemein. Diese sogenannte Eusozialität ist unabhängig in zahlreichen Entwicklungslinien dieser Gruppe entstanden – nämlich acht- bis elfmal, und abgesehen von den Termiten in keiner anderen Insektengruppe. Dass die Eusozialität bei den Hautflüglern so oft auftritt, wird auf die Entstehung der Art und Weise zurückgeführt, wie das Geschlecht festgelegt wird; dabei besitzt ein Geschlecht einen Chromosomensatz (es ist haploid) und das andere zwei (es ist diploid). Die haploiden Formen sind fast immer Arbeiter. Weil ihre diploiden Verwandten Kopien der Gene aller Arbeiter in sich tragen, ist es aus evolutionärer Sicht sinnvoll, dass sich die Arbeiter ganz und gar für die Aufzucht der diploiden Brut aufopfern, d. h., dass ein Tier sich vollkommen auf eine Rolle spezialisieren kann – etwa als Arbeiter oder Soldat –, und zwar so weit, dass sie sich nicht vermehren können und trotzdem all ihre Gene an die nächste Generation weitergeben. Dazu gehören arbeitsteilige Rollen oder Kasten, die ein sehr spezialisiertes, komplexes Verhalten haben. Aber ist das Intelligenz? Unserer Meinung nach handelt es sich um einen Schritt auf dem Weg zur Intelligenz, doch es ist nicht die gleiche Intelligenz, die wir bei den Oktopussen (Tintenfischen) oder Schimpansen beschrieben haben. Honigbienen können zwar genaue Informationen über Richtung und Entfernung untereinander weitergeben, doch ihr Kommunikationssystem ist stark stilisiert und offensichtlich ziemlich eingeschränkt. Sie können über nichts weiter als über die Entfernung und Richtung von Futter sprechen, also auch nicht darüber, dass schon andere Insekten da sind (sodass es eine gute Idee wäre, schneller hinzufliegen), auch nicht über die Richtung von irgendetwas anderem, etwa die eines bienenfressenden Vogels. Das Verhalten der einzelnen Biene zeigt also wenig Beweise für die Formbarkeit und Flexibilität, die wir normalerweise mit intelligentem Verhalten assoziieren.

Sowohl staatenbildende als auch alleinlebende Insekten können lernen. Honigbienen wurden dazu am intensivsten untersucht. Vor allem Martin Giurfa von der Freien Universität Berlin hat durch bahnbrechende Versuche gezeigt, dass man bei Honigbienen nicht nur elementare Formen des Lernens beobachten kann, bei denen Bienen spezifische und eindeutige Verbindungen zwischen Ereignissen in ihrer Umgebung lernen, sondern dass sie auch nichtelementare Formen meistern, etwa Klassifizierungen, Lernen aus dem Kontext und Verallgemeinerung von Regeln. Sie verwenden dazu ihren Seh- und Geruchssinn. Am faszinierendsten ist, dass Bienen, wenn sie auf einen anderen Reiz reagieren müssen, in der Lage sind, erlernte Regeln auf den neuen Reiz derselben oder einer anderen Empfindungsart zu übertragen. Sie können also verallgemeinern. Sie reagieren somit nicht nur auf einen Reiz mit einer bestimmten Antwort. Trotzdem geht es hier nicht um komplexe Reaktionen. Sehr einfache Organismen wie Strudelwürmer sind dazu bis zu einem gewissen Grad auch in der Lage. Man kann Strudelwürmern beibringen, Lichtsignale mit Futter oder einem Gift in Verbindung zu bringen (sie bewegen sich jeweils darauf zu oder davon weg). Derartige Verallgemeinerungen sind eine grundlegende Eigenschaft von Netzwerken aus Neuronen, die zusammenhängen, wie Forscher für künstliche Intelligenz in den 1950er Jahren herausgefunden haben.

Die einzelnen Bienen, Termiten und Ameisen sind nicht intelligent, doch sie sind so eng in ihre Gesellschaft eingebunden, dass manche Autoren das Verhältnis des einzelnen Insekts zum Kollektiv nicht mit unserer Zugehörigkeit zur Gesellschaft vergleichen, sondern eher damit, wie eine Zelle in einen vielzelligen Organismus eingebunden ist. Sie hängen vollkommen von der Gesellschaft ab, zu der sie gehören, und sind nur dazu da, deren Bedürfnisse zu befriedigen. Vielleicht ist die Frage, ob eine Termite intelligent ist, falsch, denn das ist, als würden wir fragen, ob eine unserer Gehirnzellen intelligent ist. Wir müssen vielmehr fragen, ob die Termitenkolonie oder der Bienenkorb intelligent ist.

Diese Frage kann nur schwer beantwortet werden. Wenn es schon schwierig ist, die Intelligenz eines Tintenfisches zu bestimmen, stellen Sie sich die Probleme bei dem Versuch vor, die Intelligenz von etwas herauszufinden, dessen „Sinne" aus den Wechselwirkungen von 10.000 Termiten bestehen. Wir sind versucht zu sagen, dass sie intelligent sein müssen, denn die Konstruktion eines Termitenhügels (Abb. 10.3) oder eines Bienenstocks ist

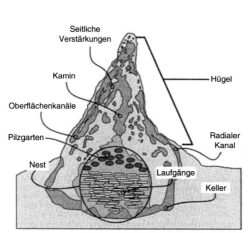

Abb. 10.3 Termitenhügel, Zeichnung und in der Natur. (Quellen unbekannt; mit freundlicher Genehmigung von Mount Moreland Conservancy)

wunderbar an seine Umgebung angepasst. Aber sein Bau geschieht ganz und gar instinktiv, und wie beim Blinzelreflex handelt es sich um eine großartige Koordination verschiedener Bewegungen und Handlungen, doch auch um eine vorprogrammierte Antwort. Die Sozialstruktur der Kolonie ermöglicht eine viel komplexere Konstruktion, als von einer einzelnen Ameise oder Termite allein bewältigt werden könnte. Die Informationsverarbeitung, die den Bau eines Bienen- oder Ameisennests steuert, ist unter den Bienen oder den Ameisen verteilt – genau wie die Berechnungen, die notwendig sind, damit Sie mit dem Auge blinzeln können, auf eine Vielzahl von Neuronen verteilt und nicht in einer Zelle gebündelt sind. Aber es ist auch nicht das Ergebnis von Informationsverarbeitung, die sich die örtlichen Gegebenheiten ansieht (was auch immer „ansehen" in diesem Kontext bedeuten mag) und einen besseren Hügel entwirft. Termiten, die man nach Wales umsiedelt, würden keinen Hügel mit einer weniger leistungsfähigen Klimaanlage bauen (da sie dort unnötig ist) und auch keinen, der wasserdichter ist (was mit großer Sicherheit notwendig wäre). Sie würden einfach das bauen, was sie normalerweise in Afrika bauen und infolgedessen fast sicher sterben. Erst Mutationen in den Genen, die ihr Verhalten steuern, würden dazu führen, dass sie einen anderen Hügel bauen könnten, um zu überleben. Aber das ist nicht Intelligenz, sondern Evolution.

Man darf deshalb wahrscheinlich den Hügelbau der Termiten nicht mit menschlichen Konstruktionen vergleichen. Wieder sind unsere Zellen eine bessere Analogie. Aus unseren Zellen entsteht die erstaunliche Struktur unserer Hände – ein mechanisches Wunder aus Knochen, Muskeln, Sehnen und Knorpeln, die einzigartig gut dafür gemacht ist, Steinäxte zu halten, Flöte zu spielen oder Bücher zu schreiben. Doch würde unsere Welt plötzlich überschwemmt, würden sich unsere Zellen nicht dafür „entscheiden", Flossen auszubilden. Uns würden weiterhin Hände wachsen, bis Mutationen daran etwas ändern würden.

Lösen Ameisenkolonien und Bienenschwärme Probleme? Haben sie ein kollektives Gedächtnis? Ziehen sie vermutete Schlussfolgerungen? Verwenden sie, abgesehen von passiven Reaktionen auf die Welt, Verallgemeinerungen? Wir wissen es nicht. Es gibt einige Verhaltensweisen, die intelligent wirken. Ameisen, die nach Futter suchen, bilden sehr schnell einen Weg, der die kürzeste Verbindung vom Futter zum Nest ist. Dafür ist sicherlich Planung notwendig, oder? Tatsächlich ist es aber so, dass jede Ameise einer Geruchsspur folgt und gelegentlich davon abkommt. Wenn sie zufällig eine Abkürzung findet, dann gibt es zwei Wege; der kürzere wird bevorzugt, weil der Geruch, den die Ameisen zurücklassen, nicht viel Zeit zum Verblassen hat. Dieses Verhalten ist intelligenter, als jede einzelne Ameise sein könnte, doch es ist immer noch vorprogrammiert.

Die staatenbildenden Insekten zeigen also *Schwarmintelligenz* (was manchmal fälschlich als „Metaintelligenz" bezeichnet wird), bei der das Verhalten der ganzen Kolonie oder des Schwarms komplexer ist als das Verhalten eines Individuums und komplexer, als das Verhalten eines einzigen Individuums aufgrund seines winzigen Gehirns sein könnte. Diese Schwarmintelligenz gibt es nicht nur bei Insekten. Die plötzlichen Richtungswechsel eines ganzen Vogel- oder Fischschwarms stellt dieselbe Art von verteilter Entscheidungsfindung zwischen vielen Individuen dar, wenn auch nichts dem komplexen Verhalten ähnelt, das zu einem 3 m hohen Termitenhügel führt. Doch die staatenbildenden Insekten haben noch nicht den Sprung zu der Art von Intelligenz geschafft, die eine Krähe in die Lage versetzt, ein Stück Draht zu verbiegen – ein Material, das sie in ihrem Leben nie zuvor gesehen hat –, um Futter aus einer Tube zu fischen, oder die einen Tintenfisch auf den Gedanken bringt, eine weggeworfene Dose als künstliche Schutzschale zu verwenden.

10.6 Das Spiegelspiel

Es gibt zwei weitere Merkmale, die nicht direkt Intelligenz beweisen, aber stark damit assoziiert sind. Dies sind Ich-Bewusstsein und Spieltrieb.

Wenn man schon Intelligenz kaum definieren und nachweisen kann, so ist dies für Ich-Bewusstsein fast unmöglich. Wie kann selbst beim Menschen nachgewiesen werden, dass jemand sich seiner selbst bewusst ist? Ich kann einen Computer so programmieren, dass er sagt: „Ich bin wirklich müde.“ Aber bringt das zum Ausdruck, dass der PC sich seiner selbst bewusst ist? Logisch gesehen kann man das auch auf Menschen übertragen. Wenn jemand behauptet: „Mir ist langweilig, ich will nach Hause gehen“, dann nehmen wir an, dass er oder sie sich selbst wahrnimmt, also ein inneres Modell seiner oder ihrer eigenen Existenz hat, und ihm oder ihr ist im Augenblick langweilig. Aber stimmt das? Oder ist das, was er oder sie sagt, nur ein Reflex wie das Blinzeln mit dem Auge, vielleicht etwas komplizierter, aber im Grunde eine Menge von komplizierten, doch vollkommen vorhersehbaren Reaktionen darauf, dass jemand zum Beispiel einer politischen Rede zuhört? Aufgrund unserer eigenen Erfahrungen nehmen wir an, dass sich andere Menschen selbst wahrnehmen, denn wir glauben, dass sie so sind wie wir, wenn sie sich so verhalten wie wir. Ich bin mir meiner bewusst, deshalb nehme ich an, dass das auch für William gilt. Aber vielleicht ist er nur ein Roboter. Tatsächlich meinen Psychologen, die dem Behaviorismus anhängen, dass Aussagen darüber, was „ich“ in meinem Kopf fühle, bedeutungslos sind und dass man sich mehr auf das konzentrieren sollte, wie sich ein Tier wirklich verhält.

Glücklicherweise hat der Psychologe Gordon G. Gallup in Jahr 1970 den Spiegeltest erfunden, ein Test zur Selbstwahrnehmung. Er ist nicht allzu verlässlich, und es wird heftig über seine Aussagekraft diskutiert, aber im Wesentlichen geht es dabei um Folgendes: Man malt eine harmlose Markierung, vielleicht einen Kreidefleck, auf das Tier, den es nicht sehen kann. Dabei ist darauf zu achten, dass dies unbemerkt geschieht. Dann wird den Tieren ein Spiegel gezeigt. Erkennen sie, dass das, was sie im Spiegel sehen, kein anderes Tier ist, sondern ein „Ich“? Und dass dieses „Ich“ einen Punkt auf „meiner“ Stirn hat? Wenn sie den Spiegel untersuchen und beginnen, ihren eigenen Kopf zu erkunden, um die Markierung zu finden, dann haben sie eine Verbindung zwischen sich selbst und dem Bild hergestellt, das sie gesehen haben. Sie wissen nicht wie, aber der Spiegel zeigt ihr „Ich“.

Es wird allgemein anerkannt, dass Menschen den Spiegeltest bestehen, genauso Schimpansen, Bonobos, Orang-Utans, Elefanten, Delfine, Schwertwale und eurasische Elstern. Interessanterweise bestehen Gorillas den Test nicht zuverlässig, ebenso fielen eine Papageienart und der Oktopus durch. Doch der Test ist nicht ideal, denn er hängt von der Interpretation der Verhaltensweisen des Tieres durch einen Beobachter ab. Außerdem verwendet der Test nur den Sehsinn als Methode, um die Welt zu erkunden und andere Tiere wahrzunehmen. Für einen Gorilla ist es eine aggressive bedrohende Handlung, einen anderen Gorilla direkt anzuschauen. Vielleicht schauen sie den „anderen“ Gorilla im Spiegel nie lang genug an, um zu erkennen, dass es sich um sie selbst handelt. Selbst junge Menschen können bei dem Test durchfallen, wenn sie in einer Kultur groß werden, in der es keine Spiegel gibt. Deshalb ist das in keiner Weise ein guter Test. Doch da wir keine Geräte zum Gedankenlesen besitzen, ist es der beste, den wir haben. Immerhin bestätigt er, dass das Ich-Bewusstsein ein Aspekt des mentalen Lebens ist, das sich in mehreren evolutionären Schienen unabhängig entwickelt hat.

Ein anderes Verhalten, das mit Intelligenz in Verbindung gebracht wird, ist das Spiel. Die Jungen vieler Tierarten spielen, und im Allgemeinen spielen sie umso mehr, je intelligenter sie sind. Menschen sind ein extremes Beispiel, denn die Erwachsenen in der westlichen Gesellschaft verbringen einen Großteil ihrer wachen Zeit mit Aktivitäten, die offensichtlich nichts mit dem Überleben zu tun haben (spielen, fernsehen, Golf spielen, Bücher lesen – wie dieses). Genau wie Intelligenz und Ich-Bewusstsein kann man Spielen nur sehr schwer definieren. Der Spielforscher R. Fagan definiert das Spielen als „improvisiertes Verhalten mit Abwandlungen, zu dem geschickte motorische und kommunikative Handlungen notwendig sind und das in einem Kontext steht, der getrennt von der Umgebung ist, in der ein Verhalten, bei dem diese Handlungen ausgeführt werden, wahrscheinlich den reproduktiven Erfolg steigern würde". Mit anderen Worten: Beim Spielen macht man Dinge, die man sonst auch tun würde, aber nicht zu dem Zeitpunkt und auf dieselbe Art und Weise wie üblich. Katzen schleichen sich an Blätter heran und springen sie an (anstatt Beute), Hunde jagen ihren Schwanz (statt Wild), Pferde springen und sind ausgelassen (statt vor Räubern davonzulaufen). Es gibt viele Theorien darüber, warum Tiere spielen, aber eine, die von vielen (auch uns) anerkannt wird, besagt, dass durch Spielen Verhaltensweisen eingeübt und komplizierte instinktive Handlungen trainiert werden. Außerdem zeigt es dem Tier die Grenzen seiner eigenen Fähigkeiten. Spielen ist also eine Möglichkeit, für das Erwachsenenleben zu üben. Aber warum muss man üben? Eine Arbeiterbiene muss den Schwänzeltanz nicht üben – er ist in sie einprogrammiert. Wir müssen das Atmen nicht üben – es funktioniert von selbst. Was wir üben, sind die komplexen Verhaltensweisen, die nicht vorprogrammiert sind – etwa, wie man miteinander auskommt, koordiniert auf die Jagd geht, einen Lebensgefährten findet. Je mehr dieser Aktivitäten unserer Intelligenz überlassen sind – obwohl die Grundlagen vorprogrammiert sind –, desto mehr spezifische Einzelheiten können wir herausfinden. Je weniger sie vorprogrammiert sind, sondern veränderlich und flexibel, desto mehr müssen wir sie üben, bevor wir sie in der echten Welt ausprobieren können.

Und die verspieltesten Tiere sind tatsächlich die, die auch bei anderen Intelligenzbewertungen am besten abschneiden, etwa die Primaten, die

Wale, Delfine und die Elefanten. Auch Robben und ihre Verwandten sowie Fleischfresser wie Wölfe, Bären und Großkatzen sind sehr verspielt.

Es ist schwierig herauszufinden, ob ein Kopffüßer verspielt ist. Wenn zum Spielen die Wiederholung von Handlungen außerhalb ihrer normalen funktionalen Bestimmung ist, wie kann man dann herausfinden, ob ein Tier ohne Knochen eine Handlung wiederholt? Doch Oktopusse scheinen in ihrer Umgebung mit Dingen zu spielen, auch solchen, die keine Nahrung sind, die keine Bedrohung oder ein Lebensgefährte sein können, etwa mit Legosteinen. Sie besitzen auch einen eigenartigen Sinn für Humor, etwa wenn sie ihre Wärter mit Wasser bespritzen.

Tests zur Intelligenz und zu anderen geistigen Zuständen, wie Ich-Wahrnehmung und Spieltrieb, zeigen, dass Intelligenz in mindestens sechs Tiergruppen entstanden ist. Selbst wenn wir die staatenbildenden Insekten weglassen, finden wir Intelligenz bei den Primaten, mehreren anderen Säugetiergruppen wie den Afrotheria (Elefanten), Paarhufern (Schweinen), Passeriformes (Vögeln wie Krähen und Papageien), Walen und den Kopffüßern.

10.7 Wann hilft Intelligenz?

Wir finden Intelligenz in verschiedenen Spezies, aber nicht in allen. Welcher Lebensstil fördert also die Entstehung von Intelligenz?

Es gibt kein deutliches Muster, welche Tiere eine gesteigerte Intelligenz entwickelt haben. Primaten sind sehr sozial, doch Orang-Utans machen da eine Ausnahme, und fast alle Oktopusse leben ganz allein. Die meisten intelligenten Tiere jagen (meist als Allesfresser), und es ist hierbei sinnvoll, intelligent zu sein, um andere Tiere zu überlisten. Elefanten und Gorillas hingegen fressen nur pflanzliche Nahrung. Es scheint nicht viele gemeinsame Faktoren zu geben. Dies stärkt die Viele-Wege-Hypothese für die Evolution der Intelligenz. Sie kann als Ergebnis vieler verschiedener ökologischer Anforderungen entstehen, nicht nur aufgrund einer Reihung von Umständen. Elefanten müssen klug sein, um mit ihrer komplexen Sozialstruktur zurechtzukommen und sich an die ausgedehnten Landschaften, durch die sie ziehen, zu erinnern. Auch Primaten müssen intelligent sein, um in ihrer sozialen Umgebung zurecht zu kommen und um zu jagen und Nahrung zu suchen. Krähen brauchen Intelligenz für die Futtersuche, um auf kleinen, futterarmen Inseln wie den neukaledonischen Inseln ihren energieintensiven Stoffwechsel in Gang zu halten. Und Oktopusse müssen vielleicht einfach deshalb klug sein, um all die Tentakel zu koordinieren.

Die Intelligenz ist in sehr unterschiedlichen Zeitaltern und entfernt verwandten Kladen (d. h. geschlossenen Abstammungsgemeinschaften) des Lebens entstanden. Die ersten Oktopusse haben sich vermutlich vor 500 bis 450 Mio. Jahren entwickelt, während die ersten intelligenten Delfine wohl vor 20 Mio. Jahren und die ersten Menschen wahrscheinlich erst vor etwa 5 Mio. Jahren aufgetaucht sind. Oktopusse, Wale, Delfine und Schweinswale waren lange Zeit die klügsten Wesen auf unserem Planeten. Die verschiedenen Organismen, die eine besondere Intelligenz aufweisen, machen nur wenige ausgewählte der vielen Spezies auf der Erde aus und sind nur entfernt verwandt miteinander. So ist der Oktopus, der zu den wirbellosen Tieren gehört, verwandtschaftlich sehr weit entfernt von den Wirbeltieren, und ihre Gehirne haben kaum Ähnlichkeit. Auch gibt es scheinbar kein einheitliches ökologisches Motiv, das die Gruppen der intelligenteren Spezies verbindet. Sowohl Meeres- und Landtiere als auch Vögel sind vertreten. Immerhin scheint es einige Faktoren zu geben, die die Chancen auf die Entwicklung von Intelligenz vergrößern (Tab. 10.1).

Aus diesen Faktoren kann man schließen, dass Intelligenz für manche Lebensstile gewählt wird, für andere aber nicht. Das passt auch dazu, bei welchen Organismen wir Intelligenz finden. Für uns als Menschen mag es offensichtlich erscheinen, dass Intelligenz ein selektiver Vorteil für jedes Tier sein muss, weil sie die Grundlage dafür war, dass wir zur beherrschenden Spezies auf unserem Planeten wurden. Doch die Biologie stützt diese Vermutung nicht. Ja, Intelligenz ist weitverbreitet, doch nur bei einem kleinen Bruchteil aller Organismen innerhalb einer bestimmten Klade, und der Großteil der Biosphäre, vor allem Mikroben und Pflanzen, sind nicht sonderlich intelligent.

Es gibt einen weiteren Faktor, den wir in Tab. 10.1 nicht erwähnt haben, der aber vielleicht einer der wichtigsten ist, deshalb besprechen wir ihn weiter unten noch genauer. Im Allgemeinen sind Räuber klüger als ihre Beute. Die Beute, wie Kühe oder Gazellen, müssen nur klug genug sein, ein Raubtier zu erkennen, und stark genug, es abzuwehren, oder schnell genug, um vor ihm wegzulaufen. Der selektive Vorteil sind also Körpermasse oder Stärke und Geschwindigkeit, in Verbindung mit guten Sinnesorganen und der Intelligenz, diese zu verwenden und den geringsten Hinweis auf eine Bedrohung zu erkennen. Raubtiere benötigen nicht nur komplexe Sinnesorgane, mit denen sie ihre Beute aufspüren können, sie müssen die Reaktionen ihrer Beute auch vorausahnen können, um darauf zu reagieren. Der selektive Vorteil des Löwen liegt in der Kraft seines Körpers, mit der er die Beute niederringt, und in seiner Intelligenz dank der er sie zuerst fängt.

Tab. 10.1 Einige Faktoren, die die Entstehung von Intelligenz gefördert haben. (Modifiziert nach Irwin und Schulze-Makuch 2011)

Intelligenzfördernde Faktoren	Begründung	Beispiele
Körpergröße	Intelligente Tiere haben in der Regel einen größeren Körper als der Durchschnitt ihrer taxonomischen Gruppe	Kopffüßer, Elefanten, staatenbildende Insekten
Aktiver Lebensstil	Ein hoher Grad an Verarbeitung von Sinneswahrnehmungen und motorischer Kontrolle, vor allem in Bezug auf Beschleunigungen und Balance, Tiefenwahrnehmung, selektives Erkennen bestimmter Eigenschaften, Unterscheidung von Vorder- und Hintergrund sowie Koordination von Muskelaktivitäten sind für einen aktiven Lebensstil wichtig	Delfine, Menschen
Feine Sinne	Hohe Intelligenz geht Hand in Hand mit einer komplizierten Verarbeitung von Sinneseindrücken. Beispiele sind das Gehör und die Echolot-Fähigkeiten von Meeressäugetieren und das Leben in komplexen Waldhabitaten	Primaten, Papageien, Wale, Delfine
Feinmotorische Steuerung	Die Kombination feiner und komplexer Bewegungen, etwa die Koordination viele Glieder und kleiner Muskelbewegungen, ist wichtig, um den Stimmapparat zu steuern. Für das Leben auf Bäumen sind die Koordination von Hand und Augen, Tiefenwahrnehmung und Genauigkeit unerlässlich	Oktopusse, Papageien, Menschen
Sozialverhalten	Für die Kommunikation durch Laute, Gesichtsausdruck oder Verhalten ist Intelligenz notwendig. Dazu gehört oft das Bewusstsein für die hierarchische Stellung oder Territoriumsansprüche des anderen und ein genaues soziales Gedächtnis	Primaten, Wale, Delfine, staatenbildende Insekten

Für Wölfe ist die Situation noch schwieriger, weil sie in Rudeln jagen. Dazu sind Kommunikation mit anderen Wölfen und Koordination notwendig, und sie müssen die Ausweichbewegungen der Beute voraussehen und schnell darauf reagieren, damit die Jagd Erfolg hat. Also sieht es so aus, als hätten Tiere, die in sozialen Verbänden jagen, durch Intelligenz den größten selektiven Vorteil. Diese Begründung passt für uns Menschen und auch für Delfine, aber nicht für Oktopusse.

Doch es gibt eine Reihe von Strategien, um das gleiche Ziel zu erreichen. Je nach Strategie ist Intelligenz notwendig oder nicht. Denken Sie an eine Schlange, die gut getarnt einfach darauf wartet, dass ein Frosch vorbeihüpft. Ihr selektiver Vorteil sind die Tarnung und die schnelle Reaktion, dank der sie ihre Beute fängt. Dazu benötigt die Schlange auch die Fähigkeit, sicher zuzupacken, entweder mit starken Zähnen oder mithilfe von Gift, damit der Frosch nicht wieder entkommt. Bei dieser Methode macht es wohl wenig Unterschied, wie intelligent sie ist.

Tiere, die weit herumziehen müssen, um Futter zu finden, sind in der Regel auch intelligenter. Wiederkäuer wie Kühe und Ziegen fressen alles, was grün ist, und müssen sich deshalb nicht daran erinnern, wo sie ihre letzte Mahlzeit gefunden haben. Andere Tiere, wie Bären (große Tiere, die in relativ futterarmer Umgebung leben) oder Menschenaffen (Fruchtfresser, die weit herumziehen müssen, um speziell für sie passendes Futter zu finden) tun besser daran sich zu erinnern, wo sie im letzten Jahr Futter gefunden haben, nicht nur, wo es gestern wuchs. Wir würden also erwarten, dass Tiere, die größere Gebiete bewohnen, klüger sind. Wenn sie in großen sozialen Gruppen umherziehen, trägt dies weiter zur Komplexität bei, denn 50 Schimpansen brauchen ein größeres Revier, um sich zu ernähren, als nur einer, und dann müssen sie sich noch daran erinnern, wer in der Gruppe wer ist.

Also scheint für manche Tiere in bestimmten Situationen und Habitaten Intelligenz ein selektiver Vorteil zu sein, aber nicht für andere. Die Intelligenz hat nicht nur Vorteile, sondern auch einen Preis. Der Aufbau und die Erhaltung einer großen Zahl komplexer Nervenzellen benötigen viel Energie. Und Intelligenz kann auch ein Nachteil sein. Instinktive Reflexe sind viel schneller und in der Regel zuverlässiger. Der Preis, der für Intelligenz zu zahlen ist, lohnt sich nur, wenn für ein Tier flexible, allgemeine Problemlösefähigkeiten notwendig sind, und es scheint so, als sei das seltener der Fall, als wir, der „denkende Mensch" *(Homo sapiens),* gerne glauben würden.

Aus dem oben Geschilderten kann man aber schließen, dass die Intelligenz sehr oft in verschiedenen Kladen und aus unterschiedlichen Ausgangspositionen entstanden ist. Doch das eine, was alle intelligenten Tiere verbindet, ist, dass sie Tiere sind. Sie haben alle einen gemeinsamen Ursprung vor etwa 550 bis 600 Mio. Jahren. Vielleicht ist die Intelligenz dann ein ungewöhnlicher Nebeneffekt der Anatomie der Tiere auf der Erde und würde anderswo nicht auftreten? Wir glauben das nicht, denn Intelligenz hat sich auf verschiedenen Wegen und auf unterschiedlichen Wegen entwickelt. Dies führt uns dazu, über unser Gehirn zu sprechen.

10.8 Entstehung von Intelligenz

Menschen haben ein verhältnismäßig großes Gehirn. Menschen sind klug. Generationen von Wissenschaftlern haben deshalb angenommen, dass Menschen klug sind, weil sie ein überproportional großes Gehirn haben, und dass deshalb auch jedes Tier mit einem großen Gehirn klug sein muss. Während jedoch klar ist, dass ein komplexes Nervensystem für ein komplexes Verhalten notwendig ist, ist die Beziehung zwischen Gehirn und Intelligenz nicht so einfach, wie es aussieht.

Komplexes anpassungsfähiges Verhalten ist nicht das Privileg von Organismen mit Nervensystemen. Ein überraschendes Beispiel hierfür ist der Schleimpilz *Physarum polycephalum,* was so viel heißt wie „vielköpfiger Schleim", und der ein wenig an den Seestern Patrick Star aus der TV-Serie *SpongeBob Schwammkopf* erinnert (Abb. 10.4). Der Schleimpilz lebt gerne in feuchten, schattigen Gebieten, vor allem auf zerfallendem Holz und Blättern und reagiert empfindlich auf Licht. Dieser gallertartige Repräsentant des Amoebozoa phylum verhält sich manchmal wie eine Kolonie zusammenarbeitender Individuen, die gemeinsam nach Futter suchen, und zu anderen Zeiten wie eine einzelne Zelle, die Millionen von Kernen enthält. *Physarum polycephalum* kann seine Form verändern, und er bewegt sich durch einen Prozess, der *shuttle streaming* genannt wird, von einem Ort zum anderen. Dabei bewegt sich das Zytoplasma des Schleimpilzes rhythmisch hin und her, wobei die Kraft durch einen Druckgradienten aus der Kontraktion und Entspannung einer membranartigen Schicht erzeugt

Abb. 10.4 Ein Schleimpilz *(Physarum polycephalum)* wächst auf Abfall auf dem Waldboden. (© George Loun/Getty Images)

wird, was der Arbeitsweise unserer Muskeln nicht unähnlich ist. Die Fähigkeit des Schleimpilzes, seine Form zu verändern, ist praktisch für die Lösung des sogenannten *Kürzester-Weg-Problems*. Toshiyuki Nakagaki vom Bio-Mimetic Control Research Center in Japan und seine Kollegen schnitten kleine Stücke aus dem Schleimpilz und legten sie in ein Labyrinth. Die Plasmodiumstücke breiteten sich aus und verbanden sich wieder zu einem einzigen Organismus, der das Labyrinth füllte, doch es passierte mehr als das. Wenn er in ein Labyrinth platziert wurde, in dem sich an zwei Stellen Hafermehl befand, zog sich *Physarum polycephalum* aus allen Teilen des Labyrinths zurück, außer der kürzesten Strecke, die die beiden Nahrungsquellen verband. Bot man dem Pilz mehr als zwei Nahrungsquellen, war ein komplizierteres Netzmuster das Ergebnis. Als Nakagaki und seine Kollegen das Hafermehl so verteilten, dass es Tokio und 36 Städte in der Umgebung wiedergab, bildete *Physarum polycephalum* ein Netz, das hinsichtlich Effektivität, Fehlertoleranz und Kosten vergleichbar mit dem Schienenverkehrssystem von Tokio war. Da gezeigt werden konnte, dass *Physarum polycephalum* auch die Autobahnsysteme in Kanada, Großbritannien und Spanien nachbilden konnte, haben die Forscher vorgeschlagen, die Netzwerke, die vom Schleimpilz erzeugt werden, als Modelle zu verwenden, um echte Infrastrukturnetzwerke zu planen.

Daneben hat *Physarum polycephalum* einige weitere erstaunliche Fähigkeiten bei der Speicherung von Informationen („Gedächtnis"). Als der Schleimpilz in einem anderen Experiment einmal pro Stunde trockenen Bedingungen, die er nicht mag, ausgesetzt wurde, begann er, diese trockenere Luft „vorauszuahnen", und bewegte sich langsamer, selbst wenn die Feuchtigkeit nicht mehr reduziert wurde. Sobald der Pilz nicht mehr länger in regelmäßigen Abständen trockenen Perioden ausgesetzt wurde, verschwand die „Fähigkeit, diese vorauszuahnen" langsam wieder. Doch wenn sechs Stunden später nur ein einziger trockener Puls eingesetzt wurde, kehrte der Pilz wieder zu seinem ursprünglich angenommenen Rhythmus zurück. Ob diese Art von angepasstem Verhalten als Lernen bezeichnet werden kann, ist fraglich, doch es zeigt, dass dieser amöbenähnliche Organismus ein zelluläres Gedächtnis hat.

Ist dieses Verhalten intelligent? Ganz bestimmt ist es komplex und anpassungsfähig, doch der Pilz kann nicht von einem Problem auf ein anderes verallgemeinern und lernt, abgesehen von dem oben Beschriebenen, keine anderen einfachen Dinge. Wichtig ist, dass diese Fähigkeiten in dem ganzen Pilz wohnen, nicht in einzelnen Zellen. Seine Zellen kommunizieren miteinander, jede verarbeitet winzige Informationsbruchstücke und gibt sie weiter, was zu einem komplexen Verhalten führt. Molekulargenetische

Untersuchungen weisen darauf hin, dass die Moleküle, die in Zellen für die Kommunikation verwendet werden, entstanden sind, lange bevor das Leben komplexes Verhalten entwickelt hat, das diese Moleküle benötigt. Es hat sich offensichtlich mehrmals in Bakterien, Archaea und Eukaryoten entwickelt.

In Eukaryoten konnte sich die Zellkommunikation durch zwei Prozesse weitaus besser entwickeln als in Einzellern. Erstens konnte sie beschleunigt werden, indem langsame chemische Prozesse durch elektrische ersetzt wurden. Zweitens entwickelten sich spezialisierte Zellen, deren einziger Zweck die Übermittlung und Verarbeitung elektrochemischer Signale war. Bei Tieren sind das die Nervenzellen, aus denen das Nervensystem aller Tiere, angefangen von Nematoden bis hin zum Menschen, besteht. Aus den Nervenzellen entwickelten sich Organe, deren einzige Aufgabe die Informationsverarbeitung ist, und so entstanden Gehirne.

Es gibt keinen eindeutigen Anfangspunkt im Stammbaum des Tierlebens, an dem komplexe Gehirne auftauchten, und nach Leonid Moroz von der University of Gainesville, in Florida, entstanden Zentralnervensysteme nicht weniger als fünfmal unabhängig voneinander. Ein *Gehirn,* d. h. ein Organ, das ausschließlich für die Informationsverarbeitung zuständig ist, entstand vermutlich mehrmals aus einfachen Nervennetzwerken. Nach Nicholas Strausfeld von der University of Arizona, der mehrere fossile Gliederfüßer analysiert hat, gab es schon im Kambrium vor 541 bis 485 Mio. Jahren weit entwickelte Nervensysteme. Es gibt Spuren von Zentralnervensystemen in 520 Mio. Jahre alten krabbenartigen Fossilien, die als vollständige dreiteilige Gehirne interpretiert werden, ähnlich zu denen vieler heutiger Gliederfüßer, bei denen man ebenso eine rudimentäre Grundstruktur wie in unserem Gehirn feststellen kann. Wenn es im Kambrium komplexe Nervensysteme gegeben hat, ist es wahrscheinlich, dass es bereits in den Tieren des präkambrischen Ediacariums vor 600 Mio. Jahren Nervennetze gegeben hat.

Nerven und einfache Gehirne sind also mehrmals entstanden, und diese Errungenschaft eines Nervensystems, das Sinneseindrücke empfängt, sie verarbeitet und speichert und dann das Verhalten des Tieres steuern und sich merken kann, haben wir einem Viele-Wege-Prozess zu verdanken. Dies wird durch die Entdeckung gestützt, dass es auch in Pflanzen schnelle Signalübertragungswege zwischen verschiedenen Teilen des Organismus gibt. Pflanzen haben zwar keine echten Nervenzellen, doch sie besitzen elektrochemische Verbindungen, die sehr schnell innerhalb des Organismus kommunizieren, und manche können daher rasch auf von weiter her kommende Reize reagieren. Die spektakulärsten Beispiele sind die fleischfressenden Pflanzen wie die Venusfliegenfalle, bei der die Berührung eines einzelnen Haares dazu führt, dass sich die Falle schnell genug schließt, um ein Insekt zu fangen. Auch Schlauchpflanzen und Mimosen bewegen sich schnell genug, dass es ein Mensch wahrnehmen kann (und die Bewegungen der Mimose können genau wie bei uns durch Betäubungsmittel blockiert werden). Ein Teil der Blüte von Schusspflanzen (die sogenannte *Griffel-säule*) antwortet auf die kleinste Berührung, indem sie vorschnellt, um ein vorbeikommendes Insekt mit Pollen zu überziehen. Der fleischfressende Wasserschlauch fängt mikroskopische Insekten in einem offenen Sack. Wenn das Insekt hineinschwimmt, schließt sich der Sack innerhalb von 10 Millisekunden. Dazu ist eine koordinierte Bewegung erforderlich, die mindestens so komplex ist wie das Blinzeln unserer Augen. In vielen Pflanzen funktioniert der Mechanismus, der Signale schnell zwischen vielen Teilen der Pflanze überträgt, ganz ähnlich wie bei unseren Nerven, obwohl er sich relativ unabhängig davon entwickelt hat. Natürlich haben Pflanzen nicht einmal die elementarsten Formen der Intelligenz ausgebildet. Doch sie zeigen, dass der erste Schritt zur Intelligenz, die Entwicklung eines schnellen Kommunikationssystems, um Sinneswahrnehmung und Bewegung zu verknüpfen, mehrmals entstehen konnte.

Wenn wir über den Besitz von Nerven hinausblicken, werden die Anforderungen für die Evolution von Intelligenz unklarer. In Wirbeltieren gilt allgemein, dass das Gehirn umso größer ist, je größer das Tier ist, doch das bedeutet nicht, dass das Tier auch gleichzeitig klüger ist (Frauen, deren Gehirne im Schnitt etwas kleiner sind als die von Männern, einfach weil ihre Körper etwas kleiner sind, sagen das schon seit Jahrzehnten). Ein größerer Körper benötigt scheinbar auch ein größeres Gehirn, genau wie er größere Eingeweide benötigt. Wenn wir das Gewicht des Gehirns gegen das des Körpers von Säugetieren in eine Grafik einzeichnen, erkennen wir einen klaren Trend (Abb. 10.5). Einige Tiere fallen aus diesem Trend heraus – und je klüger sie sind, desto deutlicher. Deshalb liegen Menschen weit über der Linie der durchschnittlichen Säugetiere, genau wie Delfine, Schimpansen und andere intelligente Tiere. Daraus kann man schließen, dass es nicht die Gehirngröße an sich ist, die wichtig für die Intelligenz ist, sondern dass das Verhältnis von Gehirn- zu Körpergröße überdurchschnittlich sein muss.

Um das zu messen, haben Zoologen den *Enzephalisationsquotienten* (EQ) entwickelt. Die Formel für den EQ bei Säugetieren ist:

$$EQ = \frac{R}{0,12 \cdot B^{\frac{2}{3}}},$$

wobei R die Gehirnmasse und B die Körpermasse (jeweils in Gramm) ist. Die Zahlen 0,12 und 2/3 wurden für Säugetiere experimentell bestimmt. Es gibt keine Theorie, die sie vorhersagt – ein Problem, auf das wir noch zu sprechen kommen werden.

Der Durchschnitts-EQ für Säugetiere ist 1, und wie erwartet haben klügere Tiere einen höheren EQ, wobei die Menschen ganz oben auf der Liste stehen (Abb. 10.5).

Doch selbst bei den Säugetieren liefert dies keine perfekten Vorhersagen. Der Blauwal hat einen ziemlich geringen EQ, obwohl bekannt ist, dass er mindestens so intelligent wie ein Hund oder eine Katze ist (Tab. 10.2). Der Grund dafür ist vermutlich der hohe Anteil an Fettgewebe, das der EQ-Ansatz nicht ausreichend berücksichtigt. Außerdem zeigt die Erfahrung, dass der berechnete EQ je nach Wissenschaftler, der den EQ bestimmt hat, eine gewisse Bandbreite aufweist.

Trotzdem können einige Beziehungen zwischen enger verwandten Tieren beobachtet werden. So ist der EQ von Raubtierarten im Allgemeinen höher als der ihrer Beute. Beutetiere, die eine bestimmte Strategie verfolgen, um nicht Opfer eines Raubtieres zu werden, haben einen höheren EQ als solche, die keine besitzen. Der EQ von Spezies, die soziale Beziehungen pflegen, ist

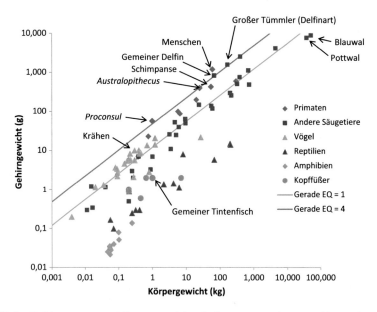

Abb. 10.5 Gehirn- gegen Körpergewicht bei ausgewachsenen Exemplaren verschiedener Spezies. Eingetragen sind auch eine Gerade für EQ = 1 (das normierte Durchschnittsverhältnis von Gehirn- zu Körpergewicht bei Säugetieren) und EQ = 4 (grob das höchste Gehirn-zu-Körpergewicht-Verhältnis, abgesehen von Menschen). Beachten Sie, dass zwar jede Spezies als einzelner Punkt eingetragen ist, aber die Gehirn- und Körpergewichte zwischen Individuen sehr stark schwanken können

Tab. 10.2 Enzephalisationsquotienten (EQ) für ausgewählte Spezies

Spezies	Körpergewicht (kg)	Gehirnmasse (g)	EQ
Mensch	61	1400	7,50
Großer Tümmler (Delfinart)	167	1587	4,35
Australopithecus	25	400	3,90
Gibbon	5,7	100	2,60
Schimpanse	54	430	2,50
Pavian	20	200	2,26
Rhesusaffe	6,5	88	2,10
Krähe	0,3	10	1,86
Gorilla	128	550	1,80
Fuchs	4,6	53	1,60
Dohle	0,2	6,023	1,47
Afrikanischer Elefant	4420	4200	1,30
Saatkrähe	0,42	8,358	1,24
Pferd	324	510	0,90
Maulwurf	0,0396	1,16	0,83
Schaf	55,6	140	0,80
Löwe	200	300	0,73
Blauwal	50.000	9000	0,55
Maus	0,01118034	0,3	0,50
Igel	0,877	3,3	0,30
Kalmar	0,2	1	0,24
Goldfisch	0,0055	0,069	0,18
Gemeine Krake	1	2	0,17
Fuchshai	70	31	0,15
Barrakuda	4,79	4,34	0,13
Garteneidechse	0,056	0,168	0,10
Schildkröte	2,163	1,36	0,07
Leguan	4,19	1,44	0,05
Mississippi-Alligator	205	14,08	0,03

generell höher als von denen, die das nicht oder nur sehr wenig tun. All dies passt mit den Verhaltensweisen zusammen, die wir wie vorher erwähnt mit der beobachteten Intelligenz in Verbindung bringen.

Doch wenn wir uns Tiere ansehen, die keine Säugetiere sind, bricht die Beziehung zwischen EQ und Intelligenz langsam zusammen. Vögel haben im Allgemeinen einen viel geringeren EQ als Säugetiere, und sogar die klügsten Vögel, die Krähen und Papageien, weisen nur einen durchschnittlichen EQ auf. Das scheint paradox zu sein, weil wir nicht annehmen können, dass fliegende Arten wie Vögel überschüssiges Fett mit sich herumschleppen wie Blauwale. Eine Möglichkeit könnte sein, dass das Gehirn von Vögeln eine andere Struktur besitzt als das von Säugetieren, mit mehr Nervenzellen und weniger unterstützenden Zellen. Pavel Němec von der Karls-Universität in Prag bestimmte die Zahl der Nervenzellen in den Gehirnen vieler Tiere und fand heraus, dass Vögel viel mehr Nervenzellen pro Gramm Gehirnmasse haben als Säugetiere, vor allem in den kritischen Bereichen des Gehirns, die oft mit komplexem Denken in Verbindung gebracht werden. So sind zum Beispiel im Gehirn eines Raben mehr Nervenzellen als in dem eines Kapuzineraffen, einer Primatenart, deren Gehirn viermal so viel wiegt.

Das EQ-Konzept funktioniert überhaupt nicht mehr, wenn wir Kopffüßer betrachten. So hat z. B. ein Oktopus ein viel kleineres Gehirn als ein Mensch. Doch zwei Drittel der Nervenzellen eines Oktopusses finden sich in den Nervensträngen seiner Tentakeln. Oktopusse haben also ein hochkomplexes Nervensystem, doch es verarbeitet Informationen nicht an einem zentralen Ort, sondern ist über den ganzen Körper verteilt. Daher können wir nicht erwarten, dass sie ein großes Gehirn besitzen. Trotzdem haben sie bei vielen Gelegenheiten ein intelligentes Verhalten gezeigt. Erklärt es ihre Intelligenz, wenn wir alle Nervenzellen in ihrem Körper zählen und dies mit denen von Vögeln oder Säugetieren vergleichen? Die gemeine Krake, einer der klügsten Kopffüßer, ist in der Lage zu lernen, Probleme zu lösen, zu spielen und Werkzeuge zu verwenden. Er hat in seinem gesamten Nervensystem genauso viele Nervenzellen wie ein Nachtaffe und dreimal so viele wie ein Opossum (ein Säugetier, das ungefähr genauso viel wiegt wie ein ausgewachsener Oktopus). Es ist also vielleicht wieder die Zahl der Nervenzellen, die am wichtigsten ist, und nicht die Anatomie oder die Masse des Organs, in dem sie gebündelt sind.

Aus diesen Unterschieden kann man auf mindestens drei verschiedene Möglichkeiten schließen, wie Nervensysteme genug Komplexität entwickeln können, dass Intelligenz entsteht:

1. Die Methode der Säugetiere liegt darin, das gesamte Gehirn zu vergrößern.
2. Die Vögel haben die Zahl der Neuronen in einem zentralen Gehirn erhöht.
3. Die Kopffüßer steigern die Gesamtzahl von Neuronen, bündeln einige in einem gehirnähnlichen Organ, verteilen die meisten aber über den ganzen Körper.

In der Geschichte der Erde scheint außerordentliche Intelligenz also Hand in Hand mit der Entwicklung von Organen zu gehen, in denen es eine große Zahl von Nervenzellen gibt, doch die Verbesserung der geistigen Fähigkeiten ging in den intelligenteren Spezies von unterschiedlichen Startpunkten aus. Die Tatsache, dass immer mehr Intelligenz notwendig war, scheint damit zusammenzuhängen, dass für komplexe motorische Fähigkeiten (im Oktopus) oder für komplexes Sozialverhalten und Kommunikationsfähigkeiten (bei den Walen) oder beides (bei den Primaten) die Nerven mehr Informationen verarbeiten mussten. Da intelligente Spezies sehr oft in ganz unterschiedlich verwandten Organismen und in verschiedenen Zeiträumen entstanden sind, kann man schließen, dass Intelligenz als normale Konsequenz entsteht, sobald sich eine ausgeklügelte Nahrungskette entwickelt hat, zu der Raubtiere, Beute und Allesfresser gehören. Es handelt sich deshalb dabei um einen Viele-Wege-Prozess, und wir gehen davon aus, dass er auch auf anderen Welten ablaufen würde.

Weiterführende Literatur

Definition von Intelligenz und deren Messung

Cairó, O. (2011). External measures of cognition. *Frontiers in Human Neuroscience, 5,* 108–125.

Irwin, L. N., & Schulze-Makuch, D. (2011). *Cosmic biology: How life could evolve on other worlds.* Heidelberg: Springer-Praxis.

Legg, S., & Hutter, M. (2007). A collection of definitions of intelligence. Technical Report IDSIA-07-07 (2007, June 15).

Der Ursprung der Intelligenz

Ma, X., Edgecomb, G. D., Hou, X., Goral, T., & Strausfeld, N. J. (2015). Preservational pathways of corresponding brains of a Cambrian Euarthropod. *Current Biology, 25,* 2969–2975.

Nakagaki, T., Yamada, H., & Tóth, Á. (2000). Intelligence: Maze-solving by an amoeboid organism. *Nature, 407,* 470. https://doi.org/10.1038/35035159.

Tero, A., Takagi, S., Saigusa, T., Ito, K., Bebber, D. P., Fricker, M. D., et al. (2010). Rules for biologically inspired adaptive network design. *Science, 327,* 439–442.

Soziale Intelligenz und Eusozialität

Giurfa, M. (2007). Behavioral and neural analysis of associative learning in the honeybee: A taste from the magic well. *Journal of Comparative Physiology, 193,* 801–824. https://doi.org/10.1007/s00359-007-0235-9.

Giurfa, M., Zhang, S., Jenett, A., Menzel, R., & Srinivasan, M. V. (2001). The concepts of ‚sameness‘ and ‚difference‘ in an insect. *Nature, 410,* 930–933. https://doi.org/10.1038/35073582.

Beziehung von Intelligenz zur Gehirngröße

Olkowicz, S., Kocourek, M., Lučan, R. K., Porteš, M., Fitch, W. T., Herculano-Houzel, S., et al. (2016). Birds have primate-like numbers of neurons in the forebrain. *Proceedings of the National Academy of Sciences of the USA, 113,* 7255–7260.

Roth, G., & Dicke, U. (2005). Evolution of the brain and intelligence. *Trends in Cognitive Sciences, 9,* 250–257.

Beziehung von Intelligenz und Verhalten

Burghardt, G. M. (2005). *The genesis of animal play.* Cambridge: MIT Press.

Rutz, C., Klump, B. C., Komarczyk, L., Leighton, R., Kramer, J., Wischnewski, S., et al. (2016). Discovery of species-wide tool use in the Hawaiian crow. *Nature, 537,* 403–407.

Seed, A., & Byrne, R. (2010). Animal tool-use. *Current Biology, 20,* R1032–R1039.

Shumaker, R. W., Walkup, K. R., & Beck, B. B. (2011). *Animal tool behaviour: The use and manufacture of tools by animals.* Baltimore: Johns Hopkins University Press.

11

Technologisch fortgeschrittene Intelligenz

Im vorhergehenden Kapitel haben wir gesehen, dass viele Tiergruppen die Fähigkeit entwickelt haben, Werkzeuge zu verwenden, Probleme zu lösen, vorauszuplanen und komplexes Verhalten zu lernen. Doch es gibt nur eine Spezies, die diese Fähigkeiten so außerordentlich stark ausgeprägt besitzt, dass sie eine eigene Klasse bildet; diese Spezies ist natürlich unsere eigene: *Homo sapiens.*

Was Menschen tun, geht weit darüber hinaus, Objekte als Werkzeuge zu verwenden, die sie in ihrer Umgebung finden, oder Werkzeuge herzustellen, indem sie Zweige oder Blätter verbiegen, spalten oder zerbrechen wie Tiere anderer Spezies. Die Menschen haben eine technologisch materielle Kultur geschaffen, in der außerordentlich komplexe Geräte aus Material aus Hunderten von Quellen und dank des gelehrten Wissens zehntausender Menschen hergestellt werden. Gewöhnliche Alltagsgegenstände wie ein Blatt Papier oder eine Rolle Klebeband sind das Ergebnis eines industriellen Kontinente-verbindenden Prozesses, der niemals von einer einzelnen Person im Wald von Gombe vollbracht werden könnte, geschweige denn von einer Gruppe von Menschen irgendwo oder irgendwann vor etwa 3000 v. Chr. (Versuchen Sie, Papier aus Holzstückchen ohne im Laden gekaufte Chemikalien herzustellen. Es macht nichts, wenn es nicht gut genug wird, um es für den Drucker zu verwenden; versuchen Sie einfach, es flach genug zu bekommen, um darauf schreiben zu können.) Wenn auch die Wurzeln für unsere Intelligenz in unserer evolutionären Vergangenheit liegen, ist das, was wir haben, etwas anders. Und dieses „andere" wird *Technologie* genannt.

© Springer-Verlag GmbH Deutschland, ein Teil von Springer Nature 2019
D. Schulze-Makuch und W. Bains, *Das lebendige Universum,*
https://doi.org/10.1007/978-3-662-58430-9_11

11.1 Was ist eine technologisch fortgeschrittene Intelligenz?

Wir verstehen unter Technologie etwas, das mehr als der Gebrauch von Werkzeugen ist und das, wie wir in Kap. 10 gesehen haben, bei relativ vielen verschiedenen Tieren vorkommt. Die menschliche Technologie unterscheidet sich von diesen Beispielen in seinem Ausmaß und der Art und Weise. Unsere Technologie ist designt und erlernt (also nicht instinktiv), zu ihr gehört Spezialisierung (sodass einige Menschen nichts anderes tun, als gewisse Produkte herzustellen, die andere verwenden) und verwendet oft externe Energiequellen. Die Technologie verknüpft viele verschiedene Werkzeuge und Verhaltensweisen zu einem integrierten Ganzen, ob es sich nun um einen kleinen Bauernhof handelt oder um eine Raumstation. Sie wird auch durch explizites Lehren von Generation zu Generation weitergegeben – eine Aufgabe, für die man nicht unbedingt eine Sprache benötigt, die diese aber sehr stark nutzt. Nur die menschliche Spezies *Homo sapiens sapiens* erreichte bedeutende technologische Fähigkeiten auf der Erde. War das ein einmaliger unwahrscheinlicher Vorgang?

Es gab sicherlich andere menschliche Spezies, die in der Lage waren, Werkzeuge herzustellen und sie in einem weiten Rahmen zu nutzen, etwa *Homo ergaster, Homo habilis* und *Homo erectus,* wobei einige der Menschenarten in der Lage waren, Feuer zu kontrollieren (z. B. *Homo heidelbergensis* und *Homo neanderthalensis*). Doch diese sind eng mit *Homo sapiens* verwandt. Ein typisches Beispiel sind die Neandertaler, die sich sogar mit Menschen vermischen konnten, die anatomisch nicht vom modernen Menschen unterscheidbar waren. Alle diese jetzt ausgestorbenen Gruppen der Gattung *Homo* waren in der Lage, viel kompliziertere Werkzeuge herzustellen, als von irgendeinem heutigen nichtmenschlichen Tier hervorgebracht werden können. Also könnten seit über einer halben Million Jahre alle aus der Gattung *Homo* auf dem Weg zu einer Spezies sein, die in der Lage ist, Technologien anzuwenden. Sind die Leistungen der anderen menschlichen Spezies auch auf dem Niveau der Werkzeugherstellung und -verwendung geblieben, wie man sie bei anderen Tierarten beobachten kann, oder haben einige von ihnen bereits die Schwelle zu dem erreicht, was wir als technologische Intelligenz bezeichnen würden? Könnte man die Beherrschung des Feuers als die entscheidende Schwelle bezeichnen, oder vielleicht als die Fähigkeit erhöhter Fingerfertigkeit, verbunden mit einem komplexeren Sozialverhalten und vor allem die Entwicklung und der Abhängigkeit von Sprache, wie man sie beim *Homo sapiens sapiens* findet?

Wir interessieren uns hier für fortgeschrittene Technologie, worunter wir eine Reihe von Techniken und Fähigkeiten und die Werkzeuge, die sie ermöglichten, verstehen wollen. Dazu gehören vor allem Werkzeuge, die nur dazu da sind, um andere Werkzeuge herzustellen, und solche, die es ermöglichen, eine nichtbiologische Energiequelle zu nutzen. Beispiele dafür sind Segelschiffe, Wasserräder, Dampfmaschinen und das Internet. Es gibt viele Stufen auf dem Weg von den Fähigkeiten unserer Vorfahren zu diesem Fortschrittsniveau.

11.2 Der Weg des Menschen zur technologisch fortgeschrittenen Intelligenz

Wir haben gesehen, dass viele Tiere Werkzeuge verwenden. Doch nur selten stellen sie auch Werkzeuge her. Aus der Knochenstruktur der Hand des *Australopithecus* können wir erkennen, dass er es gewohnt war, Werkzeuge zu verwenden. Menschen können sehr stark zupacken und dabei genau kontrollieren, wie stark ihr Griff und die Drehkräfte sind, was sich in der inneren Struktur der Knochen unserer Hand widerspiegelt. Schimpansen fehlen diese Strukturen. *Australopithecus africanus,* der vor 3,2 bis 2 Mio. Jahren lebte, hatte in dieser Hinsicht eine Knochenkonstruktion, die eher der unsrigen als der eines Schimpansen ähnelte; *Australopithecus africanus* stellte Steinwerkzeuge her.

Also waren Menschen schon vor 2 Mio. Jahren nicht nur darauf spezialisiert, Werkzeuge zu verwenden, sondern auch sie herzustellen. Trotzdem ist nicht klar, wie entscheidend dies für den ersten Schritt auf dem Weg zur Herstellung komplexer Werkzeuge war. 2016 beobachteten Tomos Profitt und Michael Haslam Kapuzineraffen in Brasilien, die Feuersteine zerbrachen, um scharfkantige Bruchstellen zu erzeugen, ganz ähnlich den Steinwerkzeugen, die der *Australopithecus* hergestellt hat. Doch sie verwendeten diese Werkzeuge nicht und es ist ziemlich mysteriös, warum sie diese Steine zerbrochen haben. Immerhin haben die Kapuzineraffen ganz offensichtlich die Stärke und die Fingerfertigkeit, um Steine zu zerbrechen und das herzustellen, was ein Archäologe als einfaches Steinwerkzeug bezeichnen würde.

Es gibt einige Belege dafür, dass Menschen vor 1 Mio. Jahren herausgefunden haben, wie man Feuer nutzen kann; das war ein entscheidender Schritt weg von der vollkommenen Abhängigkeit von Umweltbedingungen. Feuer lieferte den Menschen eine konzentrierte und kontrollierbare Energiequelle. Es half ihnen bei Kälte, erweiterte durch Kochen ihr Nahrungsspektrum und bot wahrscheinlich Schutz vor wilden Tieren. Viel später wurde es eine wichtige Hilfe für die Produktion. Doch das war noch keine Technologie. Es war ein Werkzeug.

Wie unterscheidet sich also ein Werkzeug von Technologie? Eine entscheidende Eigenschaft ist die Spezialisierung und, was notwendig damit zusammenhängt, der Tausch. Menschen tauschen Dinge spontan schon in ihrer frühen Kindheit aus. Manche Tiere können so dressiert werden, dass sie im Labor ein Ding gegen ein anderes tauschen, doch in der Wildnis ist das ein fast unbekanntes Verhalten. Menschen tauschen ständig Objekte. Ein Stück Essen gegen ein anderes, eine Axt gegen Nahrungsmittel, eine Axt gegen eine hübsche Muschel. Wir wissen, dass vor 100.000 Jahren, also lange vor dem Beginn der Landwirtschaft, Menschen über große Entfernungen hinweg Material getauscht haben, etwa nützliche Steine oder dekorative Muscheln. Das kann man nicht anders als Handel bezeichnen. Um zu handeln, muss man auch kommunizieren, was man will. Wahrscheinlich funktioniert dafür Zeichensprache, aber auch das ist eine Sprache. Im Gegensatz dazu tauschten Neandertaler wahrscheinlich kein Material mit anderen Gruppen. Die Werkzeuge der Neandertaler wurden immer mit lokal vorhandenem Material hergestellt.

Der Tausch war entscheidend, denn er legte den Grundstein dafür, dass ich, ein Experte in der Herstellung von Steinäxten, mich auf das konzentrieren kann, worin ich gut bin, und du, der du ein hervorragender Jäger von Wild bist, dich eben darauf. Ich mache eine Axt und gebe sie dir, und du erlegst ein Reh und gibst mir etwas davon ab. So haben wir beide einen Vorteil davon. Sobald ich mich einmal darauf spezialisiert habe, Äxte herzustellen, ist es sehr wahrscheinlich, dass ich Methoden finde, bessere Äxte zu machen, und schließlich tue ich das den ganzen Tag. Nicht einmal Schimpansen, die Werkzeuge zum Futtersammeln herstellen und verwenden, praktizieren diese Art von auf Spezialisierung beruhendem Tausch. Es kann höchstens passieren, dass ein erwachsener Schimpanse seinen jungen Nachkommen dabei hilft, ein Werkzeug auszuwählen und herzustellen.

Aus den archäologischen Funden kann man schließen, dass dem Beginn des Tauschens vor ungefähr 200.000 Jahren eine schnelle Vergrößerung des Vorderhirns (Neokortex) folgte. Dies ermöglichte nicht nur eine bessere feinmotorische Kontrolle, die notwendig war, um Werkzeuge und Sprache zu nutzen, sondern vergrößerte auch die Gehirnregionen, die für das Planen und abstraktes Nachdenken notwendig sind. Diese Fähigkeiten haben vielleicht auch die Entwicklung einer Sprache mit symbolischen Begriffen beschleunigt, die das immer komplexer werdende soziale Zusammenspiel möglich machte, das notwendig war, dass der Tausch durch Handeln funktionierte.

11.3 Die Macht der Sozialstruktur

Menschen sind außerordentlich soziale Tiere. Der berühmte Biologe Edward O. Wilson stellte einmal fest, dass wir als menschliche Wesen wirklich eusoziale Affen sind, genau wie Ameisen eusoziale Insekten sind, und da unser Markenzeichen unser extremes Bedürfnis ist, mit anderen zusammen zu sein, stehen wir außerhalb der anderen Affen und sogar anderer Hominiden. Wir wollen aber sicher nicht so unbedingt mit anderen zusammen sein wie Termiten, Ameisen oder Bienen. Die Eusozialität bei diesen Tieren – und sogar bei Graumullen (Mole Rats), seltsam aussehenden und sehr langlebigen eusozialen Nagetieren, die in Ostafrika gefunden wurden – wird mit kooperativer Brutpflege, der Anwesenheit überlappender Generationen in einer Kolonie von ausgewachsenen Tieren und Arbeitsteilung in sich reproduzierende und nichtreproduzierende Gruppen in Verbindung gebracht. Alle Menschen sind sehr stark an der Fortpflanzung interessiert und verteidigen entschieden ihr Recht, eigene Kinder in die Welt zu setzen – wie der Biologe und Schriftsteller Matt Ridley es ausdrückt: „Nicht einmal die Engländer haben ihr Recht auf Reproduktion an eine Königin abgegeben.“ Aber andere Aspekte unseres Soziallebens sind viel komplexer als bei anderen Primaten. Der Anthropologe Robin Dunbar aus Oxford behauptet, dies sei ein direktes Ergebnis unseres großen Gehirns, und unser Gehirn habe sich nicht entwickelt, um Stein zu bearbeiten, sondern um mit vielen anderen Menschen zusammenleben zu können. Dunbar hat beobachtet, dass Menschen normalerweise mit bis zu 150 Leuten interagieren. (Andere haben das dann die Dunbar-Zahl genannt, obwohl Dunbars eigene Forschungen ergeben haben, dass diese Zahl zwischen 100 und 250 schwanken kann.) Steinzeitliche Dörfer, Grundeinheiten von Armeen, angefangen bei den Römern bis heute, und Studentenverbindungen funktionieren alle am besten, wenn sie aus 100 bis 150 Menschen bestehen. Selbst wenn Sie 5000 Facebook-Freunde haben, werden Sie höchstwahrscheinlich mit nur 100 bis 200 davon tatsächlich Kontakte von Belang haben. Im Gegensatz dazu sind Bonobo-, Schimpansen- und Gorillahorden selten mehr als 40 bis 50 Individuen groß. Menschen scheinen in der Lage zu sein, ein viel dichteres, komplexeres soziales Netzwerk bewältigen zu können. Vielleicht ist unsere Fähigkeit, uns in einen Hund oder ein Pferd hineinversetzen zu können, ein Vorteil, der daher rührt, dass wir uns vorstellen können, was 150 andere Menschen von uns denken.

Ist diese Fähigkeit der Schlüssel dafür, dass wir Ideen und Objekte tauschen? Wahrscheinlich trägt sie dazu bei, doch das kann nicht alles sein. Wären Gehirngröße und die Größe der sozialen Gruppe voneinander abhängig, wie Dunbar meint, dann hätten Neandertaler mindestens so große Gruppen gebildet wie wir, denn ihre Gehirne waren tatsächlich noch größer als die moderner Menschen. Das Sozialverhalten der Menschen könnte noch viel älter sein, als man ursprünglich dachte. Bis vor Kurzem modellierten wir das Verhalten der Vorfahren von Affen und Menschen nach dem Verhalten und der Anatomie der modernen Affen, wie der Schimpansen und Gorillas. Ihre Sozialstruktur dreht sich um das dominante Männchen (und seiner Gefährtin). Die Männchen entwickelten große Schneide- und Eckzähne für den Kampf und das Beherrschen der Weibchen. Sehr oft werden Kinder getötet; wenn ein männlicher Gorilla ein Weibchen von einem Rivalen erobert, ermordet er dessen Nachwuchs und ersetzt ihn durch seinen eigenen. Lange hat man angenommen, dass die verhältnismäßig kleinen Zähne der Bonobos, deren Gesellschaft weniger durch Kämpfe und mehr durch Sex beherrscht wird, sich durch die Evolution aus einem aggressiveren schimpansenähnlichen Zustand entwickelt haben. Auch beim Menschen geht man davon aus, dass sich unsere weniger auf Kampf ausgerichtete Anatomie und die (daraus folgende) komplexere soziale Struktur spät in unserer Entwicklung ausgeprägt haben.

Die Entdeckung von Ardi *(Ardipithecus ramidus),* einem Primaten, der vor 4,4 Mio. Jahren gelebt hat und ganz sicher zur Abstammungslinie des Menschen gehört, weist darauf hin, dass diese Schlussfolgerung nicht ganz richtig ist. Ardis Anatomie lässt darauf schließen, dass er ein Hominid war, der in den Bäumen und nicht in der offenen Savanne lebte. Ardi und die Relikte von etwa 30 anderen entdeckten Individuen zeigen, dass die Männchen des *Ardipithecus* keine größeren Reißzähne besaßen als die Weibchen, sondern wie beim modernen Menschen gleich groß waren. Dies lässt auf eine komplexere Sozialstruktur schließen und eine, die weniger durch männliche Aggression und physische Bedrohung beherrscht ist. Vielleicht war das Sozialgefüge unseres gemeinsamen Vorfahren eine vereinfachte Version der Strukturen des Menschen und Bonobos. Die Schimpansen und Gorillas gingen in eine Richtung, die Frühmenschen in eine andere. Daraus ergeben sich wichtige Folgerungen. Bei der Suche nach einem Partner sind für einen Schimpansen oder Gorilla physische Stärke wichtig. Für einen *Australopithecus* dagegen war sozialer Heldenmut wichtiger als die Größe seiner Zähne oder Muskeln – obwohl wir zugeben müssen, dass beim Menschen auch heute noch die äußere Erscheinung ein wichtiger Faktor bei der Wahl eines Partners ist. Die Eignung eines sozialen Tieres wird nicht mehr nur auf einer physischen Ebene gemessen, sondern auch aufgrund seiner sozialen Fähigkeiten und seiner Stellung in der Gemeinschaft. Ein einzelnes Individuum kann nun dauerhaft Einfluss auf die ganze Gemeinschaft haben und nicht nur auf seine Nachkommen. Diese Überlegungen werden von der Tatsache unterstützt, dass manche sozialen Tiere nicht zwischen ihren eigenen Nachkommen und den Kindern anderer Mitglieder ihrer Gruppe unterscheiden. Diese Art von Gemeinschaft wird auch in der Familie der Hunde (Canidae, z. B. bei Wölfen) praktiziert, bei denen die ganze Gemeinschaft von einem einzigen Paar abhängt, das für Nachkommen sorgt.

Warum aber hat sich die Intelligenz bei Schimpansen nicht weiterentwickelt? Immerhin sind sie genetisch den Menschen sehr ähnlich, und sie haben auch eine komplexe Sozialstruktur und lernen voneinander. Männchen werden aufgrund ihrer Fähigkeit, in der sozialen Gruppe zu dominieren, ausgewählt, was sie über ihre Stärke, Einschüchterungen, Aufbau einer Atmosphäre von Furcht und ständiges Drohverhalten erreichen. Es besteht immer die Gefahr, dass die Jungen getötet werden. Obwohl Schimpansen lebenslange Beziehungen mit anderen Individuen aufbauen, ist der Zusammenhalt der Gruppe schwächer als in der Familie der Hunde. Bei Schimpansen gibt es in der Gruppe öfter und schwerere Formen der Gewalt, was eine geringere Gruppenbindung und Opferbereitschaft für die Gruppenmitglieder zeigt. Sie investieren auch wenig (wenn überhaupt etwas) in die Nachkommen der anderen Angehörigen der Gruppe. In einem derartigen sozialen Umfeld lohnt es sich viel weniger, zu lernen oder in die Gruppe zu investieren. Bei den Menschen hat die soziale Dominanz eine viel größere Bedeutung für die Anziehungskraft eines Lebensgefährten. Wie Henry Kissinger, ehemaliger Außenminister der USA unter den Präsidenten Richard Nixon und Gerald Ford, sagte: „Macht ist das ultimative Aphrodisiakum." Henry Kissinger war 1,75 m groß, leicht mollig und sah schlecht, war aber bei Frauen begehrt, weil er soziale Macht hatte, nicht weil er stark war.

11.4 Die finalen Schritte zur Technologie

Der nächste entscheidende Schritt auf dem Weg zur Technologie war vermutlich die Domestizierung wilder Tiere – vor allem des Hundes und mehrerer Huftiere. Wahrscheinlich wurden Hunde als Erstes gezähmt, oder sie zähmten sich – zumindest teilweise – selbst. Ein Wolfsrudel lernte vielleicht, sich um ein „Menschenrudel" herumzutreiben, weil die Menschen mit ihren Speeren und Steinwaffen in der Lage waren, großes, gefährliches Wild zu erlegen, und es für die Wölfe sicherer war, die Abfälle in den Lagern der Menschen zu fressen, als das Wild selbst zu jagen. Doch um sich dem Lager nähern zu können, musste der Wolf sein Verhalten ändern. Er musste seine Angst vor dem Feuer überwinden, und er musste sich den Menschen gegenüber freundlich verhalten und sich so entwickeln, dass er für sie weniger gefährlich aussah – kleinere Zähne und kleineres Maul, höher gewölbter Kopf, größere Augen und Schwanzwedeln statt Knurren. Kurz gesagt: Der Wolf musste sich zum Hund entwickeln. Wir glauben, dass die Zähmung von Hunden eine Annäherung war; Menschen lernten, mit Hunden auszukommen, und Hunde entwickelten sich so, dass sie mit Menschen auskamen. Die darauffolgende Domestizierung könnte vorsätzlicher gewesen sein, wobei es die Hunde waren, die den Menschen zeigten, was man mit ihnen alles tun kann.

Die Anthropologin Pat Shipman glaubt, dass es dabei um noch mehr geht. Sie vertritt die Ansicht, dass Menschen einmalig gut dafür geeignet sind, Tiere zu verstehen, und sich so entwickelten, dass diese Fähigkeit noch ausgeprägter wurde. Vielleicht liegt das daran, dass Menschen im Vergleich zu anderen Affen (auf die wir gleich noch zu sprechen kommen) die sozialen Wechselbeziehungen zwischen anderen noch besser verstehen können. Ob *Homo* nun von vornherein darauf angepasst war oder nicht, die Zähmung von Tieren, das Wissen um die Wachstumszyklen von Pflanzen und damit auch die Nutzbarmachung von Pflanzen führten auch dazu, dass er alles beherrschen wollte. Er erreichte das, indem er echte Technologie schuf, eine zusammengehörende Reihe von Erfindungen, die mehr ergab als die Summe ihrer Teile. Das nämlich ist die Landwirtschaft. Nachdem die Landwirtschaft zum festen Teil der menschlichen Kultur geworden war, konnte durch die Arbeit eines einzelnen Individuums mehr Nahrung erzeugt werden, als es für sein Überleben benötigte. Dies führte zur Arbeitsteilung, dann zur Entstehung sozialer Schichten, sorgfältig ausgearbeiteten kulturellen Strukturen und ein genau aufeinander abgestimmtes Sozialverhalten, das wir als Zivilisation bezeichnen.

Mit der Zivilisation kam die Konstruktion von Gebäuden und Waffen, wozu man Erze schmelzen und Metallobjekte herstellen musste. Diese Fähigkeiten erweiterten Handwerkskünste zur Herstellung von Töpferwaren, Papier, Kleidung und anderen Objekten aus Naturwerkstoffen. Mit der Verwendung derart produzierter Objekte und der Nutzung domestizierter Tiere, begannen die Menschen, auch ihre Umwelt zu beherrschen und zu verändern – und das in einem Ausmaß, das weit über dem Einfluss jeder anderen Spezies liegt. An diesem Punkt begann die Technologie.

Fortgeschrittene Technologie, von Landwirtschaft bis zur Raumfahrt, entstand, als *Homo sapiens* begann, Mathematik und wissenschaftliche Erkenntnisse für weitere menschliche Errungenschaften anzuwenden. Es wurden mit mathematischer Präzession Maschinen gebaut, und schließlich entstanden die Möglichkeiten zur Informationsverarbeitung von heute, die es in der Geschwindigkeit, wenn auch noch nicht bezüglich der Komplexität, mit einem menschlichen Gehirn aufnehmen kann.

11.5 Vorbedingungen für technologische Intelligenz

Wir können mit einer Liste von Vorbedingungen schließen, die die Entwicklung technologischer Intelligenz, wie wir Menschen sie verwenden, möglich gemacht haben. Es ist aber eine kurze Liste (Tab. 11.1). Offensichtlich brauchen wir eine Art komplexer Informationsverarbeitung, doch das reicht nicht. Killerwale sind klug und können beim Jagen zusammenarbeiten, um ihre Umgebung zu verändern. Dies zeigen die atemberaubenden Bilder einer Gruppe Killerwale, die gezielt eine Welle verursachen, um eine auf einer Eisscholle geflüchtete Robbe runterzukippen. Aber viel mehr als dies können Killerwale nicht tun, um ihre Umgebung zu manipulieren. Wir können Delfinen zwar beibringen, Objekte zu tragen, und manche tragen auf ihrem Schnabel Schwämme (keiner weiß warum), doch damit hören ihre Fähigkeiten auch schon auf. Wie klug sie auch sein mögen, sie sind nicht in der Lage, das einfachste Werkzeug herzustellen. Man braucht also die Fähigkeit, die Umgebung um sich herum irgendwie geschickt zu verändern.

Elefanten sind mit ihrem Rüssel erstaunlich geschickt, und Papageien sind in der Lage, natürliche und künstliche Materialien mit ihrem Schnabel stark zu verändern, aber keiner von beiden kann einen Faden durch eine Nadel fädeln. Doch dazu war wahrscheinlich auch Australopithecus nicht in der Lage, denn diese Art von Geschicklichkeit entwickelt sich erst, wenn das Tier sie braucht. Diese feinmotorischen Fähigkeiten, die wir beim Menschen beobachten, benötigt eine Spezies erst, wenn sie anfängt, Werkzeuge herzustellen. Wie wir schon erwähnt haben, haben manche Primatenarten die Fähigkeit, Stärke und Geschicklichkeit, Steine zu zerbrechen. Die Struktur der Körpergliedmaßen erlaubt es Primanten, Objekte wie Steine oder Speere zu werfen. Dies war für die ersten Menschen, die in Gruppen großes Wild jagten, ein Wettbewerbsvorteil. Doch wie gesagt, auch Elefanten können Dinge werfen.

Kopffüßer, vor allem Oktopusse, besitzen sowohl ein komplexes Nervensystem als auch die manuelle Geschicklichkeit, und sie entwickelten sich mehrere Hundert Millionen Jahre vor den Menschenaffen. Warum haben sie keine fortschrittliche Technologie entwickelt? Natürlich kann man unter Wasser kein Feuer machen, aber möglicherweise warme Quellen auf dem

Tab. 11.1 Mögliche Voraussetzungen für eine technologisch fortgeschrittene Intelligenz

Ressource/Fähigkeit	Begründung
Komplexes Nervensystem	Die Spezies muss Möglichkeiten abwägen und sich Strukturen sowie Funktionen von Objekten, die noch nicht hergestellt sind, vorstellen können. Weil die Herstellung und Steuerung technisch fortschrittlicher Geräte eine hohe Präzision erfordern, benötigt die Spezies nicht nur viele Fähigkeiten, sondern muss auch eine hohe Qualität der Fähigkeiten erreichen können
Manuelle Geschicklichkeit	Ein Organismus muss die Rohstoffquellen des Planeten nutzbringend verwenden und seine Energiequellen beherrschen können. Um sie exakt zu bearbeiten, ist ein hohes Maß an Geschicklichkeit mit den Händen oder anderen Gliedmaßen notwendig. Es gibt mehrere Wege, dies zu erreichen, z. B. mit Anhängseln wie Tentakeln (Oktopus) oder mit einzeln steuerbaren Gliedern wie Finger (Primaten)
Beherrschbare Energiequelle	Ohne die Nutzung einer Art von externer Energiequelle kann man sich die Entstehung einer fortgeschrittenen technologischen Intelligenz kaum vorstellen. Im Fall der Menschen war die Nutzung des Feuers entscheidend, denn dies gab etwas Schutz und teilweise eine Unabhängigkeit von Umweltbedingungen. Die Kraft des Feuers wurde auch zum Schmelzen von Metallen verwendet. Später wurden andere Energiequellen beherrschbar und zum Repertoire des Menschen hinzugefügt (z. B. Windenergie, Elektrizität, Kernenergie)
Soziales Zusammenwirken	Verbunden mit dem Sprung von Werkzeugen zur Technologie erlaubte die Sozialstruktur den Austausch von Objekten (Handel) und dann von Ideen zwischen nicht Verwandten. Keine Zivilisation wäre in der Lage gewesen aufzusteigen, ohne die Gruppendynamik und das soziale Zusammenwirken, das bei den Menschen herrscht

Meeresboden als Energiequelle nutzen. Jedoch ist diese Art von Wärmeenergie nicht so leicht transportierbar und kontrollierbar wie Feuer an Land. Die Meeresumgebung stellte deshalb eine Herausforderung bezüglich der Energie für die Entwicklung einer Technologie dar, und diese konnte in 400 Mio. Jahren Evolution nicht bewältigt werden. Auf der anderen Seite kann man zumindest prinzipiell ohne Feuer oder eine andere externe Energieform Werkzeuge herstellen, Nutzpflanzen anbauen, Netze knüpfen und Fische züchten. Aber nicht einmal das wurde erreicht, und kein bekanntes Meereslebewesen hat jemals diese Strategie benutzt. Vielleicht ist der Wasserwiderstand ein weiterer Faktor, der die Entwicklung von Technologie schwieriger macht. Wie jeder weiß, der einmal versucht hat, durch hüfttiefes Wasser zu waten, ist es sehr schwierig, etwas durch Wasser zu schieben. Könnten unter Wasser Feuersteine bearbeitet werden? Vermutlich nicht. Doch dann könnte es andere Möglichkeiten geben, aus denen Kopffüßer im Gegensatz zu uns gute Werkzeuge herstellen könnten. Lange Seetangstränge z. B. scheinen prädestiniert für Seile zu sein.

Kopffüßer leben allerdings meist allein und sind nicht sonderlich sozial. Wenn die Theorie, dass der Tausch von Sachen und später von Ideen ein notwendiger Katalysator war, um eine Spezies von den Werkzeugen zur Technologie zu bringen, dann fehlt den Kopffüßern etwas ganz Entscheidendes, nämlich eine kooperative soziale Struktur.

11.6 Warum ist Technologie nur einmal in der Erdgeschichte entstanden?

Trotzdem bleiben noch viele Spezies übrig, die in den letzten 100 Mio. Jahren technologische Intelligenz entwickelt haben könnten. Technik hat sicherlich viele Vorteile. Anders als andere Menschenaffen wie Schimpansen, Gorillas und Orang-Utans scheinen wir erbärmlich schwach und abhängig von künstlichen Dingen wie Kleidung, Schutz und dem Werkzeuggebrauch zu sein. Ohne sie würden wir in der Natur ziemlich schnell aussterben. Doch wir gedeihen, und je ausgefeilter unsere Technologie wird, und je abhängiger wir deshalb von ihr werden, desto mehr gedeihen wir. Wir wurden zu dem, was Andy Clark einen geborenen Cyborg nannte, zu einer Verschmelzung einer durch Evolution entstandenen Spezies mit ihrer Technologie. Menschen und der Gebrauch von Werkzeugen entwickelten sich nebeneinander her, d. h., je mehr Werkzeuge wir verwendeten, desto weiter entwickelte sich unser Gehirn und umgekehrt. Fossilienfunde unterstützen diese Theorie, denn sie weisen darauf hin, dass erste Feuersteinwerkzeuge schon vor 3,3 Mio. Jahren verwendet wurden. Die Evolution eines größeren Gehirns und der Werkzeuggebrauch in einem Zweig der Primaten könnten schon vor dem Aufstieg der Hominiden begonnen haben und endeten schließlich beim *Homo sapiens*. Von groben Steinäxten bis zur Geburt der Landwirtschaft hat jeder Technologieschritt zu einem Anstieg der menschlichen Bevölkerung und zu einer Ausbreitung auf dem ganzen Planeten geführt. Zumindest für uns hat sich die Technologie kräftig ausgezahlt. Warum also sind die Menschen die Einzigen, die eine Technologie entwickelt haben?

Es gab, wie wir oben skizziert haben, zwei große Schritte auf diesem Weg. Erstens wurden die gemeinsamen Vorfahren von Menschenaffen und Menschen besser darin, Werkzeuge herzustellen. In der Entwicklungslinie des Menschen schritt die Werkzeugbearbeitung fort, zuerst langsam durch den *Australopithecus* und dann schneller, als die Gattung *Homo* auftauchte. Auch die Menschenaffen nutzten Werkzeuge, doch sie entwickelten das nicht weiter. Schimpansen, Bonobos, Gorillas und Orang-Utans sind heute ähnlich geschickt darin, Werkzeuge zu verwenden, doch sie nutzen verschiedene Werkzeuge und Verhaltensweisen, wie wir aufgrund ihres unterschiedlichen Lebensumfeldes auch erwarten würden. Sie nutzen aber nur eine Art von Werkzeug, sie kombinieren keine und entwickeln sie auch nicht weiter. Der vermehrte Gebrauch von Werkzeugen beim Menschen wurde mit einer moderaten Zunahme der Gehirngröße in Verbindung gebracht. Der zweite Schritt waren die Entdeckung von Tausch und die Spezialisierung, was beim Menschen vor 100.000 bis 200.000 Jahren begann. Auch dadurch wurde das Gehirn noch einmal deutlich größer.

Gehirne sind keine Organe, die einfach aufzubauen und zu betreiben sind. Das Gehirn eines modernen Menschen verbraucht etwa 20 % seiner Ruheenergie, obwohl es nur 2,5 % seiner Masse hat. Es wäre auch nicht logisch, dass ein Zweibeiner einen riesigen Kopf ausbilden sollte, um ein außerordentlich großes Gehirn mit sich herumzuschleppen. Das nannte Timothy Taylor von der University of Bradford, Großbritannien, das Kluger-Zweibeiner-Paradoxon. Die Evolution hätte eigentlich einen kleineren Schädel bevorzugen müssen, als die Frühmenschen begannen, aufrecht zu gehen. Die Haltung des Zweibeiners brachte es mit sich, dass sich das Becken verändern musste, was den Geburtskanal enger machte. Und trotzdem trieb die Evolution die Zunahme der Gehirngröße weiter, mit all den verbundenen Konsequenzen wie anstrengende Geburt, eine höhere Verletzungs- und Sterblichkeitswahrscheinlichkeit von Mutter und Kind bei der Geburt und Kindern, die geboren werden, bevor sie auch nur die kleinsten Aufgaben bewältigen können. Schimpansenjunge können sich schon Stunden nach ihrer Geburt an das Fell der Mutter klammern und auf ihren Rücken klettern. Menschenbabys müssen Monate lang getragen werden, und erst mit sechs Monaten haben sie die Fähigkeiten eines neugeborenen Schimpansen, Gorillas oder Orang-Utans. Die Vorteile des größeren Gehirns beim Menschen müssen also gegenüber den Nachteilen klar überwogen haben, und die Vorteile scheinen, zumindest im Nachhinein, klar. Bessere Werkzeuge bedeuteten mehr Nahrung, leichteres Jagen und Sammeln, bessere Verteidigung. Und Tausch bringt all die Vorteile der Spezialisierung und der Sammlung von Erfindungen, selbst von weit entfernten Regionen, die noch über Kommunikationswege erreichbar waren.

Angesichts dieser Vorteile scheint es erstaunlich, dass sich technologisch fortgeschrittenes Leben nur einmal in der mehrere Milliarden Jahre langen Geschichte des Lebens auf unserem Planeten entwickelt hat. Es ist umso erstaunlicher, weil die ersten außerordentlich intelligenten Lebensformen mit den Kopffüßern schon vor mehreren Hundert Millionen Jahren entstanden sind und von da an in verschiedenen Kladen des Lebens noch viel öfter (z. B. Wale, Papageien und Primaten). Es gibt soziale Affen und allein lebende Affen – wenn es von Vorteil war, soziale Intelligenz wie unsere zu entwickeln, könnte doch sicherlich ein Tintenfisch oder Oktopus in den letzten 100 Mio. Jahren diesen evolutionären Weg gegangen sein. Die Intelligenz hätte auch in anderen großen Landtieren auftauchen können (Box 11.1); Kängurus zum Beispiel sind groß, sozial und haben Hände, mit denen sie etwas anfangen können, selbst wenn sie Pflanzenfresser sind und es deshalb weniger wahrscheinlich ist, dass sie eine hohe Intelligenz entwickeln (wobei es tatsächlich in der Vergangenheit fleischfressende Kängurus gab).

Es gibt verschiedene Wege, eine Antwort auf diese Frage zu finden. Eine Hypothese ist, dass technologisch fortgeschrittenes Leben eine Reihe von Parametern erfordert, die erfüllt sein müssen, bevor es sich entwickeln kann, und dass Hominiden einfach die ersten Tiere waren, bei denen all diese Parameter erfüllt waren. An Land waren von den sehr intelligenten Tieren nur die Primaten mit den Händen so geschickt, dass sie Objekte und Materialien präzise bearbeiten konnten, und die Menschenaffen, zu denen Homo sapiens gehört, gehören zu den größten dieser Primaten und hatten deshalb auch die größten Gehirne. Aber das wirft die Frage auf, warum sich Größe und Geschicklichkeit nur bei den Primaten, aber in keiner anderen Entwicklungslinie ausbildeten. Das Fazit ist, dass wir nicht wissen, warum nur bei den Menschen eine technologische Intelligenz entstanden ist. Aus diesem Grund ist es auch sehr umstritten, ob eine technologisch fortgeschrittene Intelligenz, die fachlich den Menschen gleichwertig (oder überlegen) ist, irgendwann auf einem anderen Planeten entstehen könnte.

Carl Sagan, der berühmteste Astrobiologe, war überzeugt, dass auf anderen Welten andere Intelligenzen entstehen würden. Er war der Ansicht, dass es viele verschiedene evolutionäre Wege gibt, die zu einer technologisch fortschrittlichen Intelligenz führen, wobei jeder einzelne dieser Wege vielleicht unwahrscheinlich ist, doch die Summe der Wege trotzdem von Bedeutung wäre. Er meinte auch, dass ein Grundprinzip der Biologie lautet, dass es besser ist, klug zu sein als dumm, und dass man in den Fossilienfunden einen Trend in Richtung Intelligenz finden könne. Der letzte Punkt wurde vom Evolutionsbiologen Ernst Mayr heftig bestritten. Seiner Ansicht nach ist ein Großteil der Biosphäre der Welt ziemlich unintelligent, und es scheint hier keine allgemeine Tendenz zu mehr Intelligenz zu geben. Damit hatte er natürlich recht – die durchschnittliche Intelligenz aller Organismen auf der Erde ist ziemlich gering, weil fast alle Einzeller sind. Trotzdem ist die *maximale* Intelligenz in geologischen Zeiträumen gestiegen. Vielleicht gibt es die Menschen heute nur, weil es eine halbe Milliarde Jahre benötigt, bis sich diese einfachen Organismen des Ediacariums so weit entwickelt hatten, dass das klügste Tier auf dem Planeten entdecken konnte, wie nützlich es ist, Steine gegeneinanderzuschlagen.

Box 11.1: Das Paradigma infrage stellen

Lassen Sie uns eine Annahme hinterfragen, die wir in diesem Kapitel gemacht haben. Wir halten diese Annahme für richtig. Jeder ernst zu nehmende Wissenschaftler hält sie für richtig, und sie wird als ein Paradigma angesehen. Und trotzdem: Sind wir wirklich die erste technologische Zivilisation auf der Erde? Wir wissen, dass Neandertaler keine Städte errichtet, Dämme gebaut oder die Atmosphäre mit Kohlendioxid gefüllt haben, denn wir hätten Spuren dieser Dämme und Städte gefunden, und die letzte Eiszeit hätte 50.000 Jahre früher geendet, wenn sie eine energiehungrige industrielle Zivilisation wie die unsrige aufgebaut hätten. Doch die Spuren von Zivilisationen verschwinden ziemlich schnell. Alan Weisman dokumentiert in seinem Buch *Die Welt ohne uns: Reise über eine unbevölkerte Erde*, wie schnell die Produkte einer menschlichen Zivilisation verschwinden würden. Städte zerfallen, Bauernhöfe werden zu Dschungel oder Wald, sogar große Konstruktionen wie der Panamakanal würden sich in wenigen Jahrzehnten mit Schlamm füllen. Die Metalle und Pestizide, mit denen wir die Böden belasten, wären in wenigen Jahrtausenden weggewaschen. Der Plastikmüll, der so beständig scheint, zerfällt in Jahrzehnten oder Jahrhunderten, wenn er dem Sonnenlicht ausgesetzt ist, und vielleicht auch erst in 100.000 Jahren, wenn er im Sediment des Meeresbodens begraben ist. In wenigen Hunderttausend Jahren würde die Cheops-Pyramide zu einem niedrigen unerkennbaren Haufen aus Steinen und Sand werden. Das Mount Rushmore National Memorial, das in härteres Granitgestein gemeißelt ist, wäre in weniger als 7 Mio. Jahren so weit erodiert, dass es nur noch wie jeder andere Berg aussehen würde – und wir selbst verbrennen unsere Toten oder beerdigen sie unter Bedingungen, die fast dazu gemacht sind, um ihre Versteinerung zu verhindern. Die einzigen erkennbaren Artefakte, die nach 10 Mio. Jahren zurückbleiben würden, wären unsere Raumfahrzeuge auf dem Mond und dem Mars.

Manche der klügeren Dinosaurier hatten Enzephalisationsquotienten (EQ) von etwa 0,2 (erinnern Sie sich daran, dass dies der Maßstab für Säugetiere ist; der Durchschnitt ist 1, wir liegen bei etwa 6,5). Doch wenn sie eine Gehirnanatomie wie ein Vogel hatten, dann besaßen sie vier- bis fünfmal so viele Neuronen pro Gramm Gehirn, sodass es einen ziemlich klugen Dinosaurier ergeben würde, so klug wie eine Ratte oder ein Wolf. Die Troodontiden hatten vielleicht einen EQ von 0,15, und sie waren Zweibeiner mit Vordergliedmaßen, von denen man sich vorstellen kann, dass damit Objekte verändert werden konnten (Abb. 11.1). Was wäre von ihnen übrig geblieben, wenn sie sich zu etwas entwickelt hätten, das Städte baute, Kriege mit Maschinen führte, Wälder abholzte, um die Erde flog, Öl förderte, Bisonherden abschlachtete und heldenhafte Dinosaurierpioniere zum Mond beförderte? Eine Schicht Gestein mit einer sehr seltsamen chemischen Zusammensetzung, fossile Hinweise darauf, dass ein bedeutender Bruchteil an Tierspezies (vor allem große Tiere) ausgerottet wurden, und Spuren im Gestein, dass der Kohlendioxidgehalt in der Atmosphäre und die globale Temperatur plötzlich angestiegen waren, was aber in den nächsten 10.000 Jahren schnell wieder zurückging. Es würde tatsächlich ein wenig wie die Kreide-Tertiär-Grenze aussehen, die Schicht aus Tonmineralien, die in Wirklichkeit das Ende der Dinosaurier kennzeichnet und sich gebildet hat, als ein 10 km großer Asteroid in der Nähe der heutigen Ostküste Mexikos in die Erde gekracht ist. Es würde nur der relativ hohe Iridiumgehalt fehlen, den wir in der Kreide-Tertiär-Grenze finden, denn dieses Mineral kam mit dem Asteroiden aus dem Weltall.

Wir glauben nicht, dass technologisch intelligente Dinosaurier existierten. Aber wir können nicht sicher sein. Wenn wir behaupten, dass die Menschheit die einzige Spezies sei, die technologische Intelligenz entwickelt habe, sollten wir ein „wahrscheinlich" einfügen. Die Geologen der Zukunft können eventuell aber Hinweise darauf finden, dass technologische Intelligenz tatsächlich ein Viele-Wege-Prozess ist und dass früher schon andere Wege betreten wurden.

Abb. 11.1   Ein Troodon, vermutlich der klügste Dinosaurier. Beachten Sie seine Arme und Hände. (Greg Heartsfield, Creative Commons Attribution 2.0 Generic License)

Weil sich die technologisch fortgeschrittene Intelligenz nur einmal auf unserem Planeten entwickelt hat, wissen wir nicht, ob dies einem Kritischer-Weg-Prozess, einem Viele-Wege-Prozess oder einem Random-Walk-Ereignis folgte, wobei wir Letzteres für am wenigsten wahrscheinlich halten, es aber nicht ausschließen können. Deshalb ist unklar, ob eine zweite Erde irgendwo anders schließlich eine technologische Intelligenz hervorbringen würde oder wie groß der Bruchteil der Welten ist, bei denen dies der Fall ist. Die Wahrscheinlichkeit von außerirdischen Besuchern auf der Erde und die Evolution technologischer Intelligenz können heute nicht abgeschätzt werden. Doch auf Grundlage der Erdgeschichte und angesichts der Zeit, die Fortschritte der Evolution benötigten, bis eine technologische Intelligenz entstanden war, können wir vermuten, dass es eher selten passiert, viel seltener als die Entstehung von tier- oder pflanzenähnlichen Organismen. Viele Sterne, vor allem A-, O- und F-Sterne, existieren wahrscheinlich nicht lange genug, dass sich technologisch fortgeschrittenes Leben entwickeln kann.

Selbst Planeten, die G-Sterne umkreisen, wie die Erde, könnten nicht genug Zeit für den Aufstieg technologisch fortgeschrittenen Lebens haben, wenn man bedenkt, dass die bewohnbare Zone um den Stern sich mit der Zeit verschiebt. Auf unserem Planeten wird in etwa 1 Mrd. Jahre menschliches Leben nicht mehr möglich sein – das ist für menschliche Maßstäbe ungeheuer viel Zeit, doch relativ wenig, wenn man bedenkt, dass es 4,5 Mrd. Jahre dauerte, bis sich die erste (und einzige) technologisch fortgeschrittene Intelligenz entwickeln konnte. Wenn die Menschen 30 % länger benötigt hätten, wäre die Erde vielleicht für alles andere als Mikroorganismen unbewohnbar geworden, bevor wir entstanden sind. Andere Sterne, wie M-Sterne, leben lang genug und haben eine ziemlich stabile habitable Zone, doch es ist nicht ganz klar, ob es wahrscheinlich ist, dass sie wirklich bewohnbar ist, wie wir in Kap. 2 besprochen haben. Selbst wenn sich ein Planet in der habitablen Zone um einen Stern befindet und gut durch seine Atmosphäre geschützt ist, könnte er immer noch astronomischen Katastrophen wie Supernovae, Schwarzen Löchern und Asteroideneinschlägen ausgesetzt sein. Planeten und bewohnbare Monde, auf denen die Entwicklung eines technologisch fortgeschrittenen Lebens 4 Mrd. Jahre Zeit hat, könnten tatsächlich selten sein.

Weiterführende Literatur

Byrne, D. W. (2004). The manual skills and cognition that lie behind hominid tool use. In A. E. Russon & D. R. Begun (Hrsg.), *The evolution of thought. Evolutionary origins of great ape intelligence* (S. 31–44). Cambridge: Cambridge University Press.

Gabora, L., & Russon, A. (2011). The evolution of human intelligence. In R. Sternberg & S. Kaufman (Hrsg.), *The Cambridge handbook of intelligence* (S. 328–350). Cambridge: Cambridge University Press.

Irwin, L. N., & Schulze-Makuch, D. (2011). *Cosmic biology: How life could evolve on other worlds.* Heidelberg: Springer-Praxis.

Lineweaver, C. H. (2008). Paleontological tests: Human-like intelligence is not a convergent feature of evolution. In J. Seckbach & M. Walsh (Hrsg.), *Cellular origin, life, in extreme habitats and astrobiology* (S. 353–368). Berlin: Springer.

Resendes Sousa de Antonio, M., & Schulze-Makuch, D. (2010). The power of social structure: How we became an intelligent lineage. *International Journal of Astrobiology, 10,* 15–23.

Ridley, M. (2003). *The red queen: Sex and the evolution of human nature* (Reprint Aufl.). New York: Harper Perennial.

Russon, A. E., & Begun, D. R. (2004). Evolutionary origins of great ape intelligence: An integrated view. In A. E. Russon & D. R. Begun (Hrsg.), *The evolution of thought. Evolutionary origins of great ape intelligence* (S. 353–368). Cambridge: Cambridge University Press.

Shipman, P. (2011). *The animal connection.* New York: Norton.

Taylor, T. (2010). *The artificial ape: How technology changed the course of human evolution.* New York: MacMillan.

Weisman, A. (2007). *Die Welt ohne uns: Reise über eine unbevölkerte Erde.* München: Piper.

Teil III

Besuch im lebendigen Universum

12

Wie erkennen wir ein lebendiges Universum?

Am Anfang dieses Buches haben wir die Idee eingeführt, dass sich komplexes Leben in einer Reihe von entscheidenden Schritten oder Innovationen aus einfachen Lebensformen entwickelt hat. Unsere Hypothese ist, dass all diese Schritte auf der Erde mehrmals durchlaufen wurden und dass sie deshalb auch auf anderen Welten passiert sein können. In Teil II dieses Buches haben wir gezeigt, dass die meisten dieser Übergänge wahrscheinlich Viele-Wege-Prozesse sind. Würde die Geschichte der Erde zurückgespult und noch einmal abgespielt, würden die gleichen Schlüsselinnovationen auftauchen, vielleicht nicht mit derselben Biochemie und Anatomie, doch mit der gleichen Funktionalität. Wenn also Leben auf einem entfernten Exoplaneten entstehen sollte, wird es ebenso den Weg von einfach zu komplex und von einzellig zu vielzellig gehen und intelligente Tiere hervorbringen, die in ihren Wäldern und Tangbetten Werkzeuge nutzen können, zumindest, wenn der Planet lang genug bewohnbar bleibt.

Doch das ist nur eine Hypothese. In der Wissenschaft stellt man eine Hypothese auf, um Beobachtungen zu erklären, wie wir es getan haben, aber die Arbeit ist damit noch nicht getan. Die Hypothese muss getestet werden. Sie wird genutzt, um Vorhersagen zu machen, und dann prüft man im Labor oder in der Welt draußen, ob die Vorhersagen korrekt sind. Wenn die Hypothese Vorhersagen machen kann, die sich als korrekt herausstellen, dann werden andere Wissenschaftler sie allmählich als zutreffend anerkennen. Aus den besten der überprüfbaren Hypothesen werden Theorien, und diese werden wahrscheinlich als wahr akzeptiert – etwa Einsteins Relativitätstheorie oder Darwins Theorie der Evolution. Unsere Hypothese ist bei Weitem noch nicht so weit. Wie können wir also überprüfen, ob wir recht haben?

© Springer-Verlag GmbH Deutschland, ein Teil von Springer Nature 2019
D. Schulze-Makuch und W. Bains, *Das lebendige Universum*,
https://doi.org/10.1007/978-3-662-58430-9_12

Wir können die Hypothese vom lebendigen Universum heute nicht testen, doch eines Tages werden wir so weit sein, denn wir werden immer bessere Fernerkundungen durchführen können, und vielleicht werden wir einmal geeignete Exoplaneten und Exomonde besuchen können. Die schlechte Nachricht ist, dass dies immer noch Jahrzehnte dauern wird, die gute, dass dies ein Forschungsprogramm ist, das Weltraumbehörden auf der ganzen Welt bereits voranbringen, etwa mit Teleskopen, die die Planeten und Monde in anderen Sonnensystemen charakterisieren. Außerdem wird die Erkundung der Planeten und Monde unseres eigenen Sonnensystems mit Teleskopen und Raumfahrzeugen wertvolle Daten liefern. Im Laufe der nächsten Jahre und Jahrzehnte wird dieser fortschreitende Marsch der Technologie immer mehr Details über unsere kosmische Nachbarschaft enthüllen. Wir sind zuversichtlich, dass, wenn Leben gefunden wird, dieses dann auf vielen Welten komplex sein wird.

12.1 Leben finden

Herauszufinden, was sich auf einem weit entfernten Planeten befindet, nur indem man ihn beobachtet, ist schwierig. Die Menge an Informationen, die wir erhalten, indem wir einen Planeten beobachten, der Billionen von Kilometern weit weg ist, ist begrenzt. Behauptungen, dass eine entfernte Welt nicht nur bewohnbar, sondern tatsächlich bewohnt ist, wird immer eine Wahrscheinlichkeitsaussage sein und nie mit Sicherheit behauptet werden können. Die Informationen, die wir sammeln, erlauben es uns, unsere Liste der Welten einzugrenzen, die Leben beherbergen könnten, sodass wir unsere Bemühungen auf die wahrscheinlicheren Kandidaten konzentrieren können. Das Programm, das wir hier vorstellen, beschreibt die derzeitigen und die zukünftigen Technologien, die ein immer deutlicheres Bild liefern, ob ein Planet bewohnt ist, und ob es Hinweise darauf gibt, dass dieses Leben komplex ist.

Das Exoplanet.eu-Archiv führt eine Liste von über 3500 Exoplaneten, die seit 2017 bestätigt wurden, und zusätzlich über fast 5000 Kandidaten für Exoplaneten, die noch bestätigt werden müssen. Die meisten dieser Exoplaneten sind alles andere als bewohnbar. Es handelt sich um Gasriesen oder um Planeten, die ihrem Mutterstern viel zu nahe oder aus anderen Gründen vollkommen unbewohnbar sind. Doch die hohe Zahl spricht dafür, dass zumindest einige bewohnbar sein könnten. Etwa zwei Drittel aller Sterne werden von Planeten umkreist, die zwischen der Hälfte und dem Doppelten der Erdmasse haben, ein Größenbereich, in dem sie wahrscheinlich groß genug sind, eine ausreichend dichte Atmosphäre zu besitzen, aber nicht so groß, um noch eine Gesteinsoberfläche zu haben. Geschätzt 14 % davon kreisen innerhalb der bewohnbaren Zone um ihren Mutterstern, also den Bereich, in dem es auf der Oberfläche, sofern sie eine besitzen, flüssiges Wasser gibt. Wenn diese Zahlen typisch sind, dann können wir erwarten, dass bis zu 37 Mrd. der 400 Mrd. Sterne in unserer Galaxie mindestens einen Planeten haben, auf dem ungefähr die richtige Temperatur herrscht und der eine geeignete Größe hat, um bewohnbar zu sein. Dies verrät uns die heutige Technologie über Planeten, die Tausende von Lichtjahren weit weg sind.

Natürlich könnten diese Planeten aus einem anderen Grund unbewohnbar sein, etwa weil sie keine Atmosphäre haben, kein Wasser oder keine organischen Grundbausteine. Vielleicht waren die Bedingungen auf diesen Planeten nie geeignet für den Ursprung des Lebens, und wir werden in der Zukunft viele bewohnbare Planeten finden, die unbewohnt sind. Selbst wenn wir die oben genannten optimistischen Annahmen machen und davon ausgehen, dass eine technologische Zivilisation nur etwa 1000 Jahre lang Radiowellen aussendet, würde es bedeuten, dass wir bis zu 10.000 Zivilisationen in der Galaxie haben, die Radiowellen aussenden, doch die durchschnittliche Entfernung zwischen ihnen wäre mindestens 1000 Lichtjahre. Signale, die von uns ausgesendet werden, würden angesichts der riesigen Entfernungen erst im Jahr 3900 n. Chr. beantwortet werden.

Die nächste Weltraumteleskopgeneration wird in der Lage sein zu beobachten, wie das Gas in der Atmosphäre der Exoplaneten verschiedene Lichtwellenlängen absorbiert, also das Absorptionsspektrum messen, und damit vielleicht eine weitere kritische Frage beantworten, nämlich ob diese Planeten überhaupt eine Atmosphäre haben. Das ist nicht einfach. Im Augenblick können wir das Bild des Planeten nicht von dem des Sterns trennen, deshalb müssen wir das Licht analysieren, das von beiden ausgeht, und beobachten, wie es sich verändert, während der Planet vor oder hinter dem Stern vorbeizieht. Das heißt, wir analysieren das Sternenlicht, das durch die Atmosphäre des Planeten fällt, im Vergleich zu all dem Licht des Sterns. Im günstigsten Fall kann dies schon heute geschehen, doch Probleme tauchen immer wieder auf. So ist der Planet Gliese 1214b größer als die Erde und umkreist einen 42 Lichtjahre von uns entfernten Stern, der etwas kleiner als die Sonne ist. Wir sollten in der Lage sein, ein Spektrum seiner Atmosphäre zu bestimmen. Doch wir schaffen es nicht, entweder weil diese Atmosphäre voller Wolken ist (wenn das stimmt, verstehen wir nicht, warum) oder weil er keine Atmosphäre hat (aber warum ist sie nicht mehr da?). In Zukunft werden bessere Instrumente dieses spezielle Rätsel wohl lösen können, doch sicher werden dann andere auftauchen. Informationen zu erhalten über die Existenz einer dünnen Gasschicht um einen Planeten, der Hunderte von Billionen Kilometern weg ist, ist nicht einfach.

Wenn wir Glück haben, werden wir bald in der Lage sein, etwas über die Gase in einer Handvoll erdgroßer Planeten um benachbarte Sterne herauszufinden, und wenn wir sehr viel Glück haben, könnten sie vielleicht Hinweise auf Leben geben. Wenn wir 21 % Sauerstoff in der Planetenatmosphäre finden, wie hier auf der Erde, wäre das so ein Hinweis. Wenn wir weniger Glück haben, dann müssen wir, um die Zusammensetzung der Atmosphäre erdgroßer Planeten zu bestimmen, noch bis zur nächsten Generation von weltraum- oder erdgestützten Teleskopen warten. Sie werden zwar derzeit geplant, doch erst in den späten 2020er Jahren in Betrieb sein. Im Augenblick müssen wir uns darauf beschränken, die Bahn- und physikalischen Eigenschaften von Exoplaneten mit Teleskopen wie dem HARPS (High Accuracy Radial velocity Planet Searcher, in Betrieb seit 2003) und den weltraumgestützten Geräten wie Kepler (in Betrieb von 2009 bis 2018) mit ihren begrenzten Möglichkeiten zu bestimmen. Wir benötigen eine leistungsfähigere und kompliziertere Messausrüstung, um zusätzliche kritische Planetendaten zu messen und damit herauszufinden, wie „erdähnlich" ein Planet tatsächlich ist. Eine kurze Zusammenfassung derartiger geplanter Weltraummissionen liefert Abb. 12.1, und eine gewagtere Aussicht in die fernere Zukunft finden Sie in Box 12.1.

Box 12.1: Ein Beispiel für eine gewagtere Vision der Exoplanetenbeobachtung

Bei der Gravitations-Mikrolinsen-Methode wird das Licht eines weit entfernten Sterns und seines Exoplaneten von einem anderen Stern, der sich zwischen der Erde und dem beobachteten Sternensystem befindet, gebeugt, wodurch das Abbild wie in einem Teleskop vergrößert wird. Der italienische Physiker Claudio Maccone schlägt vor, dass wir unsere Sonne statt eines entfernten Sterns nutzen können, um damit etwas herzustellen, das das ultimative Teleskop auf Basis des Mikrolinseneffekts ist. Um ein derartiges „Teleskop" zu bauen, müssten die aufzeichnenden Geräte dort im Weltraum platziert werden, wohin die Gravitation der Sonne das Licht der entfernten Sterne bündelt. So würden Bilder entstehen, in denen das Bild des Sterns von dem des Exoplaneten aufgelöst wäre. Dieses entscheidende Detail der Beobachtung ist auch das Ziel zukünftiger Weltraumteleskope, die mit Starshade ausgestattet sind (Abb. 12.2). Würde man die Sonne als Linse verwenden, erhielte man eine viel stärkere Vergrößerung. Statt ein oder zwei Pixel würden Astronomen Bilder von 1000 × 1000 Pixel von Exoplaneten erhalten, die ca. 100 Lichtjahre weit weg sind, was etwa dem Bild eines Computermonitors entspricht.

Doch die technischen Anforderungen sind außerordentlich hoch. Das Teleskop müsste mindestens 550 AU von der Sonne entfernt sein – 1 AU (Astronomical Unit) bzw. 1 AE (Astronomische Einheit) entspricht der mittleren Entfernung von der Erde zur Sonne –, was weit im interstellaren Raum ist. Doch solange das Raumschiff nicht in der Lage wäre, sich durch den Weltraum zu bewegen, um den Zielstern genau zu erfassen, würde es nur einen flüchtigen Blick auf den Planeten erhaschen, wenn er hinter der Sonne vorbeizieht. Und um das Bild zu machen, müsste das Teleskop mit der außerordentlichen Genauigkeit von 100 Pikoradiant (Radiant ist ein Maß für die Winkelgröße) zielen, was der Genauigkeit entspricht, die man bräuchte, um einen Laserpointer auf die Brust von jemandem zu zielen, der 5 Mio. km weit weg steht. Doch es ist physikalisch nicht unmöglich, und eines Tages werden die Verbesserungen an Raumfahrzeugen, Geräten oder der Idee selbst dazu führen, dass es einen Versuch lohnt. Das von Claudio Maccone erdachte Gravitationslinsenteleskop wird in seinem 2009 erschienenen Buch *Deep Space Flight and Communications* (Springer Praxis) beschrieben.

| | PLATO | | TESS | | JWST | | WFIRST | |

Mission	Oberflächen-temperatur	Saisonale Änderungen	Gravitationskraft an der Oberfläche	Zusammensetzung der Atmosphäre	Land-Meer-Verteilung	Biosignaturen wie die rote Kante (Red Edge) bei Vegetation
Kepler						
PLATO						
TESS						
GAIA						
JWST						
TMT						
WFIRST						
E-ELT						
NWM (mit Starshade)						

Abb. 12.1 Einige zukünftige Weltraummissionen und ihre Fähigkeiten, um Exoplaneten zu beschreiben. Kepler war von 2009 bis 2018 in Betrieb; PLATO, TESS, GAIA, JWST, WFIRST und NWM sind die geplanten Missionen der nächsten Generation. TMT und E-ELT werden gerade gebaut und sollten im Laufe des nächsten Jahrzehnts in Betrieb gehen. NWM mit Starshade ist in der Vorschlagsstufe. Diese Anwendung eines großen, abdunkelnden Starshade in Kombination mit einem der Teleskope ist besonders vielversprechend (Abb. 12.2), denn dies würde es erlauben, Planeten von ihrem Mutterstern abzuschirmen. Mithilfe der Spektroskopie könnte dann die chemische Zusammensetzung der Atmosphäre und der Oberfläche des isoliert beobachteten Planeten bestimmt werden. Über Photometrie könnten Meere, Kontinente, Polarkappen und Wolken entdeckt werden. *PLATO* PLAnetary Transits and Oscillations of stars, *TESS* Transiting Exoplanet Survey Satellite, *JWST* James Webb Space Telescope, *TMT* Thirty Meter Telescope, *WFIRST* Wide Field Infrared Survey Telescope, *E-ELT* European Extremely Large Telescope, *NWM* New Worlds Mission. (Bilder: NASA, ESA und CSA)

Eine der Grenzen aller Methoden, die heute für die Untersuchung von Exoplaneten verwendet werden, ist, dass wir diese nicht wirklich sehen können, sondern nur den Stern und den Planeten als zusammenhängenden Punkt. Technologien, die im Augenblick noch im Planungsstadium sind, werden dies überwinden und es uns möglich machen, einen Stern und einen Planeten als getrennte Punkte zu beobachten. Die technischen Hürden dafür sind enorm. Von der Erde aus gesehen ist Gliese 1214b im Sternbild Schlangenträger von seinem Stern nur so weit entfernt, wie es der Dicke eines 25 km entfernten Haares entspricht. Doch im Prinzip wissen wir jetzt, wie wir das auflösen könnten, und es laufen erste Experimente um zu prüfen, ob wir dieses Prinzip in die Praxis umsetzen können. Eine besonders gewagte Idee besteht darin, einen Schirm, ein sogenanntes Starshade („Sternenschild"), das das Licht des Sterns abblockt, so vor dem Teleskop zu platzieren, sodass nur das Licht vom Planeten das Teleskop erreichen kann (Abb. 12.2). Das Sternenschild muss einen Durchmesser von Dutzenden von Metern haben und in einer genau ausgerichteten Formation mit dem Weltraumteleskop fliegen, dabei aber mehrere Zehntausend Kilometer entfernt davon sein. Das würde uns eine viel genauere Untersuchung der Planetenatmosphäre erlauben und eindeutigere Hinweise liefern, ob es dort Leben gibt.

Wir könnten sogar damit beginnen, den Planeten zu vermessen. Er würde im Teleskop zwar immer noch als einzelner Punkt erscheinen, doch dieser

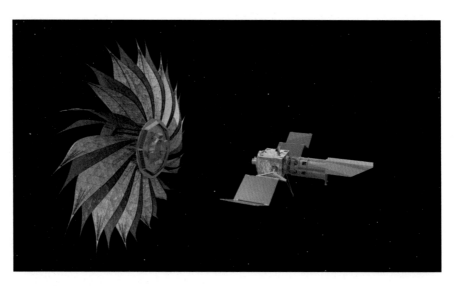

Abb. 12.2 Das Starshade („Sternenschild") muss genau mit dem Teleskop ausgerichtet sein, um Informationen darüber zu enthüllen, ob der beobachtete Exoplanet erdähnlich ist. (NASA/JPL)

würde sich in Helligkeit und Farbe verändern, weil er sich dreht und um seinen Stern kreist. Unter günstigen Bedingungen könnten wir diese Informationen nutzen, um eine grobe Karte der Farbverteilung auf seiner Oberfläche zu erhalten, vielleicht sogar über Eiskappen und große Kontinente. Wissenschaftler überlegen sich bereits die besten Lösungen, um dies zu schaffen.

Es gibt mehrere chemische Signaturen des Lebens auf einem Planeten oder Mond, die wir mit diesen fortschrittlichen Methoden entdecken könnten. Eine ist die Anwesenheit eines Gases in der Atmosphäre, das wahrscheinlich durch Leben hervorgebracht und nicht von Vulkanen oder anderen nichtlebenden Prozessen erzeugt wurde. In unserer Atmosphäre wurde aller Sauerstoff vom Leben hergestellt, meist durch Algen in den Meeren, aber auch von den grünen Landpflanzen. Vulkane stoßen fast keinen Sauerstoff aus. Planeten können aus nichtbiologischen Gründen Sauerstoff in ihrer Lufthülle haben, doch es wäre schwierig, diese nichtbiologischen Mechanismen zu erklären, die auf einem Planeten bestehen mit demselben Wassergehalt, derselben Temperatur und weiteren identischen atmosphärischen Komponenten, die demselben Alter der Erde und einem ähnlichen Sonnensystem entsprechen. Ein Außerirdischer, der von 42 Lichtjahren Entfernung auf die Erde blickt, würde zumindest darauf schließen, dass hier einige sehr seltsame chemische Prozesse ablaufen, und Leben wäre eine vernünftige Erklärung dafür.

Wie wir in Kap. 9 aber schon erwähnt haben, ist der Sauerstoffgehalt der Erde erst seit 540 Mio. Jahren so hoch. Außerdem müssen wir auch noch nach anderen Gasen suchen, und diese werden vermutlich in geringerer Menge vorhanden sein – weshalb sie weniger deutliche Zeichen für das Leben sind. Mehrere verschiedene Gase müssen gefunden werden, um zumindest mit einer 50-prozentigen Wahrscheinlichkeit behaupten zu können, dass man Leben gefunden hat. Unser außerirdischer Beobachter wäre überzeugter, dass es Leben auf der Erde gibt, wenn er auch Methan in ihrer Atmosphäre gefunden hätte, die im Ungleichgewicht zum Sauerstoff steht. Über längere Zeit würden beide Gase miteinander zu Kohlendioxid reagieren und daher ein Gas im Laufe der Zeit verschwinden, wenn es nicht ständig ersetzt wird. Würde unser Außerirdischer nur Sauerstoff finden, würde ein wissenschaftlicher Kollege des Außerirdischen behaupten können, dass der hohe Sauerstoffgehalt nur davon stammt, dass Wassermoleküle in der Atmosphäre durch Strahlung gespalten werden, wobei der Wasserstoff in den Weltraum verschwindet und der schwerere Sauerstoff sich in der Erdatmosphäre ansammelt. Dies wäre für den Fall, dass wenige weitere Informationen über die Erde vorhanden sind, zumindest eine plausible Erklärung der Beobachtung, die auf Biologie verzichten kann. Doch dann würde auch

Methan gespalten. Wenn beide Gase detektiert würden, wäre der Nachweis überzeugender als bei nur einem.

Ein zweiter Ansatz ist, nach etwas zu suchen, das da sein sollte, aber fehlt. Es gibt auf der Erde viel weniger Kohlendioxid, als man aufgrund der vulkanischen Tätigkeit dort erwarten würde, weil die Photosynthese das CO_2 ständig entfernt. Ist das ein Hinweis auf Leben? Oder zumindest auf irgendeinen unerwarteten chemischen Vorgang, der das Kohlendioxid entfernt? Wir wissen, dass es einer ist, doch nur, weil wir das Leben sehen können und wir wissen, wie viel CO_2 jedes Jahr von Vulkanen ausgestoßen wird. Die vulkanischen Emissionsraten eines Planeten zu bestimmen, ohne wenigstens die Kontinente zu sehen, ist eine anspruchsvolle Aufgabe.

Eine dritte mögliche Eigenschaft des Lebens ist seine Farbe. Auch das ist nicht eindeutig. Zum Beispiel reflektiert das Leben auf der Erde Wellenlängen von 750 bis 1000 nm sehr gut. Das ist im nahen Infrarot (NIR), also dem Teil des Spektrums, den wir nicht sehen können (obwohl Ihre Digitalkamera dazu in der Lage ist). Die vom Leben stammende Reflexion im NIR nennt man Red Edge (rote Kante; Abb. 12.3), weil Pflanzen Licht ab einer scharfen Kante im Spektrum bei etwa 750 nm zu absorbieren scheinen. Auf der Erde ist diese rote Kante ziemlich charakteristisch, doch das muss auf anderen Welten nicht so sein. Untersuchungen darüber, wie Pflanzen das Licht in einer Atmosphäre, die hauptsächlich aus Wasserstoff besteht, nutzen würden, belegen, dass diese keine rote Kante erzeugen würden. Und Pflanzen unter Wasser (d. h. die Pflanzen, die auf 71 % der Erdoberfläche leben) haben eine viel weniger deutliche rote Kante als man in Abb. 12.3 sieht. Wenn wir einen Exoplaneten mit einer roten Kante „sehen" würden, dann könnten wir schließen, dass es dort Leben gibt, aber wir können es nicht ausschließen, wenn wir die rote Kante nicht finden.

Wir werden dank dieser Methoden mit immer größerer Sicherheit sagen können, ob es Leben auf einem Planeten gibt oder nicht. Dies wird ein gewaltiger Schritt für die Entscheidung sein, ob der große Filter (Great Filter) beim Ursprung des Lebens oder anderswo liegt. Selbst wenn wir nur ein Beispiel für Leben anderswo im Universum finden würden, würde das unser Wissen darüber, wie verbreitet es ist, verdoppeln. Doch dies verrät uns nur etwas über die Existenz von Leben, nicht über die von komplexem Leben. Wie in Teil II besprochen hat das Leben, ob es sich nun um Bakterien, Bäume oder Tiere handelt, ähnliche chemischen Eigenschaften. Natürlich gibt es feine Unterschiede. Aber aus 42 Lichtjahren Entfernung sehen viele Cyanobakterien nicht viel anders aus als Bäume. In absehbarer Zukunft werden wir nicht in der Lage sein, sicher zu entscheiden, ob ein Planet komplexes Leben beherbergt, wenn wir nur Fernerkundungstechnologien

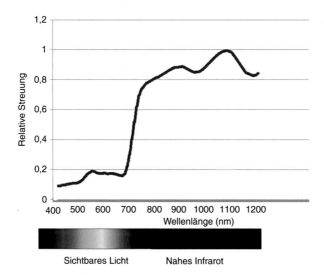

Abb. 12.3 Die „rote Kante" (Red Edge, Effekt der Vegetation auf das Licht-spektrum). Die Grafik zeigt, wie viel Licht von der Vegetation reflektiert wird, in diesem Fall vom Küstenkiefernwald in Nordamerika. Die Pflanzen absorbieren einen Großteil des sichtbaren Lichts, deshalb erscheinen sie dunkel (mit einem Grünstich), doch sie reflektieren fast alles Licht, das Wellenlängen über etwa 750 nm hat. (Nach Daten vom US Geological Survey)

einsetzen. Es wird schon sehr schwierig sein zu bestimmen, ob es auf einem Planeten überhaupt Leben gibt. Wie wir vom Leben auf der Erde wissen, verwenden komplexe große Organismen dieselben biochemischen Wege und Grundbausteine wie einfache einzellige Organismen. Selbst wenn wir auf dem Mond stünden und das Great Barrier Reef bewundern würden, könn-ten wir dann wirklich mit Bestimmtheit folgern, dass es große und kom-plexe vielzellige Lebensformen enthält, ohne es zu besuchen? Wir wissen, dass einfaches einzelliges Leben große komplexe Strukturen bilden kann, wie Stromatolithen oder Mikrobialite (Abb. 8.3). Aber wie können wir aus dieser Entfernung sicher sagen, dass es im Great Barrier Reef Korallen und Fische gibt? Wenn wir mithilfe eines Starshade ein Bild von einem Planeten machen könnten, wären wir vielleicht in der Lage, Hinweise auf komplexes Leben zu finden, das auf diesem Planeten existiert. Es gibt zwei Ansätze, die uns an die Grenze des Möglichen bringt: Einer davon würde Leben an Land finden, der andere die Auswirkungen des Lebens auf das Klima.

Etwa die Hälfte der Photosynthese auf der Erde geschieht in den Meeren und wird dort von Einzellern gemacht. Doch fast die ganze andere Hälfte erfolgt auf dem Festland und geht auf das Konto großer komplexer Organismen, meist von Bäumen, aber auch von Gräsern. Landflächen sind eine größere Herausforderung für das Leben. Sie sind trocken, der UV-Strahlung ausgesetzt, und die wichtigen Mineralien sind tief im Boden vergraben. Vor allem Dehydrierung und UV-Schäden müssen Organismen, die an Land leben, vermeiden. Sie könnten im Boden leben, doch dann wäre der Zugang zum Sonnenlicht schwierig. Deshalb wurden die Organismen groß, komplex und vielzellig, um sich an diese rauen Bedingungen an Land anzupassen.

Könnten wir herausfinden, ob es Leben an Land und in den Meeren gibt, wenn wir einen Exoplaneten zumindest grob vermessen könnten? Möglicherweise, wenn drei Bedingungen erfüllt sind:

1. Wir können den Planeten „abbilden", d. h., wir können Unterschiede auf seiner Oberfläche erkennen.
2. Wir können das Land vom Meer unterscheiden. Das ist möglich, wenn wir das „Glitzern" des Sonnenlichts, das vom Meer reflektiert wird, ausmachen – genau wie der Cassini-Orbiter das Glitzern des Sonnenlichts in den Polargebieten von Titan gefunden hat (Abb. 12.4).
3. Wir können im Spektrum eine unverkennbare Signatur messen, die wir mit Leben an Land in Verbindung bringen, und müssen sicher sein, dass wir nicht nur seltsam gefärbtes Gestein, Staub, Wolken oder etwas anderes gefunden haben.

Bedingung 1 ist sehr schwer zu erfüllen. Bedingung 2 liegt jenseits von allem, was im Augenblick geplant ist, wäre aber möglich. Und um ehrlich zu sein, wissen wir nicht, wie wir Bedingung 3 erfüllen können. Doch vor 30 Jahren wussten wir auch noch nicht, wie man Exoplaneten finden soll (abgesehen von theoretischen Ideen, von denen wir keine Ahnung hatten, wie wir sie in der Realität umsetzen sollen), und heute kennen wir über 3500 davon.

Der zweite Ansatz ist sogar noch spekulativer. Große Landpflanzen haben einen sehr starken Einfluss auf das Klima. Sie entnehmen dem Boden Wasser und verdampfen es durch ihre Blätter (Evapotranspiration); außerdem geben sie aromatische Verbindungen an die Luft ab. Beides führt zu mehr Regen über großen Wäldern, vor allem in den Tropen; tropische Regenwälder erzeugen ihren Regen sozusagen selbst. Dies verändert das Muster der Regenverteilung auf der Erde ebenso wie die Verteilung der Wolken und kühlt die Landflächen. Bäume schaffen dies dank ihrer großen Oberfläche, die viel größer ist als das Stück Boden, auf dem sie wachsen. Theoretisch könnten wir derartige Effekte auch auf anderen Welten beobachten.

Abb. 12.4 Farbmosaik im nahen Infrarot der NASA-Raumsonde Cassini, das das Glitzern der Seen am Nordpol von Titan zeigt. Das Glitzern der Sonne, also die Reflexion ihres Lichts, ist der helle Bereich in der Nähe der 11-Uhr-Position links oben. Diese spiegelartige Reflexion findet im Süden des größten Meeres von Titan statt, dem Kraken Mare, unmittelbar nördlich einer Inselgruppe, die zwei Teile des Meeres trennt. (NASA/JPL)

Axel Kleidon und seine Kollegen vom Max-Plank-Institut für Biogeochemie haben zwei Modelle der Erde miteinander verglichen: bei einem bedeckten die Wälder nur einen kleinen Teil der Landflächen (Wüstenwelt) und beim anderen einen Großteil davon (grüner Planet). Sie fanden heraus, dass sich aus den beiden Modellen in manchen Gegenden des Planeten die Temperaturen auf der Landoberfläche um bis zu 8 °C unterschieden und dass es durchschnittlich 16 % mehr Wolken über dem Erdboden gab. Doch die globalen Mittelwerte unterschieden sich nicht so stark (0,3 °C geringere Durchschnittstemperatur, 2 % mehr Wolkenbedeckung). Um also die Einflüsse von Wäldern aufzuspüren, müsste man genaue Karten haben, und zwar nicht nur der Oberfläche, sondern auch der Temperaturen und des Wetters. Wir bräuchten sogar ein ganzes Klimamodell und Kenntnisse der Atmosphäre sowie der chemischen Prozesse in der Kruste des Planeten. Nicht einmal vom Mars haben wir derart detailliertes Wissen.

Dies sind außerordentlich spekulative Konzepte, und selbst wenn sie funktionieren würden, könnten sie nur Hinweise auf die Existenz vielzelliger Pflanzen geben. Das Leben auf einer derartigen Welt könnte ein reichhaltiges Ökosystem wie die afrikanische Savanne oder nur Moose und Flechten beherbergen, oder wir täuschen uns vollständig und finden nur die Produkte von Bakterien, die mehr können als die auf der Erde. Und selbst dafür sind Technologien notwendig, die im Augenblick nur auf dem Zeichenbrett existieren. Doch wenn sie erst einmal entwickelt, gebaut und in den Weltraum geschickt sind (die meisten davon erfordern Weltraumteleskope), wird das noch nicht das Ende der Entwicklung sein. Wir sind zuversichtlich, dass in fernerer Zukunft noch erstaunlichere Technologien entwickelt werden. Hätten sich Galileo oder Newton vorstellen können, dass es eines Tages möglich sein würde, Vulkane auf den Monden von Jupiter zu sehen und die Ringe des Saturns nicht als Scheibe, sondern als Strom Zehntausender Felsen und Eispartikel? Doch wie diese Technologien aussehen werden, wagen wir uns noch nicht vorzustellen. Wir werden jedenfalls immer mit der Tatsache zu kämpfen haben, dass wir Lichtjahre von den Planeten, die wir untersuchen möchten, entfernt sind. Deshalb wird der nächste Schritt, nachdem wir den Kandidaten von der Ferne studiert haben, letztendlich sein, diese fremde Welt zu besuchen.

12.2 Planetenbesuch

Für eine gründliche astrobiologische Untersuchung ist es notwendig, in näheren Kontakt mit dem interessierenden Objekt zu treten. Mit Fernerkundung oder sogar einem Orbiter können wir nur bedingt Informationen über unseren Zielplaneten einholen, ähnlich einer Mücke, die um ihr Ziel kreist. Eine endgültige Bestätigung, dass ein Planet komplexes Leben beherbergt oder dass er überhaupt belebt ist, muss durch eine Naherkundung des Planeten erfolgen, inklusive Probennahme auf seiner Oberfläche. Und das bedeutet, dass man hinkommen muss.

Das Problem ist natürlich, dass fast alle möglichen Ziele sehr weit weg sind. Das nächste Sonnensystem ist das von Alpha Centauri, etwa 4,3 Lichtjahre oder 40 Billionen km von der Erde weg. Das Alpha-Centauri-System ist ein Dreifach-Sternsystem mit dem Roten Zwerg Proxima Centauri, der von einem bewohnbaren Planeten, Proxima b, umkreist sein könnte. Vor einigen Jahren wäre die Reise einer Raumsonde zu Proxima Centauri als unmöglich erschienen. Die Voyager-Raumsonde würde z. B. 80.000 Jahre benötigen, um diese Entfernung zurückzulegen. (Keine der beiden Voyager-Sonden wird je bis Proxima b gelangen, denn sie fliegen in die falsche Richtung.)

Heute scheint eine derartige erhoffte Mission deutlich vielversprechender. Ein Grund dafür ist, dass die Raumfahrttechnologie seit Voyager viel kompakter geworden ist. Beispielhaft ist die Zunahme von Mikrosatelliten wie den Cubesats, bei denen eine einzige Satellitenfunktion mit der gesamten Energie-, Steuerungs- und Kommunikationselektronik in eine Einheit gepackt wird, die $10 \times 10 \times 10$ cm groß ist. Diese geringe Größe führt dazu, dass sie viel billiger als andere Raummissionen sind.

Ein weiteres Beispiel sind die innovativen Antriebssysteme. Konventionelle Raketen müssen groß sein, um ihren Treibstoff mit sich führen zu können. Doch was ist, wenn man den Antrieb am Boden lässt? Den Weg für diese Idee bereitete der Raumfahrtforscher Robert Forwand 1985 mit dem Starwisp-Projekt. Das Raumschiff sollte aus einer Art Segel für Mikrowellenstrahlung bestehen und der Antrieb aus einer Batterie von Masern, d. h. Lasern im Mikrowellenbereich, hier auf der Erde (oder wahrscheinlicher auf dem Mond). Das Raumschiff könnte 10 % der Lichtgeschwindigkeit erreichen und so in 43 Jahren bis Proxima Centauri kommen. Die Idee wurde im Jahr 2000 vom NASA-Wissenschaftler Geoff Landis überarbeitet und die Begeisterung dafür wieder angefacht, als sich der Internetinvestor und Wissenschaftsphilanthrop Yuri Milner mit dem berühmten Physiker Stephen Hawking zusammentat, um das Projekt Breakthrough Starshot-Projekt („Durchbruch Sternenschuss") mit einem neuen Antriebssystem zu entwickeln, das 20 % der Lichtgeschwindigkeit erreichen sollte. Yuri Milner und Stephen Hawking schlugen einen Laser statt einen Maser vor, wodurch sich die Geschwindigkeit verdoppeln und folglich die Reisezeit halbieren ließe. Eine Reise nach Proxima b in weniger als 20 Jahren, also innerhalb einer Generation, wäre also vielleicht machbar. Das Interesse an einer Reise aus unserem Sonnensystem ist auch gestiegen, wie die Initiative 100 Year Starship zeigte, die von der NASA und dem US-amerikanischen Verteidigungsministerium gegründet wurde und getragen wird (http://100yss.org/). Ihr Ziel ist es, innerhalb der nächsten 100 Jahre interstellare Reisen möglich zu machen.

Wieder handelt es sich hier um eine Technologie, die weit jenseits dessen ist, was wir heute bereit sind zu bauen, und vielleicht sogar jenseits dessen, was wir bauen möchten. Welchem Staat auf der Erde würde die Idee gefallen, dass ein anderer eine Laserbatterie mit einer Leistung von 100 GW baut. (Zum Vergleich: Die Leistung von Laserpointern liegt bei nur einigen Dutzend Milliwatt, also einem Billionstel davon – ein 1000-GW-Laser würde alle 10 min so viel Energie abgeben wie die Atombombe, die über Hiroshima detoniert ist.) Aus diesem Grund müssten die Startlaser auf der abgewandten Seite des Mondes aufgestellt werden, von wo sie nicht auf die Erde gerichtet werden können.

Doch es gibt vielleicht eine näherliegende Lösung für den letzten Teil der Frage, wo der große Filter liegt. In unserem eigenen Sonnensystem gibt es abgesehen von der Erde einige bedingt bewohnbare Planeten und Monde. Keiner davon eignet sich für das irdische Leben so wie die Erde, doch schließlich ist das Leben bei uns an seinen Heimatplaneten angepasst und nicht auf einen anderen. Daher sind andere Welten für unsere Art von Leben weniger lebensfreundlich. Doch wenn wir Leben auf einem anderen Körper unseres Sonnensystems finden könnten, könnten wir dorthin fliegen und eine Probe davon nehmen. Wenn es ein derartiges Leben geben sollte, wäre es ein starkes Argument dafür, dass das irdische Leben kein Random-Walk-Ereignis ist, sondern dass der Ursprung des Lebens einem Viele-Wege-Prozess folgt, selbst wenn diese Umgebungen für die Entwicklung von komplexem Leben zu unwirtlich, beschränkt oder kurzlebig sind. Bevor wir also eine Reise nach Proxima b erwägen, sollten wir über Missionen zum Mars, zu Titan und Europa nachdenken (Abb. 12.5).

12.2.1 Mars

Der Mars ist, abgesehen von der Erde, der einzige Planet, auf dem Experimente durchgeführt wurden, die nach Leben suchen sollten. Die Viking-Landesonden führten 1975 auf dem Roten Planeten mehrere Experimente durch, mit denen explizit nach chemischen Spuren des Lebens gesucht werden sollte. Leider waren die Ergebnisse nicht eindeutig. Die meisten Wissenschaftler stimmen darin überein, dass der Mars vor 4,5 bis 4,0 Mrd. Jahren ein bewohnbarer Planet gewesen ist. Damals war er wärmer und nasser, mit einer dichteren Atmosphäre als heute und ausreichend flüssigem Wasser, das auf der Planetenoberfläche zugänglich war. Unter diesen Umständen, die denen auf der Erde damals sehr ähnlich waren, könnte

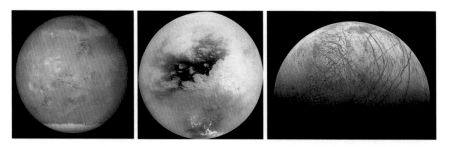

Abb. 12.5 Mars, Titan und Europa (von links nach rechts). Sie sind von großem astrobiologischem Interesse, weil es auf ihnen Leben geben könnte (NASA)

Leben entstanden sein. Es hätte über Einschläge von Asteroiden auch von der Erde kommen und den Mars kolonialisieren können. Danach hätte es sich an die sich ändernden Umweltbedingungen des Mars anpassen können (oder, wie wir in Kap. 3 erwähnt haben, hätte das Leben auch auf dem Mars entstehen können, um von dort aus die Erde zu kolonialisieren.) Vor etwa 4 Mrd. Jahren wurde der Mars immer trockener, kälter, salziger und war hohen Strahlungsdosen ausgesetzt. Kein Leben auf dem Roten Planeten hätte eine Chance gehabt, es sei denn, es hätte sich in ökologische Nischen, wie Lavahöhlen oder den geothermisch erwärmten Untergrund, zurückgezogen. Wenn es nahe der Oberfläche geblieben wäre, hätte es sich auch anpassen können, indem es Wasser aus der Atmosphäre statt aus flüssigen Wasserreservoirs auf der Oberfläche bezieht, denn diese wurden immer seltener. Wir können diese Art von Anpassung an Austrocknung, Verlust von Oberflächenwasser und der stärkeren Sonnenstrahlung in den trockensten Regionen der Erde beobachten. Im Herzen der Atacama-Wüste in Chile gibt es immer noch Cyanobakterien und andere Bakterien, die spezielle Anpassungstechniken verwenden, obwohl es dort durchschnittlich weniger als 2 mm Niederschlag pro Jahr gibt. Bakterien leben im Inneren von Gestein, um sich vor Strahlung zu schützen, und kommen über Deliqueszenz an Wasser, d. h., das Salz im Gestein entzieht der Atmosphäre Wasser, bis es im absorbierten Wasser gelöst wird und eine Lösung bildet, die einen geeigneten Lebensraum für mikrobielles Leben darstellt (Abb. 12.6). Dies ist auch eine Strategie, die wir beim Leben auf dem Mars erwarten würden, wenn es dort noch Leben gibt.

Wir wissen nicht, ob die derzeitigen Bedingungen Leben auf dem Mars erlauben, doch die Informationen, die wir über die ersten 500 Mio. Jahre des Planeten haben, weisen darauf hin, dass der Mars damals bewohnbar war und eine ausgeprägte Atmosphäre und Oberflächenwasser in Seen und Meeren besaß. Diese Bedingungen dauerten aber wahrscheinlich nicht lang genug, dass dort vielzelliges Leben entstehen konnte oder Leben, das groß genug ist, um mit dem bloßen Auge erkennbar zu sein. Doch die Astrobiologie hat uns gelehrt, das Unerwartete zu erwarten. Es ist nicht unmöglich, dass es Vielzeller auf dem Mars gibt. Auf der Erde finden wir Nematoden und Rundwürmer, die einen erstaunlichen Bereich von Milieus bewohnen, zum Teil in den trockensten und kältesten Gegenden der Erde, Bereichen, auf denen ähnliche Temperaturen herrschen und es genauso wenig Wasser gibt wie auf manchen der milderen, lebensfreundlicheren Orten im Untergrund des Mars. Wir würden erstaunliche und unerwartete Erkenntnisse und Einsichten über die Flexibilität, Evolution und die Fähigkeit des Lebens, sogar härteste Bedingungen zu überstehen, gewinnen, selbst wenn

Abb. 12.6 Salzpfanne im Herzen der Atacama-Wüste in der Nähe von Yungay, Chile. Das Salzgestein enthält lebende Mikroorganismen, die das Gestein als Schutz vor UV-Strahlung nutzen und das Salz, um Wasser aus der Atmosphäre zu gewinnen. Das dunkle Band im Fels (vgl. Vergrößerung), ist etwa 5 cm lang und enthält das Pigment Scytonemin, das auf die Anwesenheit von Cyanobakterien hinweist

wir entdecken würden, dass Leben vor vielen Milliarden Jahren von der Erde auf den Mars übertragen wurde. Die Entdeckung eines unabhängigen Ursprungs des Lebens auf dem Mars wäre sogar noch wertvoller für unsere Suche, denn dies würde zeigen, dass der Ursprung des Lebens kein einmaliges Ereignis ist und der große Filter wahrscheinlich nicht beim Ursprung des Lebens liegt.

12.2.2 Titan

Titan ist der einzige Mond in unserem Sonnensystem, der große stabile Mengen an Flüssigkeit auf seiner Oberfläche besitzt. Er hat auch eine ausgeprägte Atmosphäre vor allem aus Stickstoff und Methan, die eine um 50 % höhere Dichte hat als die der Erde in der Nähe der Oberfläche. Auf diesem Eismond gibt es große Seen, die nicht aus flüssigem Wasser, sondern aus einer Mischung aus Methan und Ethan (das sind Lösungsmittel, in denen sich organische Moleküle gut lösen) bestehen. Auch einige einfache organische Moleküle, die Grundbausteine des Lebens, gibt es auf Titan in schwankender Vielfalt und Komplexität sowie ausreichender Menge. Manche vermuten, dass es Leben auf Titan geben könnte – eine Meinung, die auch von einem Bericht der National Academy of Science (USA) geteilt wird, in dem zu lesen ist, dass die Umwelt von Titan im Prinzip die notwendige Anforderungen für das Leben erfüllt: Dazu gehören ein thermodynamisches Ungleichgewicht, reichlich Moleküle und Heteroatome, die Kohlenstoff enthalten, und eine flüssige Umgebung. Außerdem stellt der Bericht fest, dass dies unweigerlich zum Schluss führt, dass es Leben auf Titan geben sollte, wenn das Leben als eine intrinsische Eigenschaft chemischer Reaktionsfähigkeit verstanden werden kann.

Das größte Problem, das das Leben auf Titan jedoch vermutlich haben wird, ist, dass Titans Oberflächentemperaturen bei sehr frostigen $-179\,°C$ liegen. Im Allgemeinen führen höhere Temperaturen zu schnelleren chemischen Reaktionen; deshalb laufen diese auf Titan sehr langsam ab, und die meisten benötigen sogar einen Extraschub, um überhaupt zu passieren. Diese Einschränkung könnte in speziellen ökologischen Nischen auf Titan überwunden werden, etwa am Grund eines geothermisch aufgeheizten Kohlenwasserstoffsees oder in der Nähe der Einschlagstelle eines Meteoriten (Abb. 12.7), bei der, worauf Carl Sagan schon vor 20 Jahren hinwies, ein Wasser-Ammoniak-Brei Zehntausende von Jahren flüssig bleiben könnte.

Das Aufregendste an der Erforschung des Titan ist, dass die Entdeckung von Leben auf diesem Mond mit Sicherheit bedeuten würde, dass man eine unabhängige zweite Entstehung des Lebens gefunden hätte, weil die Umweltbedingungen dort verglichen mit Erdmaßstäben so exotisch sind. Jedes Leben auf Titan müsste chemisch so anders sein als das Leben auf der Erde, dass die beiden Lebensformen kaum einen gemeinsamen Ursprung haben könnten. Doch wir erwarten nicht, dass dort komplexes Leben existiert, weil nur eine begrenzte Menge an Energie zur Verfügung steht. Aber selbst wenn es auf Titan kein Leben gibt, wäre er ein großartiges Laboratorium, in dem man herausfinden könnte, wie weit die Chemie in Richtung Biologie in einer Umgebung fortschreiten kann, die so anders ist als die auf der Erde.

12.2.3 Europa

Europa ist einer der vier Eismonde Jupiters. Auf ihm gibt es einen großen flüssigen unterirdischen Ozean, in dem es prinzipiell vielzelliges Leben geben könnte, das vielleicht sogar mit dem menschlichen Augen sichtbar

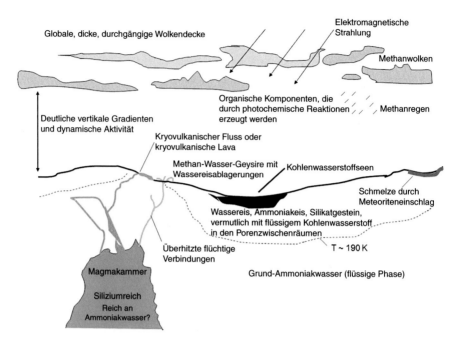

Abb. 12.7 Schematische Darstellung der Umweltbedingungen auf Titan, dem größten Saturnmond. Titan ist eine exotische Welt mit einem Wasserkreislauf aus Methan, inklusive Methanwolken und Kohlenwasserstoffseen, die aus flüssigem Methan und Ethan bestehen

wäre. Europa ist einer der vielen Eismonde in unserem Sonnensystem; zu ihnen gehören auch Enceladus, Ganymed und Callisto, die ebenfalls Kandidaten für außerirdisches Leben im Wasser unter ihrer Oberfläche sind. Vielleicht gibt es sogar auf Pluto einen unterirdischen Wasserozean. Wir konzentrieren uns hier auf Europa, weil es sich auf der Suche nach Leben um die vielversprechendste Eiswelt handelt. Seine Eiskruste ähnelt einer zerbrochenen Eierschale und ermöglicht Einblicke auf die Aktivitäten in seinem Inneren, das durch Gezeitenkräfte durchgeknetet wird, sodass die unterirdischen Meere flüssig bleiben. Die Aktivität im Inneren von Europa zeigt sich auch durch Höhenzüge auf seiner Oberfläche, die an die mittelozeanischen Rücken auf der Erde erinnern und vielleicht auf eine eisige Analogie zur Plattentektonik und einen aktiven Recyclingmechanismus für mögliche Nährstoffe hinweisen.

Wissenschaftler denken, dass der unterirdische Ozean von Europa in direktem Kontakt mit dem Gestein seines Mantels ist, sodass es vermutlich hydrothermale Quellen gibt, die denen auf der Erde ähneln (Abb. 3.2).

Wie in Kap. 3 dargelegt wurde, glauben derzeit viele Wissenschaftler, dass das Leben auf der Erde an dieser Art von Schloten entstanden ist. Wenn das stimmt, könnte auch an den Schloten auf Europa Leben entstanden sein, vielleicht auch unter Ausnutzung mehrerer Energiequellen (Abb. 12.8). Am faszinierendsten ist, dass wir auf der Erde nicht nur mikrobielles Leben an diesen Schloten finden, sondern auch eine Makrofauna aus relativ komplexen Organismen wie Röhrenwürmern, Schnecken und gelegentlich Tiefseeoktopussen. Kann man auf Europa etwas Ähnliches erwarten?

Europa ist kleiner und hat weniger Energie und mögliche Nährstoffe als die Erde; deshalb wäre die Biosphäre weniger groß und divers. Louis Irwin und ein Autor von uns haben das mit einer Modellierung überprüft. Wir haben molekularen Wasserstoff als Energiequelle für mutmaßliches Leben an unterirdischen Schloten auf Europa angenommen. Auf der Erde wird Wasserstoff durch eine Reaktion von Wasser mit heißem Gestein erzeugt (ein chemischer Prozess, den man *Serpentinisierung* nennt), und die Studie ging davon aus, dass derselbe Prozess auf Europa abläuft, allerdings herunterskaliert von den Raten auf der Erde entsprechend Europas geringerer Größe.

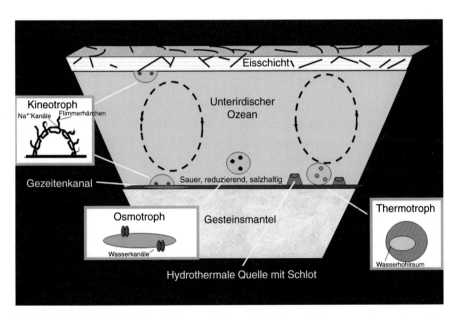

Abb. 12.8 Schematische Darstellung der hypothetischen Mikroorganismen im unterirdischen Meer von Europa. Die kinetrophen Organismen könnten Energie aus der kinetischen Energie ozeanischer Strömungen, die osmotrophen aus den Salinitätsgradienten und die thermotrophen aus thermischen Gradienten gewinnen. Weitere Informationen über die hypothetischen Lebensformen finden Sie in *Life in the Universe: Expectations and Constraints* (3. Aufl.) von Schulze-Makuch und Irwin, 2018

Das Leben auf Europa würde die Reaktion von Wasserstoff und Kohlendioxid zu Wasser und Methan (Methanogenese) verwenden, um Energie zu gewinnen.

Das Ergebnis war, dass ein derartiges auf Methanogenese basierendes Ökosystem auf Europa im Prinzip genug Biomasse erzeugen könnte, um pro olympiagroßem Schwimmbecken einen räuberischen Organismus von der Größe eines Salinenkrebses zu ernähren. Weitere Modellierungen, bei denen die Energie aus anderen Reaktionen stammte, ergaben Biomassen, deren Masse innerhalb von einer oder zwei Größenordnungen dieser Schätzung liegen. Die Modellierung sagte natürlich nichts über die Wahrscheinlichkeit aus, ob die Methanogenese tatsächlich geschieht oder nicht, doch sie zeigt, dass zumindest im Prinzip genug Energie zur Verfügung steht, um eine diverse und komplexe Biosphäre am Leben zu erhalten. Die gewonnenen Ergebnisse zeigen, dass die gesamte Biomasse im Vergleich zu irdischen Umgebungsbedingungen immer noch sehr klein wäre, doch immerhin könnte es prinzipiell komplexes Leben im unterirdischen Ozean von Europa geben.

Die größte Unbekannte ist die chemische Zusammensetzung des unterirdischen Ozeans, die man eigentlich kennen müsste, wenn man wissen will, ob er tatsächlich bewohnbar ist. Der Salzbelag auf manchen geologischen Formationen der Oberfläche Europas (die durch die Galileo-Mission zum Jupitersystem entdeckt wurden) scheint darauf hinzuweisen, dass der Ozean nicht extrem sauer ist und manche gelöste Stoffe enthält, zu denen auch organische Verbindungen gehören könnten. Dies steigert den Optimismus, dass der unterirdische Ozean tatsächlich bewohnbar sein könnte. Angesichts unseres Mangels an Wissen sind Raummissionen dringend erforderlich, damit wir es herausfinden. Vor Kurzem wurden Wasserschwaden entdeckt, die in die dünne Atmosphäre von Europa geblasen wurden. Sie stammen wahrscheinlich aus dem unterirdischen Ozean und kommen aus Regionen, in denen dieser knapp unterhalb der Oberfläche liegt (z. B. die sogenannte *Chaosregion*). Dass es diese Schwaden und damit dünnere Gebiete der Kruste gibt, lässt eine derartige Mission leichter erscheinen, als man noch vor einigen Jahren dachte.

Wenn der unterirdische Ozean von Europa eine Biosphäre beherbergten würde, würde sie sich sehr wahrscheinlich stark vom Leben auf der Erde unterscheiden und einen eigenen Ursprung haben. Das Mondsystem des Jupiter bildete sich, als das Sonnensystem entstand – lang bevor die Erde durch den Einschlag, bei dem der Mond gebildet wurde, sterilisiert worden ist. Europa war wohl schon ganz zu Beginn von einer Eisdecke überzogen. Die Wahrscheinlichkeit, dass Leben von der Erde auf Europa gekommen sein könnte, ist verschwindend gering. Wenn wir in den Ozeanen Europas Leben finden, dann hat es sich mit Sicherheit unabhängig von unserem entwickelt. Würden wir innerhalb unseres Sonnensystems eine belebte Welt finden, wäre das ein starkes Argument dafür, dass das Leben ein verbreitetes Phänomen im Universum ist. Wichtiger noch: Europa hat das Potenzial, zum ersten Test unserer Hypothese vom lebendigen Universum zu werden. Wenn vor langer Zeit auf Europa Leben entstanden ist, hat es sich dann weiterentwickelt, um vielzellige, komplexere Formen zu bilden? Manche der entscheidenden Innovationen, die auf der Erde auftreten konnten, darf man auf Europa nicht erwarten, etwa die Photosynthese (es gibt unter der dicken Eisschicht kein Sonnenlicht), doch vielleicht sind andere aufgetreten. Bei hydrothermalen Quellen in den Meeren der Erde finden wir eine Fauna, die von der Photosynthese unabhängig ist und die trotzdem einige komplexe und größere Formen enthält. Werden wir ähnliche tierartige Lebensformen auch auf Europa finden, selbst wenn sie nur dem „bescheidenen" Salinenkrebs ähneln?

12.3 Das Höchstmaß an Komplexität: Die Suche nach außerirdischer Intelligenz

Alle oben genannten Tests suchen nach komplexem Leben, aber nicht nach technologisch fortgeschrittenem Leben. Wie in der Einleitung des Buches und in Kap. 11 erwähnt, ist das, was wir wirklich wollen, nach Leben wie dem unsrigen zu suchen, also Leben, das mit einer Symbolsprache kommuniziert und das die technologischen Möglichkeiten hat, zwischen den Sternen Informationen mit uns auszutauschen. Dies sind SETI (Search for Extraterrestrial Intelligence, „Suche nach außerirdischer Intelligenz") und sein aktiverer jüngerer Zweig METI (Messaging to Extraterrestrial Intelligence, „Botschaften an Außerirdische").

Jede Suche nach außerirdischer Intelligenz war bisher gleich erfolglos. Doch Jill Tarter vom SETI-Institut sagt, dies beweise fast nichts. Bei unseren Suchen haben wir nur einen winzigen Bruchteil des Radiospektrums und nur wenige Flecken am Himmel untersucht. Zu behaupten, es gäbe da draußen keine Zivilisationen, die Radiowellen aussenden, sei ihr zufolge, wie einen Korb ins Meer zu tauchen, keine Fische darin zu fangen und zu schließen, es gäbe keine Fische im Meer. Um etwas zu tun, das einer gründlichen Suche nahekommt, müssten wir unsere Anstrengungen enorm ausweiten. Dafür und damit für die eindeutigste Bestätigung unserer Hypothese vom belebten Universum gibt es drei Möglichkeiten:

1. Wir weiten die derzeit durchgeführte Suche nach Radiosignalen aus. Neue Initiativen wie das Allen Telescope Array, das vom Microsoft-Mitgründer Paul Allen gesponsert wird, und das SERENDIP-Programm haben zum Ziel, unsere Abhörmöglichkeiten um das Zehnfache auszudehnen. Dies ist immer noch nur ein kleiner Bruchteil dessen, was wir vielleicht brauchen, doch offensichtlich ist die Wahrscheinlichkeit, damit Erfolg zu haben, immer noch größer, als gar nicht danach zu suchen. METI versucht, Außerirdische dazu zu bringen, uns zu antworten, indem direkt Signale an sie gesendet werden. Doch wenn die nächste technologische Kultur mehr als 1000 Lichtjahre weit weg ist, wird das sehr lange dauern. Außerdem ist METI sehr umstritten, weil wir die Absichten und Motivationen von Außerirdischen nicht kennen.

2. Wir suchen nach weiteren Fingerabdrücken technologischer Zivilisationen um andere Sterne. Wenn Zivilisationen, die fortgeschrittener sind als wir, nicht nur ihren eigenen Planeten umbauen, sondern ihr ganzes Sonnensystem, wird die nächste Generation von Teleskopen das vielleicht entdecken können. Im Oktober 2015 gab es einige Aufregung, als das Weltraumteleskop Kepler, das nach Planeten suchen sollte, Daten lieferte, die darauf hinwiesen, dass der Stern KIC 8462852 ein unregelmäßiges Objekt bei sich hatte, das viel größer als jeder Planet war. War das ein riesiges Habitat, das ihn umkreiste, eine sogenannte Megastruktur? Doch aus darauffolgenden Analysen konnte man schließen, dass es sich nur um einen gigantischen Kometen handelte, der um einen jungen Stern auseinanderbrach. Die Suche nach Radiosignalen aus Richtung des Sterns blieb erfolglos.

3. Die letzte Möglichkeit liegt wieder näher. Wenn wir nahe daran sind, eine interstellare Sonde zu Proxima b zu schicken, könnte nicht eine außerirdische Zivilisation auch eine an uns gesendet haben? Es wäre furchtbar schwierig, eine wenige Kilogramm schwere Raumsonde in den Milliarden von Tonnen Gestein und Staub zu finden, das unser Sonnensystem umkreist, aber ihre Energieemissionen könnten uns vielleicht leiten. Vielleicht wäre es einen Versuch wert, vor allem, weil man bei der Suche auch gleich viele Arten von Asteroiden, Meteoriten und anderem Weltraumgestein aufzeichnen könnte.

12.4 Ein Besuch im lebendigen Universum

Die Untersuchungen, die wir oben beschrieben haben, beziehen sich alle auf die Zukunft. Wir hoffen, dass wir die Ergebnisse einiger davon noch erleben werden. Jedenfalls sind wir zuversichtlich, dass, wenn es Leben auf einer anderen Welt gibt, sich zumindest auf einigen davon komplexes Leben entwickeln wird, das wir mit den Methoden finden werden, die in 20 bis 30 Jahren zur Verfügung stehen werden. Aber was ist mit heute? Wir sind ungeduldige Menschen. Wir vermuten, dass auch Sie, unsere Leser, schon heute Antworten sehen wollen. Leider können wir keine eindeutigen Antworten liefern. Die beiden entscheidenden Unsicherheiten bleiben. Wie verbreitet ist das Leben, und wie verbreitet ist Technologie?

Wir wissen, dass es keine Radiowellen sendenden Zivilisationen in der unmittelbaren Ecke der Galaxie, in der wir uns befinden, gibt. Doch wir haben keine Ahnung, ob das Leben weitverbreitet oder selten ist. Dies macht die zukünftige Erkundung von Mars, Europa und Titan so spannend. Es geht nicht nur um die erstaunlichen Bilder, die zurück zur Erde geschickt werden, selbst wenn sie fantastisch sind. Angefangen beim roten Himmel und den trockenen Tälern des Mars, über die Flüsse auf Titan bis zu den eisigen Ebenen und Vulkanen von Pluto war jeder Planet und Mond, den wir bisher in unserem Sonnensystem besucht haben, mannigfaltiger und aktiver, als irgendjemand zuvor gedacht hätte. Doch je mehr wir über diese Welten lernen, desto näher kommen wir einem Verständnis, ob das Leben auf der Erde ein außerordentlicher statistischer Ausreißer war oder etwas, das wir auf vielen bewohnbaren Welten erwarten können.

Weiterführende Literatur

Mögliches Leben auf Planetensystemen einschließlich unseres Sonnensystems

Baross, J. A., Benner, S. A., Cody, G. D., Copley, S. D., Pace, N. R., Scott, J. H., Shapiro, R., Sogin, M. L., Stein, J. L., Summons, R., & Szostak, J. W. (2007). *The limits of organic life in planetary systems*. Washington: National Academies Press.

Davila, A. F., & Schulze-Makuch, D. (2016). The last possible outposts of life on Mars. *Astrobiology, 16,* 159–168.

Irwin, L. N., & Schulze-Makuch, D. (2003). Strategy for modeling putative ecosystems on Europa. *Astrobiology, 3,* 813–821.

McKay, C., & Smith, H. D. (2005). Possibilities for methanogenic life in liquid methane on the surface of Titan. *Icarus, 178,* 274–276.

Die Suche nach intelligentem Leben

Davies, P. (2015). *Sind wir allein im Universum?: Über die Wahrscheinlichkeit außerirdischen Lebens.* Frankfurt: Fischer TB.

Shostak, S. (2013). Are transmissions to space dangerous? *International Journal of Astrobiology, 12,* 17–20.

Tarter, J. (2001). The search for extraterrestrial intelligence (SETI). *Annual Review of Astronomy and Astrophysics, 39,* 511–548.

Vakoch, D. A. (2016). In defence of METI. *Nature Physics, 12,* 890. https://doi.org/10.1038/nphys3897.

13

Der große Filter und das Fermi-Paradoxon

Am Anfang dieses Buches haben wir die Idee des großen Filters vorgestellt, etwas, das zwischen der Entstehung von Planeten (vom dem wir wissen, dass es oft passiert) und der Existenz technologischer Zivilisationen (die selten zu sein scheinen) steht. Wir haben uns gefragt, was dieser große Filter wohl sein könnte, und vermutet, dass es sich im Laufe der rund 4 Mrd. Jahre um jeden der vielen Schritte handeln könnte, die vom Ursprung des Lebens zur modernen Menschheit geführt haben. In Teil II unseres Buches haben wir uns die Schlüsselinnovationen zwischen dem Ursprung des Lebens und unserem eigenen Auftauchen auf der Erde angeschaut. Wenn alle in Teil II beschriebenen Schritte mit hoher Wahrscheinlichkeit eingetreten sind, weil es sich um Viele-Wege-Prozesse handelte, dann sollte es sehr viele technologische Spezies im Universum geben. Aber wir sehen sie nicht. Dieses Problem ist seit Jahrzehnten bekannt und wird (ziemlich unzutreffend) das *Fermi-Paradoxon* genannt. Robert Gray ist der Meinung, es sollte eher die „große Stille" heißen – denn das spiegelt die Beobachtung wider, dass wir zwar da draußen inzwischen viele „planetare Liegenschaften" kennen, aber immer noch keinen Hinweis darauf haben, dass es außerirdisches Leben gibt. Wo bleiben also die Besucher oder die Nachrichten an die Erde?

Es ist sehr wahrscheinlich, dass die meisten Schlüsselinnovationen, die wir in Teil II dieses Buches besprochen haben, dem Viele-Wege-Modell folgen. Wenn sie sehr oft mit verschiedenen Mechanismen, aber in einem begrenzten Zeitrahmen geschehen sind, dann dürfen wir hoffen, dass diese Übergänge unter geeigneten Bedingungen unvermeidlich aufgetreten sind. Dies wird z. B. bei der Endwicklung von Mechanismen klar, die Lichtenergie einfangen können, um diese in chemische Energie umzuwandeln,

© Springer-Verlag GmbH Deutschland, ein Teil von Springer Nature 2019
D. Schulze-Makuch und W. Bains, *Das lebendige Universum*,
https://doi.org/10.1007/978-3-662-58430-9_13

der Erfindung der Endosymbiose, dem Aufstieg vielzelligen Lebens und dem Erringen von Intelligenz. Andere entscheidende Neuerungen waren schwieriger auszuwerten, etwa die der Sauerstoffproduktion, die nur einmal eintrat. Wir können vermuten, dass der evolutionäre Weg, der zur Oxygenese führte, aus vielen Schritten bestand, die mehrmals passiert sind, doch die Neuerung insgesamt könnte ein Beispiel für einen schwierigeren und daher selteneren Schritt sein. Insgesamt aber sind wir zuversichtlich, dass alle wichtigen Schritte zwischen der Entstehung des Lebens und dem Auftauchen technologisch fortgeschrittenen Lebens auf der Erde oder einem anderen Planeten wieder ablaufen würden, sofern dort lange genug geeignete lebensfreundliche Bedingungen herrschen. Es gibt jedoch zwei hervorstechende Ausnahmen bei unserer Annahme.

Die erste Ausnahme ist der Ursprung des Lebens selbst, von dem wir wirklich so wenig wissen, obwohl wir Jahrzehnte lang hingebungsvoll auf diesem Gebiet geforscht haben. Wir wissen nicht, wie das Leben auf der Erde entstanden ist, und können nur vage Spekulationen darüber anstellen, wann und wo es zum ersten Mal aufgetreten ist. Wir wissen nicht einmal sicher, dass es auf der Erde entstanden ist (obwohl die meisten Beobachtungen darauf hinweisen). Was wir wissen, ist, dass die Entstehung des Lebens ein Die-Leiter-hochziehen-Ereignis war. Sobald es entstanden war, breitete sich das Leben auf dem Planeten aus und beseitigte die Bedingungen, unter denen Leben entstehen konnte. Vor allem hat es alle organischen Moleküle als Nahrungsquelle verschlungen und jede verfügbare Energiequelle für ihre eigenen Bedürfnisse verwendet, sodass für eine weitere, sich neu entwickelnde Lebensform nichts übrig blieb.

Wenn der große Filter am Ursprung des Lebens liegt, könnte das bedeuten, dass wir ganz allein in der Galaxie, vielleicht sogar im ganzen Universum sind. Die meisten Wissenschaftler halten das für unwahrscheinlich, denn das Leben auf unserer Welt tauchte ziemlich schnell auf, ja so schnell es irgend möglich war, nachdem die Erde abgekühlt und das Wasser in den Ozeanen kondensiert war. Wir sind ziemlich sicher, dass die chemischen Reaktionen, bei denen organische Moleküle entstanden sind, schon in der Umwelt der jungen Erde abgelaufen sind, vor allem an vielversprechenden Orten wie hydrothermalen Quellen am Meeresboden. Wir wissen, dass es chemische Energiequellen gab, etwa die Redoxgradienten in diesen hydrothermalen Systemen, das zyklische Nass- und Feuchtwerden der Küstenabschnitte und natürlich das sichtbare und das ultraviolette Licht. Von allen gab es bei der jungen Erde mehr als heute. Es gab noch keine Ozonschicht gegen UV-Strahlung, der Mond war viel näher und verursachte höhere Gezeiten, und es gab vermutlich mehr vulkanische Aktivität. Es waren also alle Zutaten vorhanden, und angesichts der gewaltigen Zahl an geeigneten Plätzen und den Jahrmillionen an Zeit gab es sicherlich irgendwo geeignete Bedingungen (so denken jedenfalls die Wissenschaftler).

Trotzdem ist das Fazit, dass wir es nicht genau wissen, und deshalb können wir heute nicht die Möglichkeit ausschließen, dass die Entstehung von Leben ein außerordentlich unwahrscheinlicher Kritischer-Weg-Prozess oder sogar ein Random-Walk-Ereignis war. Wir glauben zwar nicht, dass nur auf der Erde Leben entstehen konnte (und die meisten unserer Kollegen glauben das auch nicht), aber wir wissen es einfach nicht definitiv.

Wenn die Entstehung von Leben nicht sehr ungewöhnlich ist, dann haben wir überzeugend dargelegt, dass wir in einem lebendigen Universum leben. Doch was uns interessiert, ist nicht nur, ob es komplexes makroskopisches Leben anderswo im Universum gibt, sondern ob es fortschrittliche intelligente Wesen mit Sprache und Technologie gibt, mit denen wir in Kontakt treten können. Nur dann würden wir uns nicht mehr allein im Universum fühlen. Enthält das lebendige Universum also Lebensformen, mit denen wir Aufzeichnungen austauschen und über unseren Platz im Kosmos philosophieren könnten?

Das bringt uns zur zweiten Ausnahme bei unserer Beobachtung, dass der Weg zu uns selbst ein Viele-Wege-Prozess war, nämlich der Entstehung von technologisch fortgeschrittenem Leben selbst. Das ist auf der Erde nur einmal passiert, was überraschen könnte, angesichts der immensen Kraft der evolutionären Innovation und der biologischen Vielfalt auf der Erde, vor allem, wenn man den Erfolg der Menschheit als technologisch fortgeschrittene Spezies bedenkt. Tiere, die Werkzeuge verwenden, sind oft entstanden, genauso Tiere, die intelligent genug sind, ziemlich komplexe Probleme zu lösen. Deshalb ist es rätselhaft, dass keines davon in den vielen Milliarden Jahren der Geschichte des Lebens auf unserem Heimatplaneten den nächsten Schritt gemacht hat – einen Schritt, der für uns so offensichtlich zu sein scheint, nämlich den zu einer technologisch intelligenten Spezies. Dass es keine weitere technologische Spezies außer uns gibt, lässt darauf schließen, dass das, was wir für „offensichtlich" halten, falsch ist und dass es keine einfache evolutionäre Bahn gibt, die zwingenderweise zu technologischer Fortschrittlichkeit führt.

Könnte der große Filter also der Schritt in Richtung technologischer Intelligenz sein? Es gibt keinen Mangel an Spezies mit großen Gehirnen, komplexem Erkenntnisvermögen, potenziell geschickten Händen und allesoder fleischfressendem Lebensstil, von dem man im Allgemeinen vermutet, dass er von erhöhter Intelligenz profitieren würde. Doch keiner davon hat sich technologisch weiterentwickelt, kein Dinosaurier, kein Vogel, kein

Säugetier, die klug genug waren. Warum hat sich z. B. *Propleopus oscillans,* ein 2 m großes und 70 kg schweres fleischfressendes Känguru, nicht zu einer technologisch fortgeschrittenen Intelligenz entwickelt? Stattdessen ist es ausgestorben. Warum haben keine Dinosaurier, wie die Troodontidae, Technologien entwickelt und sind ausgestorben? Natürlich ist auch *Homo sapiens* fast ausgestorben. Aus der genetischen Vielfalt der modernen menschlichen Population kann man schließen, dass von unserer Spezies vor 50.000 bis 100.000 Jahren nur noch wenige Tausend Individuen überlebt haben. Dieser genetische Flaschenhals wird von einigen Wissenschaftlern mit den klimatischen Auswirkungen der Eruption des Supervulkans Toba vor 75.000 Jahren in Verbindung gebracht. Charles Lineweaver hat genau das vorgeschlagen, als er darauf hinwies, dass die menschliche Entwicklungslinie nur aus einem der Kontinente der Erde stammt (aus Afrika) und nur einmal durchlaufen wurde. Könnte es sein, dass wir, der *Homo sapiens sapiens,* tatsächlich derart ungewöhnlich und ziemlich einzigartig sind im lebendigen Universum? Ob nun der Ausbruch eines Supervulkans verantwortlich für den genetischen Flaschenhals war oder nicht, es bleibt die Tatsache, dass sich technologisch fortschrittliches Leben nur einmal auf unserem Planeten entwickelt hat, und sogar dabei wäre die Spezies fast ausgestorben. Vielleicht handelt es sich wirklich um ein sehr seltenes Phänomen, das sich nicht auf vielen anderen Planeten und Monden im Universum wiederholt hat. Vielleicht liegt der große Filter der Evolutionsgeschichte ganz nahe bei uns, in dem Schritt vom komplexen zum technologischen Leben.

Die dritte und am wenigsten erfreuliche Option ist, dass der große Filter immer noch vor uns liegt. Vielleicht entstehen technologisch fortgeschrittene Spezies oft, werden dann aber fast immer sofort vernichtet. Möglicherweise überleben technologische Zivilisationen nicht lang genug, was erklären würde, warum wir aus dem Weltall keine Signale empfangen, die auf intelligentes und technologisch fortgeschrittenes Leben hinweisen. Wir haben keinen Mangel an Möglichkeiten, um unsere eigene technologische Kultur auszulöschen, angefangen bei Atomkriegen bis zur globalen Erwärmung. Vielleicht ist die Lebenszeit einer Zivilisation kurz, weil sie die zugänglichen Ressourcen des Planeten großzügig verschwendet, bevor sie zur echten interplanetaren Zivilisation wird. Sie könnte dann auf den Stand einer wenig Energie verbrauchenden Zivilisation zurückfallen, die kaum Technologie benutzt und auf dem Boden bleibt. Damit könnte sie Millionen von Jahre überdauern, ohne dass sie von anderen Sternen aus gesehen werden könnte.

Die Zivilisation könnte auch daran zerbrechen, dass ihre Technologie zu komplex wird, sodass sie nicht mehr zu verstehen oder kontrollieren ist. (Das ist mit dem besorgniserregenden Gedanken verbunden, dass die menschliche Intelligenz tatsächlich mit der steigenden Komplexität der Technologie abnimmt, auch wenn die Hinweise darauf zum Glück nicht sehr überzeugend sind.) Vielleicht liegt der große Filter also unmittelbar vor uns, und wir wissen einfach nicht, vor welchen Herausforderungen wir noch stehen. Wir haben unser eigenes Sonnensystem noch kaum erforscht, und falls Zivilisationen in diesem technologischem Stadium in der Regel zu existieren aufhören, gäbe es zwischen Zivilisationen fast keinerlei Funkverbindungen. In den letzten 50 Jahren haben wir elf Funknachrichten an verschiedene Sonnensysteme versandt (plus einem ständigen Hintergrund aus zufälligen Übertragungen von Radio- und Fernsehsignalen, Radarstahlen und anderen Funkstörgeräuschen). Wenn unsere funkwellenaussendende und -empfangende Kultur nur 100 Jahre überlebt, dann können wir Antworten nur von Planeten erwarten, die nicht weiter als 50 Lichtjahre von der Erde entfernt sind und die zufällig gerade im gleichen 100 Jahre dauernden Abschnitt ihrer viele Mrd. Jahre langen Entwicklungsgeschichte sind. Die Wahrscheinlichkeit dafür ist so gut wie null.

Bisher haben wir alle Grenzen, die Menschen gegen sich selbst aufgestellt haben, überwunden. Der Atomkrieg, den in den 1950er Jahren viele erwartet haben, kam nicht, eine katastrophale Verschwendung von Ressourcen, die in den 1960er Jahren vorhergesagt wurde, passierte nicht. Doch die Gesellschaft wird globalisierter, vernetzter und abhängiger von Technologie. Kann das so weitergehen? Für den Pessimisten ist die Zukunft der Platz für den großen Filter, wenn wir uns selbst oder unserem Planeten etwas antun, das wir nicht einmal mithilfe unserer eigenen Genialität überwinden können.

Vielleicht ist auch unsere Annahme falsch und das Versagen von SETI, mit dem wir andere Technologien finden wollen, liegt einfach daran, dass wir in die falsche Richtung geschaut haben. Es gibt keinen Mangel an Ideen, die begründen, warum wir mit unserer Radiowellensuche noch kein außerirdisches Leben gefunden haben. Vielleicht ist das technologische Leben auch langlebig, bleibt aber nur wenige Jahrzehnte oder Jahrhunderte auf dem primitiven Niveau, auf dem es überhaupt Funkwellen verwendet. Vielleicht versuchen wir mit den Außerirdischen mit dem technologischen Äquivalent von Rauchzeichen zu kommunizieren. Möglicherweise haben ihre Beweggründe hinsichtlich Kommunikation nichts mit ihren Kommunikationsfähigkeiten zu tun, sondern nur damit, ob sie überhaupt mit uns in Verbindung treten wollen. Weil wir keine außerirdische Spezies kennen, mit der wir uns vergleichen könnten, wissen wir es einfach nicht. Deshalb sind Ideen wie der Menschenzoo (Abb. 13.1) und die Erdquarantäne (unsere Ideen und unser Verhalten sind so schrecklich, dass niemand etwas mit uns

Abb. 13.1 Ausstellung von Menschen im Zoo von London. (Gareth Cattermole/Getty Images)

zu tun haben will) und andere Erklärungen für das Fermi-Paradoxon nur wilde Spekulationen, keine wissenschaftlichen Erklärungen.

Vielleicht ist die Erklärung für das Fermi-Paradoxon aber auch banaler. Die große Stille, die uns umgibt, könnte einfach ein Artefakt davon sein, dass der Weltraum so unglaublich groß ist. Wenn es 1 Mio. funkwellenaussendende Planeten in unserer Galaxie gäbe, betrüge die durchschnittliche Entfernung zwischen ihnen etwa 200 Lichtjahre. 2017 waren unsere frühesten Funkübertragungen erst halb so weit gekommen. Vielleicht können wir erst um das Jahr 2400 eine Antwort darauf erwarten?

Wie steht es also um das lebendige Universum? Wir können es nicht wissen. Wenn Leben auf erdähnlichen Planeten leicht entstehen kann – und dies ist die übereinstimmende Meinung von Wissenschaftlern, die den Ursprung des Lebens erforschen –, dann können wir erwarten, dass es viele komplexe lebende Spezies auf vielen Welten gibt. In diesem Fall ist die Erde mit ihrer Diversität an Tieren, Pflanzen, Pilzen, einzelligen Eukaryoten, Bakterien und Archaebakterien nichts Ungewöhnliches. Auf der anderen Seite haben wir noch keine Hinweise auf andere technologische Zivilisationen gefunden. Angesichts der Naturgeschichte der Erde und der evolutionären Entwicklungsstufen, die für eine technologisch fortschrittliche Intelligenz erforderlich sind, vor allem bezüglich einer Zeitspanne der Stabilität, in der sich eine komplexe Sozialstruktur entwickeln kann, könnten sie auch wirklich selten sein. Der Schritt zur fortgeschrittenen technologischen Intelligenz oder der Zeitraum, der notwendig ist, bis sich eine solche entwickeln kann, könnte durchaus der Punkt, an dem der große Filter Robin Hansons liegt, und damit die Erklärung für das Fermi-Paradoxon sein.

Wir sollten deshalb sowohl nach Leben auf anderen Welten überhaupt als auch nach intelligentem technologischem und kommunizierendem Leben suchen. Wenn es da draußen überhaupt Leben gibt, dann können wir darauf vertrauen, dass das Leben auf vielen Welten auch komplex sein wird. Und auf irgendeiner Welt werden denkende, abstrahierende, wissenschaftlich arbeitende, künstlerisch begabte und kreative Wesen entstehen und darüber nachdenken, ob sie wohl allein sind. Wir hoffen, dass wir sie finden werden, um mit ihnen zu sprechen und zusammen die Vielzahl an Welten zu erkunden, die das lebendige Universum ausmachen.

Weiterführende Literatur

Bostrom, N. (2016). *Superintelligenz: Szenarien einer kommenden Revolution.* Berlin: Suhrkamp.

Clark, A. (2003). *Natural-born cyborgs: Minds, technologies, and the future of human intelligence.* Oxford: Oxford University Press.

Darling, D., & Schulze-Makuch, D. (2012). *Megacatastrophies: Nine strange ways the world could end.* London: One World Publisher.

Gray, R. H. (2015). The Fermi paradox is neither Fermi's nor a paradox. *Astrobiology, 15,* 195–199. https://doi.org/10.1089/ast.2014.1247.

Hanson, R. (1998). The great filter – Are we almost past it? http://www.webcitation.org/5n7VYJBUd or http://mason.gmu.edu/~rhanson/greatfilter.html.

Webb, S. (2015). *If the Universe is teeming with aliens … where is everybody?: Seventyfive solutions to the Fermi paradox and the problem of extraterrestrial life, Science and Fiction Book Series* (2. Aufl.). Berlin: Springer.

Glossar

100 Year Starship Von der NASA und der amerikanischen Behörde DARPA (Defense Advanced Research Projects Agency) gegründetes und finanziertes Projekt, das zum Ziel hat, in den nächsten 100 Jahren Reisen des Menschen außerhalb des Sonnensystems zu ermöglichen.

Abscisinsäure Pflanzenhormon, das im Entwicklungsprozess von Pflanzen viele Funktionen hat, etwa bei Reaktionen auf Stress.

Absorptionsspektrum Teil der Strahlung, die von einer Substanz bei verschiedenen Strahlungsfrequenzen absorbiert wird. Er wird vor allem durch die atomare und molekulare Zusammensetzung der Substanz bestimmt.

Adenosintriphosphat *Siehe* ATP.

Aerob Ein aerober Organismus lebt im Allgemeinen in einer Umgebung mit molekularem (freiem) Sauerstoff. Ein obligat aerober Organismus braucht Sauerstoff für Stoffwechsel und Wachstum, während ein fakultativ aerober Organismus sowohl mit als auch ohne molekularen Sauerstoff leben kann.

Akkretion Vorgang, bei dem kleinere Teilchen zusammenstoßen und zusammenkleben. Im Kontext der Planetenbildung kann Akkretion das nichtgravitative (Teilchen kleben aneinander) oder gravitative (größere Körper fallen aufgrund ihrer gegenseitigen Anziehungskraft aufeinander zu) bedeuten.

Aktivierungsenergie Energie, die zwei Moleküle haben müssen, damit eine spezifische chemische Reaktion stattfinden kann.

Albedo Maß für die von einem physikalischen Körper (z. B. einem Planeten oder Mond) reflektierte Sonnenenergie.

Algen Große und vielfältige Gruppe von normalerweise ziemlich einfachen, photosynthesetreibenden Eukaryoten. Sie treten im Wasser auf; manche sind Mehrzeller. Beispiele sind Seetang sowie grüne, rote und braune Algen.

© Springer-Verlag GmbH Deutschland, ein Teil von Springer Nature 2019
D. Schulze-Makuch und W. Bains, *Das lebendige Universum*,
https://doi.org/10.1007/978-3-662-58430-9

Allesfresser Organismus, der seinen Energiebedarf und seine Nährstoffversorgung sowohl aus Tiergewebe als auch aus Pflanzenmaterial deckt.

Alpha Centauri Stern, der der Sonne am nächsten ist, etwa 4,4 Lichtjahre entfernt.

Alphaproteobakterium Vielfältige Gruppe von Bakterien mit einem gemeinsamen Vorfahren. Nach Gensequenzanalysen gehören sie zum Stamm der Proteobakterien.

Aminosäuren Kleine Moleküle, die Stickstoff enthalten und die Grundbausteine von Proteinen sind und damit eine wesentliche Komponente des Lebens, wie wir es kennen. Das Leben der Erde verwendet im Allgemeinen 20 Aminosäuren für den Aufbau von Proteinen, in denen sie über Peptidbindungen verbunden sind.

Ammoniak Molekül, das oft in Gasriesen und als Spurengas auch in der Erdatmosphäre vorkommt. Es besteht aus einem Stickstoff- und drei Wasserstoffatomen (NH_3).

Amöbe Einzelliger eukaryotischer Organismus, der seine Form verändern kann. „Amöboid" bedeutet, dass eine Zelle ihre Form wie eine Amöbe ändern kann.

Amphibie Kaltblütiges Wirbeltier, das keine Schuppen hat und zumindest einen Teil seines Lebenszyklus im Wasser lebt. Beispiele sind Frösche und Molche.

Anaerob Ein anaerober Organismus, meistens eine Mikrobe, kann nur wachsen und Stoffwechsel treiben, wenn kein oder fast kein Sauerstoff anwesend ist. Ein streng anaerober Organismus verträgt keinerlei Sauerstoff.

Antennenkomplex Lichterntende Ansammlung aus Proteinen und Pigmenten, mit Chlorophyll in der Mitte, im Inneren der Chloroplasten von photosynthesetreibenden Organismen.

Arboreal Arboreale Organismen (meist Tiere) leben auf Bäumen.

Archaea (alter Begriff: Archaebakterien) Domäne und Reich der Prokaryoten, die sich genetisch und strukturell von den Bakterien unterscheiden (Box 1.1).

Archaikum Geologisches Zeitalter vor etwa 4 bis 2,5 Mrd. Jahren (Abb. 1.1).

Ardipithecus Ausgestorbene Gattung von Menschenaffen. Zwei Fossilien wurden bis heute gefunden. *Ardipithecus ramidus* lebte vor etwa 4,4 Mio. Jahren und *Ardipithecus kadabba* vor etwa 5,6 Mio. Jahren.

Aromatische Chemikalien Ringförmige Verbindungen aus Atomen, die in einem spezifischen Muster gebunden sind. Sie werden oft mit einer Art von Geruch in Verbindung gebracht.

Asteroid Subplanetarisches Objekt, das sich durch Akkretion gebildet hat, meist 10 m bis 1000 km Durchmesser hat, aus nicht flüchtigen Bestandteilen besteht und um einen Zentralstern kreist.

Astronomische Einheit (AE) (*astronomical unit*, AU) Mittlere Entfernung der Mittelpunkte von Sonne und Erde, 149,6 Mio. km.

Atmosphäre Gasschicht um einen planetaren Körper (Planeten oder Mond) oder einen Stern. Viele Planeten oder Monde (etwa der Erdmond) haben keine Atmosphäre.

ATP (Adenosintriphosphat) Molekül, das beim Stoffwechsel dazu verwendet wird, um Energie von einer Reaktion auf eine andere zu übertragen (Energiefluss). Das ATP-Molekül besteht aus Adenin, D-Ribose (einem Zucker) und drei über kovalente Bindungen verbundenen Phosphatgruppen.

Australopithecus Ausgestorbene Hominidengattung, die vor etwa 4 bis 2 Mio. Jahren in Ostafrika lebte.

Autotroph Ein autotropher Organismus ist in der Lage, alle organischen Verbindungen, die er benötigt, aus anorganischen Verbindungen (wie CO_2 aus der Luft) und einer externen Energiequelle herzustellen. Je nach verwendeter Energiequelle gibt es photoautotrophe Organismen (wie Pflanzen) und chemoautotrophe Organismen (wie bestimmte Bakterien).

Bacteriorhodopsin Protein, das von Archaebakterien, vor allem von Halobakterien, verwendet wird, das Lichtenergie einfängt und es über einen Protonengradienten in chemische Energie umwandelt.

Bakterien Sehr verbreitete einzellige Organismen, die sich durch Zellteilung vermehren und Prokaryoten sind.

Bändererz (Banded Iron Formation, BIF) Gesteine, die aus abwechselnden Schichten eines eisenreichen Materials (oft Magnetit) und Kieselerde bestehen und die im Proterozoikum abgelagert wurden. Sie werden als Belege dafür interpretiert, dass die Atmosphäre zu dieser Zeit noch keine wesentlichen Mengen an molekularem Sauerstoff enthielt, weil der gesamte vorhandene Sauerstoff durch das Eisen, das im Meerwasser gelöst war, durch eine Reaktion zu Eisenoxidmineralien entfernt wurde; diese lagerten sich am Boden ab und wurden später in die Gesteine eingelagert.

Bärtierchen (Tardigrada) Mikroskopisches Lebewesen, das hohe Umweltbelastungen aushalten kann, wie Temperatur, Strahlung und Wassermangel, vor allem wenn dormant. Sie werden auch Wasserbären genannt, weil sie unter anderem im Wasser um Moos leben.

bewohnbar (habitabel) Bezieht sich auf einen Bereich von Umweltparametern, von denen man glaubt, dass sie von Leben bevorzugt werden, sodass die Organismen Stoffwechsel betreiben, wachsen und sich vermehren können.

Bikarbonat Ein Molekül aus einem Kohlenstoff-, einem Wasserstoff- und drei Sauerstoffatomen (HCO_3), das wasserlöslich ist und eine wichtige Rolle dabei spielt, den pH-Wert in etwa neutral zu halten.

Biofilm Mehrschichtige Lage aus Mikroben. Wenn die Schichten aus Bakterien oder Archaea bestehen, dann nennt man sie mikrobieller Film, wenn er aus Algen besteht, Algenmatte. Ein Biofilm bezeichnet auch alle Gruppe von Mikroorganismen, in der Zellen zusammenkleben, meist auf irgendeiner Oberfläche.

Biologisches Energiequant (Biological Energy Quantum, BEQ) Minimaler Energiebetrag, der in einer chemischen Reaktion notwendig ist, damit eine Zelle oder ein Organismus die Reaktion nutzen kann, um höherenergetische Moleküle wie ATP zu bilden.

Biosphäre Globales Ökosystem auf einem Planeten oder Mond, inklusive aller Organismen sowie ihrer Beziehungen und ihrer Wechselwirkungen mit dem Gestein, mit Lösungsmitteln, der Atmosphäre und anderen anorganischen Komponenten.

Blattlaus Kleines, saftsaugendes Insekt, das zur Familie der Röhrenblattläuse gehört. Ein Beispiel ist die Garten-Röhrenlaus.

Blaualgen *Siehe* Cyanobakterien.

Bonobo Mit den Gemeinen Schimpansen eine von zwei Arten aus der Gattung der Schimpansen. Bonobos wurden früher Zwergschimpansen genannt, heute aber als eigene Spezies aufgefasst. Bonobos sind kleiner und weniger aggressiv als Gemeine Schimpansen und dafür bekannt, dass sie Auseinandersetzungen im Rudel durch Körperpflege, Teilen oder Sex statt durch aggressives Verhalten lösen.

Breakthrough Starshot ("Durchbruch Sternenschuss") Von der Breakthrough-Initiative finanzierte Bemühungen, einen signifikanten Bruchteil der Lichtgeschwindigkeit zu erreichen, um bis zu einem Exoplaneten zu kommen. Im Leitungsgremium sitzen Yuri Milner und Mark Zuckerberg, bis zu seinem Tod auch Stephen Hawking. Die Initiative hat das Ziel herauszufinden, ob wir allein im Universum sind.

Callisto Zweitgrößter Mond des Jupiters, der aus Gestein und Eis besteht und vielleicht tief unter seiner Kruste flüssiges Wasser aufweist.

Canidae Hundeartige Säugetiere, zu denen auch Wölfe und Füchse gehören.

Chemoautrotroph Ein chemoautotropher Organismus synthetisiert alle organischen Verbindungen, die er benötigt, aus anorganischen Stoffen und verwendet dabei gewonnene Energie zum Leben.

Chicxulub Gebiet auf der Yucatán-Halbinsel in Mexiko, bei dem es einen 180 km großen, teilweise unter Wasser liegenden Krater gibt, der sich wahrscheinlich beim Einschlag des Asteroiden oder Kometen gebildet hat, der teilweise für das Massenaussterben der Dinosaurier am Ende der Kreidezeit verantwortlich war.

Chlorinring Großer aromatischer Ring mit vier Stickstoffatomen. Wenn in seiner Mitte ein Magnesiumatom hinzugefügt wird, nennt man einen derartigen Chlorinring Chlorophyll.

Chlorophyll Wichtigstes Pigment bei der Photosynthese, das daran beteiligt ist, Lichtenergie einzufangen. Dies geschieht bei der Photosynthese in allen Pflanzen und Algen, auch in Cyanobakterien (Box 4.3).

Chloroplast Organell, in dem Chlorophyll enthalten ist und in dem die Photosynthese stattfindet.

Chromosom Fadenförmige Struktur aus Proteinen bzw. ein einziges Molekül aus Desoxyribonukleinsäure (DNA), die sich im Kern der meisten lebenden Zellen findet und die Information in Form von Genen trägt.

Collagen Das in Tieren wichtigste und am häufigsten vorkommende Protein, das die Struktur bildet. Wenn es gekocht wird, entsteht daraus Gelatine.

Crenarchaeota Vielfältiger Stamm einzelliger Organismen, die zum Reich der Archaebakterien gehören.

Cubesat Miniatursatellit oder Raumsonde, meist mit 10 cm Seitenlänge und nicht mehr als 1,33 kg schwer.

Cyanobakterien Gruppe von photosynthesetreibenden Bakterien, die Chlorophyll in sich haben und von denen vermutet wird, dass sie für die große Sauerstoffkatastrophe vor 2,4 Mrd. Jahren verantwortlich waren.

Cyborg Mischung aus Mensch und Maschine. Der Begriff wird normalerweise für Hybriden in einer angenommenen Zukunft verwendet, in denen die Vorteile von Menschen und Maschinen vereint sind; im engeren Sinne könnte jeder Mensch mit einem Implantat (etwa einem Herzschrittmacher) als Cyborg betrachtet werden.

Deliqueszenz Prozess, bei dem eine Substanz Feuchtigkeit aus der Atmosphäre absorbiert, bis sie sich im absorbierten Wasser auflöst und eine Lösung bildet.

Desoxyribonukleinsäure *Siehe* DNA.

Devon Geologisches Zeitalter vor etwa 416 bis 358 Mio. Jahren (Abb. 1.1).

Die-Leiter-hochziehen-Ereignis Umstände, wenn eine evolutionäre Innovation die Voraussetzungen für das eigene Eintreten zerstört.

Diffusion Physikalischer Vorgang, an dem normalerweise ein Gas oder eine Flüssigkeit beteiligt ist; dabei bewegt sich ein Stoff aus einem Gebiet mit hoher Konzentration in ein Gebiet mit niedriger Konzentration.

Dinoflagellat Panzergeißler; Protist („Urwesen") mit einer Geißel, der in Wasser lebt und einen großen Teil des Planktons ausmacht.

Diploid Eine diploide Zelle enthält zwei vollständige Chromosomensätze.

Doppelstern Zwei Sterne, die durch ihre gegenseitige gravitative Anziehung innerhalb eines Sonnensystems zusammengehalten werden. Es sieht so aus, als bestünden mehr als 30 % aller Sonnensysteme aus Doppelsternen.

DNA (Desoxyribonukleinsäure) Genetisches Material und Informationsträger in allen auf der Erde bekannten Zellen. Das Doppelstrangmolekül besteht aus Nukleotiden, die wiederum aus Zucker, Phosphaten und organischen Basen zusammengesetzt sind.

Dunbar-Zahl Angenommene Grenze für die Zahl von Personen, mit der jemand stabile soziale Beziehungen aufrechterhalten kann. Sie ist durch die menschlichen Wahrnehmungsgrenzen gegeben, und es wird normalerweise angenommen, dass sie 150 beträgt.

E. coli (Escherichia coli) Bakterium, das im unteren Darmbereich von Warmblütern zu finden ist und als Modellorganismus für alle Arten von Laborexperimenten dient.

Echoortung Methode, die von Tieren verwendet wird, um Objekte zu orten und zu identifizieren. Dabei senden sie Schallwellen aus und hören auf die Echos, die von verschiedenen Objekten in ihrer Nähe ausgehen (ähnlich dem Sonar, das von U-Booten verwendet wird).

Ediacarium Geologisches Zeitalter vor etwa 635 bis 541 Mio. Jahren (Abb. 1.1).

Ediacarium-Fauna Einmalige Ansammlung von Organismen, insbesondere Tieren, mit weichem Körper, die im Zeitalter des Ediacariums kurz vor der kambrischen Explosion gediehen.

Einsame-Erde-Hypothese Theorie, die zum Ausdruck bringt, dass der Ursprung des Lebens und die Entwicklung biologischer Komplexität bis zur technologischen Intelligenz eine sehr unwahrscheinliche Kombination von astrophysikalischen und geologischen Ereignissen und Umständen erfordern; damit wäre komplexes außerirdisches Leben (und ein wirklich erdähnlicher Planet) außerordentlich selten.

Eisen-Schwefel-Welt Hypothese, die von Günter Wächtershäuser aufgestellt wurde. Danach entstand das Leben an vulkanischen hydrothermalen Quellen, wobei Mineralien und Metalle wie Eisen und Nickel als entscheidende Katalysatoren eine Rolle spielten.

Ektosymbiose Symbiose, bei der der Symbiont auf der Körperfläche des Wirtes lebt; dazu können auch innere Oberflächen wie die Innenwand des Darmes gehören.

Elster Vogel aus der Familie der Rabenvögel, der ziemlich intelligent ist und sich im Spiegeltest selbst erkennt.

Enceladus Ziemlich kleiner Saturnmond (mit etwas mehr als einem Tausendstel der Masse des Erdmondes). Auf seiner Südpolarregion werden feine Wassereispartikel und andere Verbindungen in den Weltraum gespuckt, woraus man schließt, dass sie aus einem flüssigen unterirdischen Wasserreservoir stammen.

Endosymbiose Art von Symbiose, bei der ein Organismus (der Symbiont) im Körper eines anderen Organismus lebt.

Enzephalisationsquotient (EQ) Maß für die relative Gehirngröße. Die gemessene Gehirnmasse wird mit der Gehirnmasse eines Tieres im Verhältnis zu seinem Gewicht verglichen, vor allem für Säugetiere einer gegebenen Größe. Theoretisch kann mit diesem Maß die Intelligenz des Tieres abgeschätzt werden.

Enzym Protein, das als biochemischer Katalysator wirkt. Jedes Enzym ist genau auf die Reaktion abgestimmt, die es fördert.

Erde 2.0 Verbreiteter Begriff für eine zweite Erde, einen Planeten, dessen physikalisch-chemischen und biologischen Eigenschaften sehr ähnlich oder identisch zu denen der Erde sind.

Erdmagnetfeld Magnetfeld der Erde, das sich in den Weltraum ausdehnt und die Erdoberfläche sowie die Biosphäre vor dem Sonnenwind schützt.

Eukaryot Organismus, dessen Zellen einen Zellkern, der von einer Membran umgeben ist, und außerdem andere membranumgebende Organelle und ein Zellskelett haben.

Europa Viertgrößter Jupitermond, von dem man annimmt, dass er einen globalen unterirdischen Ozean unter seiner Eisschicht besitzt. Weil man vermutet, dass dieser Ozean in Kontakt mit dem felsigen Inneren des Mondes steht, könnten dort hydrothermale Quellen existieren.

Eusozial Soziales System, in dem es eine Arbeitsteilung in für die Reproduktion und andere Aufgaben zuständige Gruppen gibt. (Beispiel: ein einzelnes Weibchen oder eine Kaste bringt Nachkommen zur Welt, und die anderen arbeiten zusammen, um sich um die Jungen zu kümmern.) Dabei gibt es in der Kolonie sich überschneidende Generationen von Erwachsenen. Eusozialität gibt es vor allem bei Insekten, Krustentieren und bei einer Säugetiergruppe, den Graumullen.

Evo-Devo *(evolutionary developmental biology)* Evolutionäre Entwicklungsbiologie; die Untersuchung der Entwicklung eines Tieres vom Ei zum Erwachsenen im Lichte der Evolution dieses Tieres und der Gene, die diese Entwicklung steuern.

Exoplanet Jeder Planet außerhalb unseres Sonnensystems. Bis Mai 2017 wurden mehr als 3500 Exoplaneten gefunden und bestätigt.

Fadenwurm Wurm aus dem Stamm der Nematoden. Sie sind meist 5 bis 100 µm dick und mindestens 0,1 mm lang. Sie treten in verschiedensten Umgebungen auf, auch extremen wie der Antarktis; manche leben auch als Parasiten.

Fakultativ Bedeutet in einem biologischen Sinn „wahlweise" oder „optional". Fakultativ aerobe Organismen etwa verwenden Sauerstoff für ihr Energiegewinnung, haben aber auch Möglichkeiten, ohne ihn auszukommen.

Fauna Gesamtes Tierleben in einer bestimmten Region oder einer bestimmten Zeit, z. B. die Ediacaria-Fauna.

Fermi-Paradoxon Dieser nach Enrico Fermi benannte Begriff wird meist für die Beobachtung verwendet, dass es eigentlich Hinweise auf außerirdische Intelligenzen geben müsste, weil so viele Möglichkeiten auf Planeten dafür bestehen; doch es gibt keine derartigen Hinweise. *Siehe auch* große Stille.

Flechte Organismus, der durch eine symbiotische Verbindung zwischen einem Pilz und einer Alge oder Cyanobakterium oder beidem entsteht.

Fleischfresser Organismus, der seinen Energiebedarf und seine Nährstoffversorgung vor allem oder ausschließlich durch Tiergewebe deckt, entweder als Raubtier oder Aasfresser.

Formamid Molekül mit einem Kohlenstoff-, einem Stickstoff-, einem Sauerstoff- und drei Wasserstoffatomen (CH_3NO), das unter den auf der Erde herrschenden Bedingungen eine klare Flüssigkeit ist, die sich gut mit Wasser mischen lässt und nach Ammoniak riecht.

Fruchtkörper Jeder Teil eines Organismus, der speziell dafür gemacht ist, Samen oder Sporen hervorzubringen, die verteilt werden können, um neue Organismen zu bilden.

Ganymed Größter Jupitermond, der wie Europa einen unterirdischen Ozean haben könnte, doch dieser würde sich zwischen zwei Eisschichten befinden.

Gebundene Rotation Wenn die Umlaufdauer eines planetaren Körpers mit seiner Rotationsdauer übereinstimmt. Als Folge davon weist immer dieselbe Seite eines Mondes in Richtung des Planeten, den er umkreist (wie bei unserem Mond); oder ein Planet ist immer mit derselben Seite in Richtung seines Zentralsterns ausgerichtet.

Gefäßpflanzen Höhere Landpflanzen, die Gewebe besitzen, das darauf spezialisiert ist, Wasser und Mineralien durch die Pflanze zu leiten. Bäume und Gräser sind Beispiele für Gefäßpflanzen, Moose nicht.

Geißeln Peitschenähnliche Glieder, die von der Zelle bestimmter Bakterien, Protozoen und Eukaryoten ausgehen und ihnen ermöglichen, sich in Wasser fortzubewegen.

Gen Physikalische und funktionale Grundeinheit der Vererbung. Die Größe von Genen kann sehr unterschiedlich sein (bei Menschen von wenigen Hundert bis zu 2 Mio. DNA-Basen). Gene können „codierend" (d. h., sie bestimmen, wie ein Protein hergestellt wird) oder „nichtcodierend" sein (d. h., sie haben die Aufgabe, andere Gene zu steuern).

Genetische Rekombination Erzeugung von Nachkommen mit einer Kombination von Eigenschaften, die von denen der beiden Eltern abweichen. In Eukaryoten ist die Meiose ein Prozess, bei dem dies auftreten kann.

Genetische Verschiebung Veränderung der Häufigkeit bestimmter Genvarianten in einer Population, die nur vom Zufall abhängt, nicht von der Tauglichkeit des Organismus.

Genom Die Gesamtheit der DNA-Sequenzen in einem Organismus (abgesehen von eingedrungenen Viren und Bakterien).

Genotyp Gesamter Satz von DNA-Sequenzen (Genen) in einem Organismus, die Auswirkungen darauf haben, wie der Organismus aussieht. Zu beachten ist, dass Teile der DNA im Genom den Genotyp nicht beeinflussen.

Gentranskription Erster Schritt der Genexpression, bei der mithilfe eines Enzyms (RNA-Polymerase) ein DNA-Segment in RNA kopiert wird.

Gezeitenverformung Wenn Gezeitenkräfte (die Effekte durch die Anziehung von einem benachbarten Planeten, Mond oder Stern) an einem Körper angreifen, wird er leicht verformt. Durch die Gezeitenverformung werden im Inneren eines Planeten oder Mondes erhebliche Energien frei, weil das Gestein gedehnt und komprimiert wird. Man vermutet, dass die Gezeitenverformung zumindest teilweise für den unterirdischen Ozean auf dem Jupitermond Europa verantwortlich ist.

Gibbons Affen aus der Familie der Hylobatidae. Sie sind kleiner als Menschenaffen und leben im tropischen und subtropischen Regenwald.

Gibbs freie Energie Teil der Energie bei einer chemischen Reaktion, die verwendet werden kann, um Nutzarbeit zu leisten.

Gliederfüßer Wirbelloses Tier, das durch einen geteilten Körper, ein Außenskelett und gepaarte Gliedmaßen gekennzeichnet ist. Zum Stamm der Gliederfüßer gehören Insekten, Arachniden (z. B. Spinnen und Skorpione), Vielfüßer (z. B. Hundertfüßer und Tausendfüßer) und Krebstiere (z. B. Krabben und Hummer).

Glukose Einfacher Zucker mit sechs Kohlenstoff-, sechs Sauerstoff- und zwölf Wasserstoffatomen ($C_6H_{12}O_6$). Er wird bei der Photosynthese aus Wasser und Kohlendioxid hergestellt. Eine verwandte Form (Glykogen) wird von Tieren für die Energiespeicherung verwendet.

Golgi-Körper Organell im Zellplasma der meisten eukaryotischen Zellen, das für den Transport innerhalb der Zelle zuständig ist. Es besteht aus einem Komplex aus Bläschen und gefalteten Membranen.

Große Sauerstoffkatastrophe Schneller Anstieg des Sauerstoffs in der Erdatmosphäre vor etwa 2,4 Mrd. Jahren – von einer Atmosphäre, in der es so gut wie keinen Sauerstoff gab, bis zu einer Atmosphäre mit einem Sauerstoffgehalt von 0,1 bis 1 % (heute 21 %). Der Sauerstoff wurde von Cyanobakterien bei der Photosynthese erzeugt, wo er als Nebenprodukt entsteht (Oxygenese).

Große Stille Begriff, der beschreibt, dass das SETI-Programm keine Signale von außerirdischen Intelligenzen empfangen hat.

Großer Filter Auf Robin Hanson zurückgehender Begriff als Antwort auf das Fermi-Paradoxon, der besagt, dass es eine Art von Barriere geben muss, die das Auftreten extraterrestrischer Intelligenz und technologisch fortgeschrittenen Lebens einschränkt, obwohl es angesichts der vielen bewohnbaren Planeten häufig sein sollte.

Großes Bombardement Auf Grundlage der Häufigkeit der Einschlagkrater auf dem Mond vermuteter Anstieg großer Einschläge von Asteroiden oder Kometen auf der Erde vor 4,1 bis 3,8 Mrd. Jahren. Es ist immer noch nicht klar, ob es tatsächlich einen Anstieg gab oder ob es sich nur um das Ende der Akkretion des Sonnensystems handelte.

Habitable Zone Entfernung von einem Planeten um seinen Zentralstern, in der man stabiles flüssiges Oberflächenwasser erwarten kann.

Hadaikum Geologisches Zeitalter vor etwa 4,6 bis 4,0 Mrd. Jahren (Abb. 1.1), das man sich bisher als unwirtlich heißes und gewaltsames Zeitalter, in dem kein Leben existieren konnte, vorgestellt hat, doch diese Ansicht verändert sich in letzter Zeit. So könnte es schon vor 4,3 Mrd. Jahren flüssige Meere auf der jungen Erde gegeben haben.

Halobakterien Gattung von Mikroorganismen, die mehrere Spezies von Archaebakterien umfasst, die einen aeroben Stoffwechsel haben und in einer Umgebung mit einer hohen Salzkonzentration leben.

Hämoglobin Eisenreiches Protein in den roten Blutkörperchen, das Sauerstoff von der Lunge zu den Organen im Zellgewebe von Wirbeltieren befördert.

Haploide Zelle Zelle, die einen einfachen ungepaarten Chromosomensatz besitzt.

Hauptreihenstern Stern, der – wie unsere Sonne – in seinem Kern über die Umwandlung von Wasserstoff in Helium durch Kernfusion Licht und Wärme erzeugt. „Hauptreihe" bezieht sich auf die Beziehung zwischen Masse und Temperatur, die bei Hauptreihensternen sowohl ihre Helligkeit als auch ihre Lebensspanne festlegt.

Hefe Einzelliger eukaryotischer Organismus, der zum Reich der Pilze gehört. Brauerei- und Bäckerhefen sind eine Spezies der Hefen, doch es gibt viele andere.

Heterotroph Ein heterotropher Organismus braucht organischen Kohlenstoff zum Wachsen, den er erhält, indem er andere Organismen oder ihre sterblichen Überreste frisst. *Siehe auch* autotroph.

Histon Hoch basische Proteine, die man im Kern eukaryotischer Zellen findet und die die DNA in Struktureinheiten ordnen und bündeln.

Horizontaler Gentransfer Austausch genetischen Materials, der nicht von den Eltern zu den Nachkommen verläuft (Box 4.4).

Hox-Gene Gruppe von verwandten Genen, die steuern, wie der Körper eines Organismus aufgebaut ist.

Hydrogenosom Ein von einer Membran umgebenes Organell für die Energieerzeugung, das es in manchen Wimperntierchen, Pilzen und Tieren gibt. Es ist mit Mitochondrien verwandt, aber nicht dasselbe.

Hydrothermale Quelle Spalt oder Öffnung, oft im Meeresboden, aus dem heiße, mineralienreiche Gase austreten. In den 1980er Jahren wurde entdeckt, dass an vielen dieser hydrothermalen Quellen auf der Erde vielfältiges Leben existiert. Dazu gehört nicht nur mikrobielles, sondern auch komplexes Leben wie Röhrenwürmer, Schwämme und gelegentlich ein Oktopus.

Hyperthermophile *Siehe* Thermophile.

Insektenfresser Fleischfressende Pflanze oder fleischfressendes Tier, das hauptsächlich Insekten frisst.

Intelligenzquotient (IQ) Gesamtwert, der von mehreren standardisierten Tests abgeleitet und meist dafür verwendet wird, die Intelligenz von Menschen festzustellen. Es ist umstritten, wie weit der IQ mit anderen Maßstäben für Intelligenz zusammenpasst, ob IQ-Tests zwischen verschiedenen Kulturen verglichen werden können und was Intelligenz überhaupt ist.

Io Innerster Jupitermond und vulkanisch aktivster planetarer Körper in unserem Sonnensystem.

Isotopenfraktionierung Anreicherung eines speziellen Isotops. (Ein Isotop eines Elements ist eine Variante mit denselben chemischen Eigenschaften, aber einem Kern, der eine abweichende Zahl von Neutronen aufweist. Es kann stabil oder radioaktiv sein.) Eine Anreicherung mit leichteren Isotopen wird in manchen Fällen als Hinweis für biologische Vorgänge gewertet, weil die chemischen Abläufe bei Enzymen gelegentlich bei leichteren Isotopen schneller sind als bei schwereren.

Jungsteinzeit Letzter Teil der Steinzeit, von etwa 10.000 bis 4500 oder 2000 v. Chr., als geschliffene oder polierte Steinwaffen verbreitet waren.

Jura Geologisches Zeitalter vor etwa 201 bis 145 Mio. Jahren (Abb. 1.1).

Kalvin-Zyklus Kreislauf chemischer Reaktionen bei der Photosynthese, bei dem Kohlendioxid in Zucker umgewandelt wird. Dabei laufen die von Licht unabhängigen Reaktionen der Photosynthese ab.

Kambrische Explosion Zeitabschnitt der Evolution, der vor etwa 540 Mio. Jahren begann und in dem bei den Fossilienfunden plötzlich eine große Zahl neuer Spezies im Wasser und auf dem Land auftauchten. Bis vor 50 Jahren hatte man keine Fossilien vor dem Kambrium gefunden.

Kambrium Geologisches Zeitalter vor etwa 541 bis 485 Mio. Jahren (Abb. 1.1).

Kapuzineraffe Einer der Neuweltaffen aus der Untergruppe der Cebinae, der in den feuchten Tieflandwäldern der Karibikküste und den Trockenwäldern der Pazifikküste lebt.

Karotin Orangefarbiges Pigment, das man in Karotten und vielen anderen Pflanzen findet und von dem mehrere Abarten existieren.

Katalysator Chemischer Stoff, der die Reaktion anderer Stoffe vorantreibt, ohne bei diesem Prozess selbst verbraucht zu werden.

Keimzelle Die haploiden, für die Reproduktion zuständigen Zellen eines Organismus. Weibliche Keimzellen werden Eizellen, männliche Keimzellen Spermien genannt.

Kieselalge Einzellige Alge mit durchsichtigen Zellwänden aus Siliziumdioxid. Sie machen einen großen Teil des Planktons in den Meeren aus.

Kindestötung Ermordung junger Nachkommen durch ein ausgewachsenes Tier der eigenen Spezies. Bei den Säugetieren ist dies eine Strategie von Männchen, um sicherzustellen, dass ihre eigenen Nachkommen überleben.

Kinetik Geschwindigkeit, mit der eine chemische Reaktion abläuft (Box 4.1).

Knorpel Festes Gewebe, das weicher und flexibler als Knochen ist. Beim Menschen ist Knorpel das Verbindungsgewebe, das man in vielen Bereichen des Körpers findet, etwa an den Gelenken zwischen Knochen und den äußeren Teilen von Ohr und Nase. Bei manchen Fischen, wie Haien, besteht das gesamte Skelett aus Knorpel.

Kohlenmonoxid Molekül, das aus einem Kohlenstoff- und einem Sauerstoffatom besteht, die durch eine Dreifachbindung verbunden sind. Das farb-, geruch- und geschmackslose Gas ist für Tiere und Menschen giftig.

Komet Planetares Objekt, meist einige Kilometer groß, das aus gefrorenen Gasen und verschiedenen Eisformen, die in Gestein und Staub eingebettet sind, besteht.

Komplexes Leben Die Definition von „komplex“ (und von „Leben“) ist umstritten, doch in diesem Buch definieren wir komplexes Leben als eines, das obligat mehrzellig ist und folglich ein unverwechselbares Entwicklungsprogramm aufweist.

Kopffüßer Jedes Mitglied der zoologischen Klasse der Cephalopoda aus dem Stamm der Weichtiere, die während des Ordoviziums dominierten. Zu ihnen gehören die Oktopusse, Kalmare, Sepia und Nautiloideen.

Korsetttierchen (Lorifecera) Stamm kleiner Tiere, die im Meeressediment leben und eine äußere Schutzschale (Lorica) besitzen. Am Grunde des Mittelmeeres wurden drei Spezies gefunden, von denen man annahm, dass sie eine sauerstofffreie Umgebung als Lebensraum haben. Doch das ist umstritten, weil sie Hydrogenosome statt Mitochondrien besitzen.

Kragengeißeltierchen Gruppe frei lebender einzelliger Eukaryoten mit Geißeln und einem kolonialen Lebensstil. Sie sind meist 3 bis 10 μm groß und vermutlich die nächsten lebenden einzelligen Verwandten der Tiere.

Kreide Geologisches Zeitalter vor etwa 145 bis 66 Mio. Jahren (Abb. 1.1).

Kritischer-Weg-Modell Modell für einen evolutionären Übergang, das besagt, dass der Übergang eine Reihe von Ausgangsbedingungen erfordert, die eine gewisse Zeit benötigen, um sich zu entwickeln.

Krustentier Tiere, die meist eine harte Schale oder ein Außenskelett und zwei Antennenpaare oder Fühler besitzen. Krustentiere gehören zu den Gliederfüßern. Krabben, Hummer, Krebse, Garnelen, Krill, Asseln und Seepocken sind Beispiele für Krustentiere.

Kryptophyt Eine Gruppe von Algen, die meist in Süßwasser aber auch in anderen feuchten Umgebungen leben. Sie sind etwa 10 bis 50 μm groß und haben eine flache Form.

Lebendgeburt *Siehe* Viviparie.

Letzter gemeinsame Vorfahre (Last Common Ancestor LCA), Organismus, den man sich als Vorfahren allen Lebens auf der Erde vorstellt – auch als letzter universeller Vorfahre (Last Universal Ancestor, LUA) oder letzter universeller gemeinsamer Vorfahre (Last Universal Common Ancestor, LUCA) bezeichnet.

Lösungsmittel Flüssigkeit, in der eine andere chemische Verbindung aufgelöst wird und eine Lösung bildet. Auf der Erde ist das Wasser das Lösungsmittel, das allgemein vom Leben genutzt wird, doch im Prinzip sind auf anderen Planeten und Monden auch andere Lösungsmittel als Basis für das Leben möglich, etwa Ammoniak und Methan.

Makrofauna Tiere, die mindestens 1 cm groß sind. Gelegentlich werden darunter auch wirbellose Tiere verstanden, die im oder auf den Sedimenten des Meeresbodens leben.

Makromolekül Molekül, das aus einer großen Zahl von Atomen besteht, meist so aufgefasst, dass es die Größe eines Proteins oder einer Nukleinsäure, z. B. der DNA, hat.

Meiose Zellteilung, die zur Bildung einer Eizelle führt und bei der die Chromosomen von diploid auf haploid reduziert werden.

Melanin Dunkelbraunes bis schwarzes Pigment, das beim Menschen und vielen Tieren in Haaren, Haut und der Iris des Auges vorkommt und auch dafür verantwortlich ist, dass die menschliche Haut bei UV-Bestrahlung braun wird.

Menschenaffen Primaten aus der Familie der Hominiden, zu denen Gorillas, Orang-Utans, Schimpansen, Bonobos und Menschen gehören.

Messenger-RNA *Siehe* mRNA.

Methan Verbindung von einem Kohlenstoff- und vier Wasserstoffatomen (CH_4); unter den Bedingungen auf der Erdoberfläche ist es ein farbloses Gas. Auf dem Saturnmond Titan ist Methan ein Bestandteil der Kohlenwasserstoffseen, die auf seiner Oberfläche existieren.

METI (Messaging to Extraterrestrial Intelligence) Botschaften an Außerirdische, auch bekannt als aktives SETI. Darunter versteht man das aktive Senden von Nachrichten in den Weltraum, um Kontakt mit außerirdischen Lebensformen aufzunehmen. *Siehe auch* SETI.

Microsporidia Einzellige eukaryotische Organismen aus dem Stamm der Microspora, die obligat sporenbildende, intrazelluläre Parasiten von Wirbeltieren und wirbellosen Tieren sind.

Mikrobialite Durch biologisches Material und Sedimente gebildete Strukturen, die von Mikroben einfangen und gebunden wurden.

Mimikry Akt oder Kunst der Nachahmung anderer Tiere.

Mimose Mehrjähriges Kraut, das berührungsempfindlich ist; wenn man es berührt, faltet es sich nach innen, um sich vor Schäden zu schützen, öffnet sich aber nach einigen Minuten wieder.

Mitochondrium Organell im Zellplasma eukaryotischer Zellen, das vor allem für die Energieerzeugung zuständig ist. Mitochondrien haben ihre eigene DNA, daher vermutet man, dass sie durch Endosymbiose entstanden sind.

Mitose *Siehe* Zellkernteilung.

Monomer Molekül, das mit einem gleichen oder anderen Molekül verbunden werden kann, sodass sich Polymere ergeben.

mRNA (Messenger-RNA) Große Familie von RNA-Molekülen, die genetische Informationen von der DNA auf das Ribosom übertragen.

Muschelkrebs Kleines Krustentier, 0,2 bis 30 mm groß, das zu den Ostrakoden gehört.

Muskel In den meisten Tieren vorkommendes weiches Gewebe, in dem Proteinfäden vorkommen, die über eine Kontraktion die Länge und Form einer Zelle verändern können. Viele Organismen bewegen sich dank ihrer Muskeln.

Mutation Veränderung in der DNA einer Zelle, die als einzelnes Ereignis auftritt. Bei einer Mutation kann es zum Verlust oder zur Verdoppelung eines ganzen Gens, einer Veränderung in der Abfolge der Nukleotide, einer Änderung in der Position eines Gens oder dem Einschub einer fremden Nukleotidsequenz kommen (z. B. durch einen Virus).

Mykorrhiza Symbiotische Beziehung zwischen den Wurzeln einer Gefäßpflanze und einem Pilz.

Myxobakterien Auch als Schleimbakterien bekannt. Myxobakterien sind stabförmig und fast überall in der Biosphäre der Erde vorhanden. Sie haben im Vergleich zu anderen Bakterien sehr lange Genome (9 bis 10 Mio. Nukleotide) und erzeugen unter Bedingungen, unter denen sie zu verhungern drohen, Fruchtkörper.

Neandertaler (*Homo neanderthalensis*) Menschenart oder Unterspezies der Gattung *Homo*. Neandertaler starben vor 40.000 Jahren aus. Sie besaßen zu 99,7 % dieselbe DNA wie der moderne Mensch und hatten ein etwas größeres Gehirn, wenn ihre Intelligenz im Vergleich zum Menschen auch unbekannt ist.

Nesselzelle (Nematozyste) Explosive Zelle, die ein großes Organell enthält, das ein Sekret absondert. Sie gehört wie Korallen, Seeanemonen, Süßwasserpolypen und Quallen zum Stamm der Nesseltiere (Cnidaria), die eine Reizung verursachen.

Neuron Zelle, die mithilfe elektrischer und chemischer Signale Informationen verarbeitet und übermittelt. Neuronen sind die Hauptbestandteile des Gehirns, aber auch des gesamten Nervensystems. Diese werden „erregbare Zellen“ genannt, weil sie einen Puls aus elektrischem Strom hervorbringen können, wenn sie durch eine spezifische Chemikalie angeregt werden.

Nucleariida Zu dieser Gattung gehört eine Gruppe von Amöben, die normalerweise sehr klein sind, bis zu 50 μm groß.

Nukleinsäure Polymere, die Nukleotide als Monomere besitzen und Informationen tragen können. DNA und RNA sind Nukleinsäuren.

Nukleoid Region in einer prokaryotischen Zelle, die alles oder fast alles genetische Material enthält; ähnlich dem Kern in Eukaryoten, doch nicht von einer Membran umgeben.

Nukleotid Grundstrukturelement (Monomer) der Nukleinsäure, z. B. der DNA.

Obligat Beschränkt auf eine bestimmte Funktion oder Lebensweise, z. B. muss ein obligat mehrzelliger Organismus mehrere Zellen haben und kann nicht zurück zum Einzellerzustand wechseln.

Ökosystem Gemeinschaft von Organismen, die miteinander in Wechselwirkung stehen, und ihre physikalische Umgebung.

Opossum Beuteltier aus der Gattung der Beutelratten, das in Süd- und Nordamerika verbreitet ist.

Orca *Siehe* Schwertwal.

Ordovizium Geologisches Zeitalter vor etwa 488 bis 444 Mio. Jahren (Abb. 1.1).

Organell Teilbereich einer Zelle, der von einer Membran umgeben ist und spezifische Funktionen ausführt. Zu den Beispielen gehören der Zellkern, das Mitochondrium und der Golgi-Apparat.

Oxygenese Herstellung von Sauerstoff durch photosynthesetreibende Bakterien wie Cyanobakterien und durch grüne Pflanzen und Algen, die Chloroplasten enthalten.

Ozonschicht Atomsphärenschicht aus der dreiatomigen Form des Sauerstoffs (O_3), die sehr effizient UV-Strahlung aus dem Sonnenlicht filtert. Dank der Ozonschicht kann UV-empfindliches Leben auf der Erdoberfläche auch an Land überleben.

Papageienvögel Gruppe von Vögeln, zu denen die Papageien gehören, die in den subtropischen und tropischen Regionen vorkommen. Sie leben in Familien, Gruppen oder Schwärmen und haben hervorragende Kommunikationsfähigkeiten entwickelt.

Parasit Organismus, der in oder auf einem anderen lebt und davon profitiert, indem er diesem Nährstoffe entzieht. Er schädigt seinen Wirtsorganismus.

Peptidbindung Chemische Bindung, die Aminosäuren verbindet, damit sie Proteine bilden. Die Bildung einer Peptidbindung ist eine Kondensationsreaktion, d. h., dabei entsteht ein Wassermolekül als Reaktionsprodukt.

Peptidnukleinsäure Künstlich synthetisiertes Polymer, ähnlich der DNA und RNA.

Perm Geologisches Zeitalter vor etwa 299 bis 252 Mio. Jahren (Abb. 1.1).

Pflanzenfresser Tier, das sich von Pflanzen ernährt.

Phagozytose Prozess, bei dem eine Zelle Teilchen aufnimmt, etwa Bakterien, Parasiten, tote Wirtszellen oder zelluläre und fremde Abfallstoffe. Die Zelle umschließt das Teilchen in einem von einer Membran umgebenen Sack aus seiner äußeren Zellmembran. Phagozytose kann von einem frei lebenden einzelligen Organismus, wie einem Protozoon, durchgeführt werden, aber auch von manchen tierischen Zellen, wie den weißen Blutkörperchen.

Phänotyp Physische Eigenschaften eines Organismus, die von seinen Genen vorgegeben sind.

Photoautotroph Ein photoautotropher Organismus kann alle organischen Komponenten, die er benötigt, aus anorganischen Stoffen und mithilfe von Licht als externer Energiequelle herstellen.

Photon Das Elementarteilchen der elektromagnetischen Strahlung wie Licht, Röntgenstrahlung und Radiowellen.

Phylum *Siehe* Stamm.

Physiologie Bereich der Biologie, der sich mit den Funktionen und Aktivitäten lebender Organismen und ihrer Teile beschäftigt. In der modernen Zeit bedeutet Physiologie ganz allgemein die Art und Weise, wie chemische und biochemische Systeme die Funktionen des Körpers unterstützen. Physikalische Prozesse (wie Atmen) und die Anatomie sind auch dafür wichtige Aspekte.

Phytol Chemische Verbindung, die gebraucht wird, um Chlorophyll zu bilden. Sie besteht aus 20 Kohlenstoff-, 40 Wasserstoff- und einem Sauerstoffatom ($C_{20}H_{40}O$).

Pigment Verbindung, die durch eine von der Wellenlänge des Lichts abhängige Absorption die Farbe von reflektiertem oder durchgelassenem Licht verändert.

Pikoplankton Teil des Planktons, das aus 0,2 bis 2 μm großen Zellen besteht.

Pilz Eukaryotischer Organismus, der heterotroph ist und seine Nahrung außerhalb statt in seinem Inneren verdaut. Pilze können ein- oder mehrzellig sein. Zu ihnen gehören auch Schwämme, Hefen und Schimmelpilze.

Piwi-Interacting RNA (piRNA) Größte Klasse von kleinen, nichtcodierenden RNA-Molekülen, die es in tierischen Zellen gibt.

Piwi-Protein Gruppe von Proteinen, die in vielen Eukaryoten an der Genregulation beteiligt sind.

Planetesimale Objekte, sie sich im Weltraum aus Staub, Gestein und anderen Materialien durch Akkretion gebildet haben – ein Zwischenschritt bei der Planetenentstehung. Üblicherweise wird angenommen, dass sie mehrere Meter bis Hunderte von Kilometern Durchmesser haben.

Plankton Kleine und mikroskopische Organismen, die meist durch die Meere, aber auch durch Süßwasser treiben oder schweben. Plankton besteht hauptsächlich aus kleinen Krustentieren, Kieselalgen, Protozoen sowie den Eiern und Larven größerer Tiere.

Plastid Organell mit einer Doppelmembran, das in Pflanzen (z. B. Chloroplast) und in manchen Protisten, wie Algen, vorkommt. Sie enthalten Ribosomen, prokaryotische DNA und oft Pigmente.

Plattentektonik Bewegung der Kontinentalplatten nahe der Oberfläche eines Planeten oder größeren Mondes, die vor allem von der Wärme des radioaktiven Zerfalls im Inneren des Planeten angetrieben wird. Sie ist langfristig sehr wichtig für die Bewohnbarkeit, weil sie für einen Nährstoffkreislauf sorgt und das Klima stabilisiert.

Plazenta Organ bei Säugetieren, das den sich entwickelnden Fötus mit der Gebärmutterwand verbindet. Es stellt dem wachsenden Embryo Sauerstoff und Nährstoffe zur Verfügung und entfernt Abfallprodukte aus seinem Blut.

Pluto Zwergplanet jenseits der Bahn des Neptuns. Er ist neben dem Erde-Mond-System der einzige Planet, der Teil eines Doppelplanetensystems ist, wobei sein Mond Charon im Vergleich zu Pluto relativ groß ist.

Polymer Großes Molekül oder Makromolekül, das aus vielen Monomeren oder sich wiederholenden Untereinheiten zusammengesetzt ist.

Primaten Mitglieder der Tiergruppe, zu der Menschen, Menschenaffen und Affen gehören.

Prokaryot Mikroorganismus, der keinen getrennten Zellkern oder andere von einer Membran umgebene, spezialisierte Organelle besitzt. Archaebakterien und Bakterien sind Prokaryoten.

Proteorhodopsin Familie von über 50 Proteinen, die in der Lage sind, die Energie des Lichts aufzunehmen. Sie werden oft von Meeresbakterien verwendet.

Proterozoikum Geologisches Zeitalter vor etwa 2,5 Mrd. bis 542 Mio. Jahren (Abb. 1.1).

Protist Jeder eukaryotische Organismus, der kein Tier, keine Pflanze und kein Pilz ist.

Protoplanet Großer Körper aus Materie in einer Umlaufbahn um einen Stern (wie unsere Sonne), von dem erwartet wird, dass er sich zu einem Planeten entwickelt. Man glaubt, dass sich Protoplaneten durch Akkretion von Planetesimalen und Gas oder Staub in einer Scheibe gebildet haben, die um einen neuen Stern kreiste.

Photosynthese Prozess, der von einer Vielzahl von Organismen, z. B. Pflanzen, verwendet wird, um Lichtenergie in chemische Energie (z. B. in Kohlenhydrate) umzuwandeln.

Protozoon Urtierchen. Diverse Gruppe einzelliger eukaryotischer Organismen, die beweglich sind und andere Mikroorganismen fressen. Bis zu einem gewissen Grad spiegeln sie damit das Verhalten von Tieren wider. Sie bilden ein Unterreich des Reichs der Protisten.

Proxima b Exoplanet, der innerhalb der bewohnbaren Zone des roten Zwergsterns Proxima Centauri kreist, der aber vermutlich nicht bewohnbar ist.

Proxima Centauri Roter Zwerg; mit einer Entfernung von 4,24 Lichtjahren ist er der Stern, der der Sonne am nächsten ist. Er ist vermutlich Teil des Alpha-Centauri-Systems. Seine Sonneneruptionen sowie Röntgen- und hochenergetischen UV-Strahlen, die er emittiert, stellen die Bewohnbarkeit jedes Planeten, wie Proxima b, der um ihn kreist, infrage.

Pterosaurus Fliegendes Reptil der ausgestorbenen Ordnung der Flugsaurier. Sie existierten vom späten Trias bis zum Ende der Kreidezeit (vor 228 bis 66 Mio. Jahren).

Rabenvögel (Corvidae) Familie von Vögeln, zu denen Krähen, Raben, Saatkrähen, Dohlen, Häher, Elstern, Baumelstern, Alpenkrähen und Tannenhäher gehören.

Rädertierchen Mikroskopisches, meist im Wasser lebendes Tier des Stammes der Rotifera. Rädertierchen tragen ihren Namen aufgrund der wellenartigen Bewegung von Wimpern (also winzigen, haarähnlichen Strukturen) am vorderen Teil, die sie aussehen lassen wie ein rotierendes Rad.

Random-Walk-Modell Theoretisches Modell für eine evolutionäre Neuerung, bei der eine wichtige Innovation vom Zufall abhängt und sehr unwahrscheinlich ist, weil dazu sehr unwahrscheinliche Umstände oder einige unwahrscheinliche Schritte eintreten müssen. Es unterscheidet sich vom Viele-Wege-Modell, weil für das Random-Walk-Modell eine spezifische Menge von Ereignissen in der richtigen Reihenfolge passieren muss.

Reaktant Substanz, die während einer chemischen Reaktion verändert oder verbraucht wird.

Reaktive Sauerstoffspezies (*reactive oxygen species,* ROS) Chemisch reaktive Verbindungen von Sauerstoff wie Wasserstoffperoxid.

Resistenzstadien Widerstandsfähiger schlafähnlicher Zustand von Bärtierchen, in dem sie unter extremen Umweltbedingungen, wie eisigen Temperaturen, überleben können.

Rhodopsin Pigment, das man in den Stäbchen der Retina findet und das sehr empfindlich auf Licht reagiert und uns so ermöglicht, bei wenig Licht zu sehen. Rhodopsin findet man bei vielen Organismen von Wirbeltieren bis zu Bakterien.

Ribonukleinsäure *Siehe* RNA.

Ribonukleinsäuren-Welt *Siehe* RNA-Welt.

Ribosom Organell in prokaryotischen und eukaryotischen Zellen, das als der Ort der biologischen Proteinsynthese dient und aus RNA und verwandten Proteinen besteht. Im Zellplasma findet man eine große Zahl von Ribosomen.

RNA (Ribonukleinsäure) Nukleinsäure, die in allen Zellen und bekannten lebenden Organismen vorkommt. Ihre Hauptaufgabe ist es, Anweisungen von der DNA zu befördern, die die Herstellung von Proteinen steuern. Doch trägt in manchen Viren die RNA statt der DNA die genetischen Informationen, und bei der Entstehung des Lebens könnte es diese Rolle (neben anderen wie die als Katalysator) ebenso gespielt haben.

RNA-Welt Stadium bei der Entstehung des Lebens, das Theorien zufolge vor der Evolution von Ribosomen und DNA stattfand. Dabei nahm die RNA sowohl die Rolle des Moleküls, das Informationen von einer Generation zur anderen übermittelt, als auch die eines Katalysators ein.

Röntgenstrahlen Form hochenergetischer elektromagnetischer Strahlung mit Wellenlängen von 0,01 bis 10 nm.

Rote Kante der Vegetation (Red Edge) Gegend, in der sich der Reflexionsgrad der Vegetation im nahen infraroten Teil des elektromagnetischen Spektrums aufgrund des Absorptionsspektrums von Chlorophyll und anderer Pflanzenpigmente sowie der Streuung durch die innere Struktur von Blättern schnell ändert.

Roter Zwerg Kleiner, schwach leuchtender Hauptreihenstern mit dem 0,1- bis 0,5-fachen der Sonnenmasse und einer Oberflächentemperatur im Bereich von 2500 bis 3500 °C; auch als dM-Stern bezeichnet.

RuBisCo Entscheidendes Enzym, das an dem Prozess beteiligt ist, durch den Kohlendioxid aus der Atmosphäre von Pflanzen und anderen photosynthesetreibenden Organismen in energiereiche Moleküle wie Glukose umgewandelt wird. RuBisCo fügt einem Zuckermolekül Kohlendioxid hinzu und erzeugt so zwei kleinere neue Zuckermoleküle.

Schalentier Im Wasser lebende wirbellose Tiere mit einem Außenskelett, zu denen verschiedene Arten von Weich- und Krustentieren gehören. Schalentiere werden oft vom Menschen gegessen.

Schattenbiosphäre Angenommene mikrobielle Biosphäre auf der Erde, die durch andere biochemische und molekulare Prozesse als die beim Leben, wie wir es kennen, gekennzeichnet ist. Sie könnte unbemerkt geblieben sein, weil die übliche Art, neues Leben zu entdecken, darin besteht, seine DNA zu bestimmen. Wenn es in der Schattenbiosphäre keine DNA gibt, würde sie durch diese Methoden nicht gefunden werden.

Schleimpilz Gruppe eukaryotischer Organismen, die frei als einzelne Zellen leben können, sich aber zusammenfinden, um vielzellige, sich reproduzierende Strukturen zu bilden. Die Lebenszyklen von Schleimpilzen enthalten meist eine Phase, in der sie wie gelatineartiger Schleim aussehen. Sie ernähren sich im Allgemeinen von Mikroben, die in totem Pflanzenmaterial leben.

Schnabeltier Teilweise im Wasser lebendes, Eier legendes Säugetier im Osten von Australien. Seinen Namen trägt es wegen seines Schnabels, der dem einer Ente ähnelt.

Schneeballerde Ereignis, bei dem die Erdoberfläche inklusive der Meere größtenteils oder fast vollständig von Eis bedeckt war. Es gab mindestens zwei Zeitalter, in denen dies unabhängig voneinander eintrat: eines vor 2,3 Mrd. Jahre und ein anderes vor 730 bis 580 Mio. Jahren.

Schneidezahn Schmalrandiger Zahn im vorderen Teil des Mundes, der zum Schneiden und Nagen dient. Menschen haben vier Schneidezähne pro Kiefer.

Schwarmintelligenz Kollektives Verhalten von dezentralisierten, selbstorganisierten Systemen; diese können natürlich sein, wie ein Bienenstock, oder künstlich, wie zellulär aufgebaute Robotersysteme.

Schwefelwasserstoff Gas aus zwei Wasserstoff- und einem Schwefelatom (H_2S). Es ist für seinen Geruch nach verfaulten Eiern bekannt. Schwefelwasserstoff wird oft bei vulkanischer Aktivität frei und könnte auch eine Rolle bei der Entstehung des Lebens auf der Erde gespielt haben.

Schwertwal Zahnwal und größtes Mitglied der Meeresdelfine. Er ist als intelligenter Räuber bekannt und jagt große Beutetiere, wie Robben. Er wird oft (ungenau) auch als „Killerwal" bezeichnet.

Sehne Belastbares Band aus faserigem Verbindungsgewebe. Sehnen verbinden meist Muskelgewebe mit einem Knochen. Sie können hohe Zugkräfte aushalten.

SETI (Search for Extraterrestrial Intelligence) Suche nach außerirdischer Intelligenz. Sammelbegriff für die wissenschaftliche Suche nach intelligenten außerirdischen technologischen Zivilisationen, die zum Teil vom SETI-Institut geleitet wird (http://www.seti.org/).

Silur Geologisches Zeitalter vor etwa 443 bis 416 Mio. Jahren (Abb. 1.1).

Sole Lösung von Salz in Wasser, bei der der Salzgehalt mindestens 3,5 % beträgt.

Soma Alle Zellen eines Tieres oder einer Pflanze, außer den Zellen für die Reproduktion (Keimzellen).

Sonnensystem Alle Planeten, Monde, Zwergplaneten, Kometen, Asteroiden, Staub und Gase, die einen Stern umkreisen (auch unsere Sonne).

Spiegelreflexion Glitzern oder Lichtblitz, wenn das Licht der Sonne von der Oberfläche eines großen Flüssigkeitskörpers reflektiert wird. Das Licht fällt unter dem gleichen Winkel ein, unter dem ein Satellit oder anderer Sensor auf die Oberfläche blickt.

Sporen Widerstandsfähige Strukturen, die von vielen Bakterien, Pflanzen, Algen, Pilzen und Protozoen genutzt werden, um unter ungünstigen Umweltbedingungen zu überleben, aber auch für ihre Verbreitung.

Spreizungszone Gebiet, in dem sich die Kontinental- oder ozeanischen Platten voneinander weg bewegen. Typisch sind die mittelozeanischen Spreizungszonen, an denen neue Kruste entsteht, indem Magma aus dem Erdmantel aufsteigt, wobei die ozeanischen Platten auf beiden Seiten in entgegengesetzte Richtung wegwandern.

Springmaus Springendes Wüstennagetier, das man in Nordafrika und Asien findet, und das zur Familie der Dipodidae gehört.

Stamm Phylum (Plural: Phyla). Taxonomische Kategorie, die zwischen Reich und Klasse steht. Beispiele für Reiche sind Tiere und Pflanzen, Beispiele für Stämme sind Chordatiere (alles mit einer rückgratähnlichen Struktur) oder Gliederfüßer, Beispiele für Klassen sind Säugetiere oder Insekten.

Starshade Sternenschild. Schirm, der sich wie eine Reihe Blütenblätter öffnet und in zukünftigen Weltraummissionen vor einem Teleskop verwendet werden soll, um das Licht des Sterns abzuschirmen, sodass man die Planeten um ihn herum besser beobachten kann.

Stoffwechsel Gesamtheit biochemischer Prozesse, bei denen ein Organismus die Energie aus seiner Umwelt nutzt, um seine innere Ordnung aufrechtzuerhalten und alle anderen Funktionen, wie Wachstum und Vermehrung auszuführen.

Stoffwechselprodukt Zwischen- oder Endprodukt des Stoffwechsels; der Begriff wird normalerweise für kleinere Moleküle, wie Glukose oder Aminosäuren, verwendet.

Stromatolith Geschichteter Kalksandstein, der durch Biofilme (vor allem durch kolonienbildende Cyanobakterien) entstanden ist. Er bildet sich in seichtem Wasser, indem die Mikroorganismen Sedimentkörner einfangen, binden und zementieren. Versteinerte Stromatolithen gehören zu den ältesten Belegen für Leben auf der Erde. Manche sind vor mehr als 3,5 Mrd. Jahren entstanden.

Supervulkan Vulkan, der in der Lage ist, eine vulkanische Eruption hervorzubringen, die mehr als 1 Billion Tonnen Auswurf erzeugt.

Symbiont Jeder der beiden Organismen der verschiedenen Spezies, die in Symbiose miteinander leben.

Symbiose Enge und oft langfristige physikalische Wechselwirkung zwischen zwei verschiedenen biologischen Spezies, wovon beide Spezies Vorteile haben.

Teer Dunkle Mischung vieler verschiedener Kohlenwasserstoffe und anderer Kohlenstoffverbindungen. Sie besteht oft zu einem Großteil aus sehr langen, sehr komplexen Molekülen, deren genaue Struktur schwer zu bestimmen ist.

Telomer Abschnitt der DNA-Sequenz am Ende eines Chromosoms, der das Ende des Chromosoms vor Abnutzung und vor Verschmelzung mit einem benachbarten Chromosom schützt.

Tenrek Säugetier aus der Familie der Tenrecidae, das Spitzmäusen und Igeln ähnelt und daher auch Borstenigel genannt wird. Es lebt in Madagaskar und Teilen von Afrika.

Tensid Chemische Verbindung, die die Oberflächenspannung einer Flüssigkeit, in der sie gelöst ist, verringert. Seifen und Reinigungsmittel sind Tenside.

Tertiär Geologisches Zeitalter vor etwa 65 bis 2,6 Mio. Jahren (Abb. 1.1).

Thermodynamik Zweig der Wissenschaft, der sich mit Wärme, Temperatur und ihren Beziehungen zu Energie und Arbeit beschäftigt, die von den Gesetzen der Thermodynamik festgelegt werden.

Thermodynamisches Ungleichgewicht Zustand, in dem ein System aus Chemikalien unter Energieabgabe reagieren oder in dem die Reaktion kinetisch gehemmt sein könnte (Box 4.1).

Thermophile Organismen, die bei relativ hohen Temperaturen über 41 °C leben. Der derzeitige Temperaturrekord liegt bei 122 °C. Organismen, die am oberen Ende dieses Bereichs (>90 °C) leben, heißen Hyperthermophile

Tintenfisch Meerestier, das zu den Kopffüßern (Klasse der Cephalopoden) gehört. Es ist bekannt für seine Fähigkeit, sehr schnell seinen Körper und seine Hautmuster zu verändern, um sich zu tarnen und zu kommunizieren.

Titan Größter Saturnmond mit einer Atmosphäre von 1,5 bar (1,5-mal so viel wie der Druck auf der Oberfläche der Erde). Titan ist – neben der Erde – der einzige planetare Körper in unserem Sonnensystem, auf dessen Oberfläche es stabile Flüssigkeiten, in Form von Kohlenwasserstoffseen, gibt.

Transfer-RNA *Siehe* tRNA.

Translation Zweiter Schritt der Genexpression, bei der mithilfe von Ribosomen die Sequenz eines RNA-Moleküls dazu verwendet wird, die Verknüpfung von Aminosäuren in einer bestimmten Reihenfolge zu einem Protein zu steuern.

Trias Geologisches Zeitalter vor etwa 251 bis 199 Mio. Jahren (Abb. 1.1).

Trilobit Gruppe von im Meer lebenden Gliederfüßern, die seit dem Perm ausgestorben sind.

Triton Größter Neptunmond mit einem Durchmesser von 2700 km. Man vermutet, dass es sich dabei um einen Zwergplaneten handelte, der von der Gravitation des Neptun eingefangen wurde.

tRNA (Transfer-DNA) Meist bestehend aus 76 bis 90 Nukleotiden. Sie hilft dabei, beim Vorgang der Translation eine mRNA-Sequenz in eine Aminosäuresequenz eines Proteins zu übersetzen.

Troodon Gattung vogelähnlicher therapoder Dinosaurier mit einem der höchsten Enzephalisationsquotienten aller Dinosaurier.

Tümmler Gruppe von Meereslebewesen, die zu den Walen und Delfinen gehört.

Ultraviolette Strahlung Teil des elektromagnetischen Spektrums der Sonnenstrahlung mit Wellenlängen zwischen 10 und 400 nm. Er liegt zwischen dem sichtbaren Licht und den Röntgenstrahlen.

Varianz Maß dafür, wie weit eine Menge von Zahlen von ihrem Mittelwert entfernt liegt. Sie wird berechnet durch die mittlere quadratische Abweichung einer reellen Zufallsvariable von ihrem Erwartungswert.

Vegetative Zelle Zelle eines Bakteriums oder einer einzelligen Alge, die aktiv wächst, statt in einem Sporenzustand zu sein oder Sporen zu bilden.

Venusfliegenfalle Eine fleischfressende Pflanze, die in den subtropischen Feuchtgebieten der Ostküste der USA wächst.

Viele-Wege-Modell Modell, das in diesem Buch beschreiben soll, wie eine entscheidende Innovation in der Funktion durch viele verschiedene Strukturen (chemische oder anatomische) zur Verfügung gestellt werden kann und deshalb auf vielen verschiedenen Wegen in unterschiedlichen Organismen auftreten kann.

Vielzeller Organismus, der mindestens aus zwei verschiedenen Zelltypen zusammengesetzt ist.

Viviparie Lebendgeburt. Fortpflanzungsweise, bei der sich die Jungen im Körper der Mutter entwickelt haben, statt aus einem Ei zu schlüpfen. Die meisten Säugetiere und manche anderen Tiere sind lebendgebärend.

Waltiere Diverse Klade von fleischfressenden Meerestieren mit Flossen, zu der Delfine, Wale und Schweinswale gehören.

Wasserstoffperoxid Stark oxidierende Verbindung aus zwei Wasserstoff- und zwei Sauerstoffmolekülen (H_2O_2).

Watt Weiche und schlammige Oberfläche ohne Bewuchs, die aufgrund der veränderlichen Gezeitenniveaus abwechselnd unter und über Wasser liegt.

Weichtier Stamm von vor allem im Meer lebenden wirbellosen Organismen, zu denen Schnecken, Muscheln, aber auch die Kopffüßer gehören.

Wimperntierchen Gruppe von Protozoen, die durch haarähnliche Organelle (Wimpern) gekennzeichnet sind, die für die Fortbewegung und das Sammeln von Nahrung verwendet werden. Die meisten Wimperntierchen haben einen frei lebenden Lebensstil.

Wirbellose Gruppe von Tieren, die keine Wirbelsäule (Rückgrat) besitzen. Bei Weitem die meisten Tiere sind wirbellose.

Wirbeltiere Tiere mit einem Innenskelett, vor allem einem Rückgrat. Sie gehören zum Unterstamm der Vertebrata und zum Stamm der Chordatiere, zu denen Fische, Amphibien, Reptilien, Vögel und Säugetiere gehören.

Xanthophylle Gelbes Pigment, das in der Natur sehr oft vorkommt, z. B. in Blättern.

Zellkern In der Biologie ein von einer Membran umgebenes Organell, das in eukaryotischen Zellen die chromosomale DNA beherbergt. Nur Eukaryoten haben einen Zellkern.

Zellkernteilung (Mitose) Vorgang der diploiden Zellteilung, bei dem zwei Tochterzellen entstehen, die zueinander und zu ihrer Mutterzelle identisch sind.

Zellplasma (Zytoplasma) Stoff im Inneren einer Zelle. In einer eukaryotischen Zelle enthält er die Organelle der Zelle, außerdem Metaboliten, Proteine, RNA und andere Bestandteile. Er umgibt den Kern der Zelle.

Zellskelett Komplexes Netz aus verbundenen Filamenten und Röhrchen, die sich durch das Zellplasma ausdehnen. Jede eukaryotische Zelle besitzt ein Zellskelett. Einige sehr große Bakterien haben ein ähnliches System, doch die meisten Nichteukaryoten haben keines.

Zweiseitentiere (Bilateria) Organismen mit einer zweiseitigen Symmetrie, d. h. solche, deren rechte und linke Seite etwa spiegelbildlich sind. Alle Wirbeltiere, Insekten und viele andere Spezies habe diese Art von Symmetrie, Quallen dagegen nicht.

Sachverzeichnis

© Springer-Verlag GmbH Deutschland, ein Teil von Springer Nature 2019
D. Schulze-Makuch und W. Bains, *Das lebendige Universum*,
https://doi.org/10.1007/978-3-662-58430-9

Printed in the United States
By Bookmasters